철도와 EMC

전기학회·전기철도의 전자 환경에 관한 협동연구 위원회 편

강승욱 역

日本옴사·성안당공동출간

철도와 EMC

Original Japanese edition
Tetsudout to EMC
By Denki Gakkai · Denki Tetsudou no Denji Kankyou ni Kansuru Kyoudou Kenkyu I inkai
Copyright © 2008 by Denki Gakkai
Published by Ohmsha, Ltd.
This Korean Language edition is co-published by Ohmsha, Ltd. and SEONG AN DANG
Publishing Co.
Copyright © 2013
All rights reserved.

파워일렉트로닉스에 의한 전력 유통이나 부하기기 제어가 광범위하게 이용되어, 정보통신 네트워크에 접속된 일렉트로닉스 기기가 일상생활의 모든 면에 보급된 현대사회에 있어, 일상생활 전반에 걸쳐 이용되는 시스템, 장치, 기기 상호 간 혹은 사용 환경에 대한 전자기양립성(Electromagnetic Compatibility : EMC)은 공학적으로나 사회적으로도 매우 중요해졌다. 그러나 EMC는 전자기 현상에 깊이 연관되어 주파수 범위도 지극히 넓고 기기의 성능에 대한 영향도 다양하기 때문에 전기공학 가운데서는 거의 체계적으로 다루어지지 않고 있다. 실무적으로도 시스템의 보안성이나 고장과의 연관성이 크기 때문에 그 실정이나 과제, 공학적인 해결책이 구체적으로 논의된 바는 그다지 많지 않았다.

철도 시스템에 있어서도 차량을 구동하는 전류가 급전선로와 궤도를 흘러서 철도연변의 전자환경에 영향을 주는 데다가 그 운전제어나 보안을 위한 일렉트로닉스 장치가 선로에 널리 배치되어 낙뢰현상이나 외부의 방사전자계 영향을 받는 등의 이유로 EMC는 다뤄져야 할 중요한 과제이다. 실제로 유도장애·전원 고조파 대책·신호설비의 낙뢰로 인한 피해대책 등이 개별적으로 논의되어 왔고 차량의 고성능화를 위해 인버터 구동이 도입되자 차량의 노이즈 대책도 문제가 되었다. 그러나 이런 문제들은 과제마다 전문가 그룹 중에서 검토 단계에 그쳤고 간혹 심포지엄 등에서 논의되는 정도였다. 철도 및 EMC도 모두 시스템 기술이며 다양한 요소가 영향을 미친다는 의미에서 모든 관계자들이 정보를 충분히 공유하여 대책을 검토하는 것이 철도 EMC 확립에 불가결한 것이다.

이번 전기학회의 '전기철도 전자환경에 관한 협동연구위원회' 위원들과 관계자 분들이 각자의 지식과 상호 이해에 따라 수년간에 걸친 연구 성과를 통합하고 체계적으로 정리하여 「철도와 EMC」라는 저서 형태로 출판하는 것은 철도분야에서의 지식 공유라는 의미에서, EMC의 체계적인 정리라는 점에서도 매우 의의가 크며 다른 분야에서는 예를 찾아볼 수 없다. 각각의 전문가에 의해서 철도 EMC 문제가 차량, 급전설비, 신호설비마다 따로따로 구분되어 설명되고 있는 것 외에 외부 방송통신설비에 대한 기능 상의 영향이나 철도 이용자나 일반 대중의 안전에 대한 영향도 언급되어 있다. 그림·표를 많이 이용하여 철도기술이나 전자기학의 전문적인 지식을 갖지 않아도 독자가 철도 EMC에 관해서 종합적인 이해를 얻을 수 있도록 여러 가지 묘안을 짜냈다. 투명하고 공평하게 방해 발생자와 그 피해자 간의 이해 조정이라는 의미에서 EMC 유지는 표준규격에 의존하는 바가 크지만 이 책 전체를 통해 일본 및 해외의 관련 규격과의 관계가 명시되어 있는데다가 제품유통과 서비스 글로벌화의 흐름 가운데서 중요성을 더해가고 있는 국제표준화 동향에 관해서도 한 장을 할애하였다.

이 책은 이처럼 많은 부분에서 기술적으로 획기적인 저작일뿐만 아니라 차량 구동용 인버터의 고조파화와 대용량화, 운전제어와 신호보안 시스템의 고도화, 무선 LAN의 보급, 주변의 IT 네트워크의 광대함 등, 갈수록 어려워지는 철도 EMC 과제에 대해서 적절한 이해와 시사점을 알려주는 가이드북으로서 중요하며 이 책을 집필하신 저자분들의 노력에 경의를 표함과 동시에 철도 관계자와 폭넓게 EMC에 관여하는 분들에게 업무와 기반적인 지식 양면에 도움이 되는 참고서로서 추천하고 싶다.

재단법인 철도종합기술연구소
회장　正田英介

머리말

철도 EMC에 있어 관계자들에게는 과제가 많다. 인버터 제어 전기차가 등장한 이후, 상당한 세월이 경과했지만 늘 뭔가 새로운 대응책에 쫓기고 있다. 전기학회 모임에서 이 문제가 다루어진 것은 1995년 6월부터 1997년 5월에 개최된 '교류전기 철도차량의 고조파 대책 협동연구위원회'이며 그 성과는 전기학회 기술보고 676호에 보고되었다. PWM 컨버터와 PWM 인버터를 사용한 새로운 철도차량에 관해서 EMC 과제를 처음으로 정리한 문헌이 되었다.

그러나 이와 같은 보고는 교류전기 철도차량에 한정되었고 대도시의 통근차량 등 일본 내 대다수를 점령한 직류전기철도차량에 관해서 언급되어 있지 않다. 또 EMC, 특히 철도차량과 신호설비라는 양립성에 관해서는 설계 시점에서 해결하지 않고 철도차량이 완성된 후, 테스트와 대책이 마련되는 것이 현재의 상황이다. 이와 같은 상황에서 2003년 10월부터 2005년 9월까지 '철도차량과 지상설비 EMC 협동연구위원회', 2005년 11월부터 2007년 10월까지 '전기철도의 전자환경에 관한 협동연구위원회'를 개최하여 검토하였다.

EMC에 관해서는 내용의 특성상 공개적으로 논의하기 어려운 측면이 있으며, 관계자들이 다양한 분야의 철도에서 유용한 EMC 기술정보가 공유되어야만 효과를 발휘한다. 이 때문에 협동위원회 개최와 병행하여 다음과 같은 연구회, 심포지엄에서 관련된 발표가 있었고 정보를 순차적으로 공개했다. 주제에 따라서는 위원 이외의 분들에게도 부탁해왔다.

① 2005년 전기학회 산업응용부문대회 심포지엄 S2 철도차량과 신호설비의 EMC

② 2006년 3월 9일~10일 교통·전기철도/반도체 전력변환 합동연구회 철도·파워일렉트로닉스 기기의 EMC

③ 2006년 전기학회 전국대회 심포지엄 S21 철도차량용 전력변환기술 최근의 발전

④ 2007년 전기학회 전국대회 심포지엄 S18 철도와 전자환경

⑤ 2007년 전기학회 산업응용부문대회 심포지엄 S9 철도전력 공급설비와 EMC

⑥ 교통·전기철도 연구회의 신호설비 관련 발표(TER-05-43, 06-88, 07-22, 07-38, 07-48)

이 책은 이러한 발표 자료들을 배경으로 하여 철도의 EMC에 관하여 관계자들이 집필한 것이다. 철도 특유의 전자노이즈와 그 대책 등에 많은 지면이 필요하여 철도용 전력변환장치의 기본적인 기술이나 EMC의 기초와 관련된 내용들은 생략하였다. 이러한 것들에 관해서는 앞서 언급한 발표나 다른 서적을 참고하여 주기 바란다.

이 책은 집필의 노력은 물론이고 위원회에 참여하여 주신 분, 심포지엄이나 강연을 하여 주신 많은 분들의 노고를 초석으로 삼고 있다. 철도의 EMC에 관하여 각 분야의 분들이 기기나 시스템의 설계 단계 등에서 고려해야 할 과제, 특히 다른 분야와의 관련에 관해서 도움을 주었기에 어느 정도 망라할 수 있었던 것이 아닌가 생각한다.

이 책이 철도의 EMC에 관한 제반 문제를 해결하는 실마리가 되어 앞으로 EMC를 해결하기 위한 수순이나 대책마련에 도움이 된다면, 집필자를 비롯한 관계자들의 크나큰 기쁨이라고 할 수 있겠다.

마지막으로 '전기철도의 전자환경에 관한 협동연구위원회'의 위원과 집필자 분들에게 다시 한번 깊은 감사의 말씀드린다.

전기학회·전기철도의 전자환경에 관한 협동연구위원회
위원장 渡邊朝紀

차례

3장 급전(給電) 분야

4장 신호설비 개요와 방해에 대한 EMC 평가

5장 전기철도에서 외계로 향한 방사

6장 저주파 자계

7장 국제규격 등의 상황

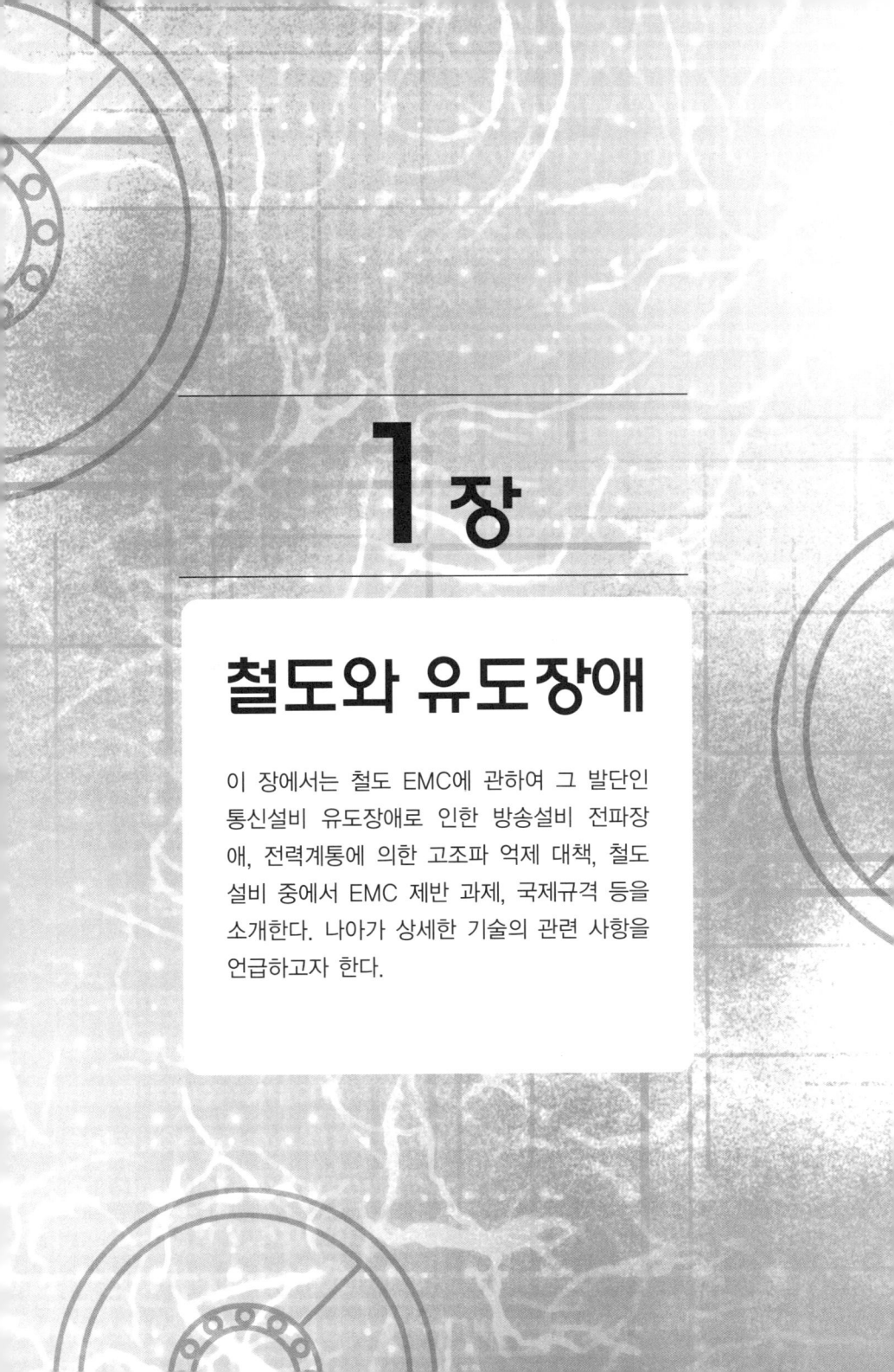

1장

철도와 유도장애

이 장에서는 철도 EMC에 관하여 그 발단인 통신설비 유도장애로 인한 방송설비 전파장애, 전력계통에 의한 고조파 억제 대책, 철도설비 중에서 EMC 제반 과제, 국제규격 등을 소개한다. 나아가 상세한 기술의 관련 사항을 언급하고자 한다.

1·1 철도와 유도장애의 최근까지 경위

전자파양립성 또는 전자양립성(Electromagnetic Compati-bility : EMC)이란 '장치 시스템이 존재하는 환경에 있어 허용할 수 없는 전자방해를 어떤 것에 대해서도 영향을 주지 않고 동시에 그 전자환경에 있어서 만족스럽게 기능하기 위한 장치 또는 시스템의 능력'이라고 정의되어 있다[1]. 이해하기 쉽게 말하자면 '다른 기기에 전자방해를 주지 않고 또는 다른 기기로부터 전자방해를 받지 않는 능력'이다. 전기철도에서는 새로운 설비·기기의 도입과 더불어 새로운 EMC가 발생하였음에도 불구하고 그것을 극복하고 오늘에 이르렀다(그림 1·1)[2].

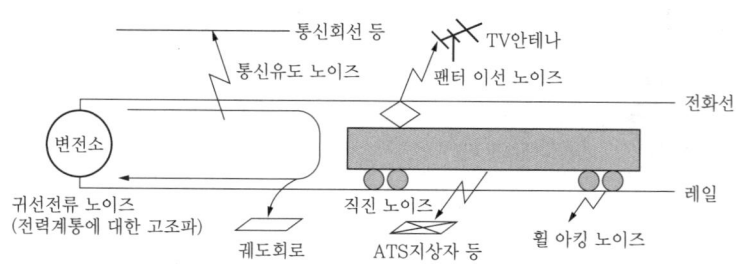

그림 1·1 전기차에서 발생하는 노이즈

🚃 1.1.1 유도장애

일본 전기철도의 시작은 1895년 교토시전(京都市電)으로 거슬러 올라간다. 그 당시는 직류발전기로 발전하여 전차직류전동기를 저항으로 전압조정하여 전차를 달리게 하였기 때문에 고조파는 그다지 발생하지 않았고 유도장애도 없었다.

1925년 도요카와(豊川) 철도에서 수은정류기의 고조파에 의해 통신선에 유도장애가 처음으로 발생하였다. 통신 측에서는 중계 선륜의 삽입과 통신선의 이격 등, 전력 측에서는 필터 삽입 대책이 이루어졌다[3].

교류전화에서는 통신유도 저감을 위해 흡상변압기(Boosting Transformer : BT) 또는 단권변압기(Auto Transformer : AT)를 이용하는 급전방식을 채택하고 있다.

통화장애 정도는 잡음의 크기, 주파수에 대한 전화기의 감도 특성과 귀에 들리는 감도 특성을 고려한 점에 중점을 두고 평가한다.

그 기준으로 국제전기통신연합-전기통신 표준화 부문(International Telecommunication Union-Telecommunication Standardization Sector : ITU-T)의 Recommendation 0.41에 있는 잡음평가 계수가 널리 이용되고 있다[4].

전차선의 각 조파전류에 잡음평가 계수를 곱한 것을 토대로 하여 통신선으로 유도되는 잡음전압을 예측할 수 있다. 이것은 전화할 때 통신설비에 대한 영향평가에 이용될 수 있다[5], [6].

🚃 1.1.2 전파장애

팬터그래프의 이선 시 아크에 의해 전파가 발생한다. 팬터그래프의 아크 방지에는 복수의 팬터그래프끼리(특별) 고압인통선으로 연결하는 것이 효과가 있다. 이것은 팬터그래프의 습동판 마모 저감에도 효과가 있다.

이 대책은 BT급전방식에서 열차의 팬터그래프끼리 BT를 단락하게 되어 사용할 수 없다. 토카이도(東海道) 신칸센(新幹線)은 시작 당시의 BT급전방식에서 AT급전방식으로 변경되어 신칸센 전차의 팬터그래프 삭감·특별 고압인통이 실시되었다[7].

🚃 1.1.3 고조파 억제 대책 가이드라인

반도체 응용기기의 보급과 더불어 전력계통의 전압 왜형이 증대하고 리액터 소손(燒損) 등의 고조파 장애가 뚜렷이 나타나게 되었다. 그 대책으로서 1994년 9월, 자원에너지청으로부터 「고압 또는 특별 고압으로 수전(受電)하는 수요자의 고조파 억제 대책 가이드라인」 지침이 있었다[8].

이 중에서 설비의 신설·증설, 계약전력 변경이 있는 경우, 정해진 '계약전력 1kW 당 고조파 유출전류 상한치'를 지키는 것이 요구되고 있다.

일반적으로 직류 전화구간에서는 전철 변전소 정류기를 6펄스 정류기에서 12펄스 정류기로 하는 대책이, 교류 전화구간에서 차량 정류기로서는 위상제어 정류기 대신 PWM 컨버터(PWM정류기)를 사용하는 대책이 취해진다.

🚃 1.1.4 차량과 지상설비의 전기공진

급전회로에서는 선로를 따라 저항·인덕턴스(inductance)·정전용량이 분포되어 있다. 한편, 차량이 집전하는 지점에서 본 변압기를 포함한 전원 측 임피던스는 유도성이다. 이 때문에 변전소의 송출점에서 본 급전회로의 정전용량을 $C[\text{F/km}]$, 선로 길이를 $l[\text{km}]$, 전원 측 인덕턴스를 $L[\text{H}]$로 하면

$$f = \frac{1}{2\pi\sqrt{LCl}} \qquad\qquad (1\cdot1)$$

의 주파수로 공진하여 급전회로에 흐르는 고조파 전류에 확대현상이 발생한다[9]. 공진주파수는 급전회로 길이의 평방근에 거의 반비례하고 재래선에서 800~1,200Hz, 신칸센에서 1,000~2,000Hz이다. 교류 전화구간에 PWM 컨버터제어차량을 도입했을 때, 이 고조파 공진이 뚜렷이 나타나게 되었다.

지상 측에서 공진을 억제하는 수단으로서 급전회로 말단에 HMCR이라는 장치를 설치한다. 이것은 선로의 특성 임피던스에 거의 동일한 저항과 기본파 전류를 억제하는 커패시터와 리액터로 이루어진다.

차량 측의 대책으로는 공진주파수 부근의 고조파를 저감하는 수법으로 IGBT 3 레벨 PWM 컨버터 사용에 따른 고조파 저감이나 여러 대의 PWM 컨버터의 위상차 운전이 있어 어느 것이나 실용화되어 있다[10].

🚃 1.1.5 신호기기에 대한 유도장애

교류 전화구간에서는 궤도회로에 직류 전화구간에서 많이 이용되는 상용 주파수를 사용할 수가 없다. 또 차량정류기에서 전원주파수의 기수배(奇數倍)의 고조파가 발생하기 때문에 이 주파수도 사용할 수 없다.

그래서 분배주(分倍周)(25Hz 또는 30Hz), 5/3배주(83.3Hz 또는 100Hz), AF(Audio Frequency, 1,000Hz 부근) 등의 주파수가 궤도회로에 사용된다[11]. 레일 등의 임피던스나 대지로 누출되기 때문에 주파수가 높아질수록 궤도회로의 길이나 출력에서 경제적으로 불리해진다.

초퍼 제어차량을 도입할 때는 초핑(chopping)에 의해 발생하는 고조파 주파수가 궤도회로 주파수에 중복되지 않도록 초퍼 주파수가 선정되어 왔다[12]. 이것은 오늘날의 인버터 제어차량에서도 마찬가지다.

또 다양한 주파수가 신호기기에서 사용되었고 한편으로 PWM 제어전력변환기는 원리상 고조파를 발생시키기 때문에 철도차량과 신호설비와의 양립성에 관해서는 어떤 것을 변경하더라도 확인이 필요하여 관계자에게 커다란 부담이 되고 있다.

🚃 1.1.6 철도차량에서의 EMC 대책

앞서 언급한 것처럼 새로운 형식의 인버터 제어차량 투입 시에는 선구의 신호기기에 장애를 주지 않는지 검토되어 이제까지 다양하게 대책이 이루어졌다. 대표적인 것으로서 다음과 같은 것이 있다[11].

① 주회로, 보조회로 배선과 제어배선의 이격과 금속 덕트 수납
② 인버터 출력배선에 코어 부착
③ 인버터 출력배선의 트위스트

④ 주전동기 프레임을 차체에 접지
⑤ 방해받는 배선의 트위스트 페어·실드화
⑥ 철판·알루미늄판에 의한 차폐
⑦ 외함의 접지
⑧ 외함과 외함 덮개 전기 접속
⑨ 외함 개구부에 대한 철망이나 메시(mesh) 금속판 부착
⑩ 지상 신호기기와 차체 측 배선을 가능한 한 떼어놓는다.

유럽의 철도차량에서는 TCN(열차정보제어 전송계) 등에서 ±5V 레벨 전압을 사용하고 있으며 더 철저한 EMC 대책이 보급되어 있다[13]~[15]. 또 차량 내 배선에 관해서는 표준화되어 유럽 규격이 작성되었다[16]. 일본에서 그다지 채택되지 않은 대책으로 다음과 같은 것이 있다.

① 인버터 출력배선의 전자실드케이블화와 양단 접지
② 상기에 따른 외함 출입부에서의 글랜드(gland)에 의한 실드 처리
③ 덕트와 외함의 철저한 차체접지
④ 제어배선 단자부의 실드 강화와 양단 접지

위와 같은 차폐의 철저함도 중요하지만 앞으로 효과적인 대책을 위해서는 코먼모드 노이즈를 포함한 발생원에서의 노이즈 저감이 요구된다.

그림 1·2 외함에 케이블실드를 접속하는 글랜드

🚆 1.1.7 국제규격과 유럽규격

[1] 철도 EMC에 관한 국제규격

2003년에 철도 EMC에 관한 국제규격 IEC62236 시리즈가 발행되었다[17], [18]. 심의는 IEC(국제전기표준회의) TC9(철도전기설비와 시스템 전문위원회)에서 행해졌다. 이것은 유럽규격 EN 50122 시리즈를 토대로 하고 있지만 일본 등의 의견을 수렴하여 전파잡음강도의 허용치와 측정·평가방법 등에 변경사항이 추가되었다. 이 국제규격은 6부로 나누어진다.

IEC 62236-1은 총칙이다.

IEC 62236-2는 철도시스템이 외계로 발하는 방사전자계의 측정방법과 허용치를 규정하고 있다.

IEC 62236-3-1은 주로 차량 전체에서 발생하는 방사전자계에 대하여 측정방법과 허용치를 정하고 있다. 차량 상태는 차량 정지 시와 저속 주행 시가 있으며 정지 시의 허용치는 IEC 62236-2의 변전소 값과 동일하다.

IEC 62236-3-2에는 차량에 탑재되는 전기기기의 이미션과 이뮤니티에 관해서, 기본규격 CISPR 11이나 IEC 61000-4 시리즈 및 IEC 60571(철도 차량용 전자기기)을 인용하여 규정하고 있다.

IEC 62236-4는 지상의 신호·통신기기의, IEC 62236-5는 변전소 설비 및 기기의 이미션과 이뮤니티를 규정하고 있다.

EU에서는 유럽규격 EN 50122 시리즈 적용이 의무화되어 있다. 유럽은 원래부터 아시아 각국 등에서 자기 나라에서 수출하는 차량에 이러한 EMC 규격이 적용되는 사례가 증가되기 시작했다[19]. 일본에서도 전용 전파 암실 설치 사례가 생겨나고 있다[20].

[2] 철도차량과 열차검출시스템의 양립성에 관한 규격[21]

최근에 새로운 철도차량이 투입될 때, 신호설비에 영향을 주지 않는지 면밀하게 검토하고 있다. 유럽규격 EN 50238을 토대로 일본의 개선 제안을 반영하여 작성된 국제규격 IEC 62427은 철도차량과 열차검출시스템과의 EMC를 확인하는 수속 등에 관해서 규정하고 있다.

[3] 인체에 미치는 영향 등

인체에 끼치는 영향에 관해서는 이전부터 위험전압 규정이 있고 유도전압으로서 상시 $60V_{rms}$, 이상 시 $430V_{rms}$(ITU-T, K33에 정하는 전형적인 상황에서 전격시간 $t[s]$가 $0.5 < t \le 1$일 때의 값) 등의 값이 이용되고 있다[22].

전자계에 관해서는 ICNIRP(국제비전리방사선방호위원회)의 지침이 있다[23],[24]. 검증하기 위한 측정방법은 IEC TC106(인체 노출에 관한 전자계 측정장치 및 측정방법 전문위원회)에서 검토되고 있다[25].

이 책의 2장에서는 전기철도차량(전기차)이 발생시키는 고조파와 그 대책에 관해서 소개한다. 최근에 새로 제작된 차량은 PWM 제어차량뿐이기 때문에 이것을 대상으로 하였다.

3장에서는 급전분야의 EMC를 소개한다. 이 분야에서는 교류전화 이후, 유도계산의 역사와 축적이 있지만 이 책에서는 고조파와 그 대책에 초점을 맞추었다.

4장에서는 신호설비와 그 방해허용치를 소개한다. 신칸센, JR 재래선, 공영교통, 민간철도의 대표적인 선구 설비에 관해서 기술하였고 기본적인 동작 원리와 방해한도치에 대한 고려사항, 측정방법 등을 거의 망라하였다.

5장에서는 통신설비에 대한 유도와 전파잡음에 관해서 측정방법과 대책 사례를 소개한다.

6장에서는 저주파 자계에 관해서 현재의 동향을 소개한다.

7장에서는 국제규격의 동향을 소개한다.

오늘날 PWM 제어기술은 철도차량의 주전동기 구동용 PWM 인버터(이 경우, 가변전압 가변주파수 출력이므로 VVVF 인버터라고 부른다)로부터 각종 전기제품의 전원에 널리 이용되고 있다. 또 본질적으로 고조파를 발생시킨다. 반도체 기술의 진보와 더불어 더 높은 스위칭 주파수가 이용되는 경향이 있다.

한편, 새로운 신호설비에는 새로운 주파수가 이용되는 것이 보통이고 신호설비에서 사용되는 주파수는 점점 증가하여 수 MHz까지 폭넓게 존재하고 있다.

또한 PWM 제어차가 발생시키는 고조파 진폭은 신호설비의 방해한도치를 상회하는 것이 보통이며 상호 주파수를 피하는 등의 대책이 필수가 되었다.

각 장에서는 철도 EMC의 현재 상황에 관해서 해당분야 기술진이 분담하여 집필하였지만 특히 타 분야 전기 기술자가 이해하기 쉽게 기술하는 데 역점을 두었다. 또 용어에 관해서는 그 분야의 표현을 존중하였다.

≪참고 문헌≫

(1) JIS C 0161：EMC に関する IEV 用語，p.2，規格協会（1997）.
(2) 塩谷昌弘：誘導障害を考える（2）インバータ車と誘導ノイズ，鉄道車両と技術，34, pp.12 ～ 18（1998）.
(3) 電気概論編集委員会：誘導と保安装置，pp.1 ～ 2，日本鉄道電気技術協会（1997）.
(4) ITU-T Recommendation O.41：Psophometer for use on telephone-type circuits, ITU（1994）.
(5) ITU-T Recommendation K.53：Values of induced voltages on telecommunication installations to establish telecom and a.c. power and railway operators responsibilities, ITU（2000）.
(6) 川添雄司：交流電気鉄道車両要論，pp.124 ～ 126，電気車研究会（1971）.
(7) 土蔵光一：東海道新幹線の変電設備取替（AT 化）にあたって，JREA, 28, 10（1985）.
(8) 電鉄高調波 WG：高調波抑制対策技術指針の解説，鉄道と電気技術，6, 12, p.19,（1995）.
(9) 持永芳文，他：AT き電回路における高調波共振と抑制対策，電学論 D, 114, 10, pp.978 ～ 986（1994）.
(10) 石川栄："のぞみ"に結実した誘導電動機駆動システム，電学論 D, 114, 6, pp.604 ～ 607（1994）.
(11) 電気学会技術報告 676 号，交流電気鉄道用車両の高調波対策，電気学会，pp.38 ～ 39（1998）.
(12) チョッパ制御方式専門委員会：チョッパ制御ハンドブック，電気学会，pp.68 ～ 70（1976）.
(13) IEC 61375-1, Electric railway equipment-Train bus-Part 1：Train Communication Networks, IEC（1999）.
(14) H.J. Humbert et al.：E；Elektromagnetsche Verträglichkeit auf Bahnfahrzeugen；Elektrische Bahnen, 98, 11/12, pp.399 ～ 410（2000）.
(15) 渡邉朝紀：欧州における鉄道車両の EMC 対策，鉄道車両と技術，83, pp.8 ～ 22（2003）.
(16) prEN50343：Railway applications-Rolling Stock-Rules for installation of cabling, CENELEC（2000）.
(17) IEC 62236-1：Railway applications-Electromagnetic compatibility-Part 1: General, IEC（2003）.
(18) 川﨑邦弘：電気鉄道に対する EMC 国際規格の動向，EMC, 168, pp.66 ～ 78

(2002).

(19) 宮崎玲：VVVF インバータの ENV 50121 に基づいた EMC 試験，鉄道車両と技術，83, pp.33 〜 38（2003）.

(20) 岡本和比古，他：三菱電機における EMC ラボラトリについて，鉄道車両と技術，83, pp. 39 〜 42（2003）.

(21) EN 50238 : Railway applications-Compatibility between rolling stock and train detection systems, CENELEC（2003）.

(22) ITU-T Recommendation K.33 : Limits for people safety related to coupling into telecommunications systems from a.c. electric power and a.c. electrified railway installations in fault conditions（1996）.

(23) 池畑政輝：電磁界の健康影響，RRR, 59, 9, pp.29-30（2002）.

(24) ICNIRP: Guidelines for limiting exposure to time-varying electric, magnetic, and electromagnetic fields（up to 300 GHz）., Health Phys, 74, pp.494 〜 522（1998）.

(25) 水間毅：鉄道車両における電磁障害と基準，鉄道車両と技術，3（8）. 25, pp.4 〜 9（1997）.

2장

전기차와 고조파

이 장에서는 전기철도차량(전기차)이 발생시키는 고조파와 그 대책에 관해서 소개하고자 한다. 최근에 새로 제작된 차량은 PWM 제어차량뿐이어서 이것을 대상으로 하였다. 먼저 전기차에서 발생하는 고조파에 관해서 설명하고 고조파의 이론해석과 시뮬레이션 결과를 제시하고 그 차이를 고찰한다. 그리고 귀선전류와 직달 노이즈로 나누어 일본과 여러 나라의 대책에 대한 현재 상황을 언급하고 더 나아가 실제로 측정한 것과 시뮬레이션을 병용한 의장(艤裝) 후의 코먼모드 노이즈 대책을 소개한다. 이 외에도 철도에 대한 EMC 국제규격 IEC 62236에 의거한 접근법을 소개하고 앞으로의 EMC 대책 방향을 고찰한다.

전기차에서 발생하는 고조파

여기서는 전기차에서 발생하는 고조파의 종류와 주파수대 및 지상설비와의 관계에 관해서 언급한다. 지상설비에 관한 상세한 설명은 3장, 4장에서 언급한다.

2.1.1 전기차에서 발생하는 전자 노이즈

전기차가 주행함으로써 발생하는 전자 노이즈는 그림 2.1에 나타냈으며 다음과 같은 특징이 있다.

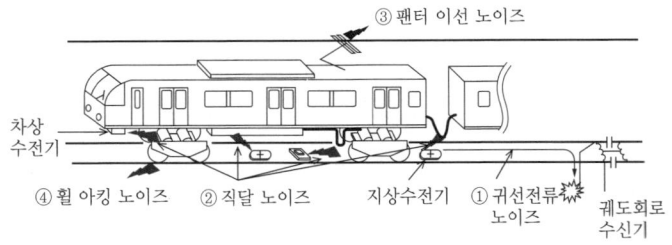

그림 2·1 전기차에서 발생하는 전자 노이즈

① 귀선전류 노이즈: 레일로 흐르는 고조파 전류에 의한 것. 레일을 사용한 신호설비(궤도회로, ATC, 건널목 제어장치 일부 등)에 영향을 미친다. 특히 전력전환장치 반송주파수 정수배 근방의 주파수에 발생하는 노이즈 전류를 귀선전류 고조파라고 할 수 있다.

② 직달 노이즈 : 고조파 전류가 전선을 흐를 때, 전자파로서 방사되는 것. 전자결합을 이용한 신호설비(ATC차상장치, ATS, 트랜스폰더 장치, 차축검지기, 건널목 제어장치의 일부 등)에 영향을 미친다. 주 발생원이

되는 것은 주(主)전동기배선, 차 사이의 도선, 주(主)회로기기 단자함, 주(主)전동기이다.

③ 팬터 이선 노이즈 : 팬터그래프로 집전 중에 이선에 의해 아크에서 발생하는 노이즈로 TV 수신장애 등을 발생시킨다.

④ 휠 아킹 노이즈 : 차량에서 유출되는 귀선전류가 차륜과 레일'간의 접지 상태에 따라 단속적으로 흐름으로써 발생하는 노이즈이다.

이 중에서 주회로 인버터나 보조전원 등 파워일렉트로닉스 기기가 발생시키는 노이즈는 ① 귀선전류 노이즈, ② 직달 노이즈 두 종류이다. 여기서는 철도 안전성에 관계되는 차량용 신호기기에 대한 영향을 대상으로 하기 때문에 ① 귀선전류 노이즈와 ② 직달 노이즈를 대상으로 한다. ③, ④에 관해서는 5장의 5.2.1 [3]항을 참조하기 바란다.

[1] 전기차의 귀선전류 고조파

직류 급전방식, 교류 급전방식에 대응하여 전력변환기도 크게 두 종류로 나눌 수 있다(그림 2·2, 그림 2·3).

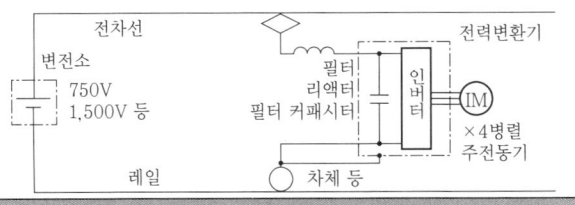

그림 2·2 직류급전 방식 대응 회로구성

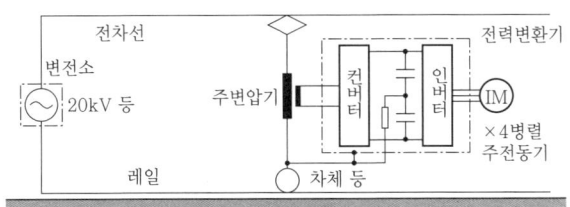

그림 2·3 교류 급전방식 대응 회로구성

어느 경우나 반도체 소자를 이용한 전압형 PWM 방식으로 주전동기에 전력을 공급한다. 사용 반도체는 GTO에서 IGTB로 변하고 있으며 현재 제작되는 대부분의 전력전환기는 IGTB를 사용하고 있다. 주전동기는 3상 농형 유도전동기가 일반적이다.

철도차량 기기는 탑재할 공간의 제약으로 인해 기기의 소형화(변환장치용 반도체 소자의 방열면적의 축소)가 필요하다. IGTB는 GTO와 비교하여 스위칭 손실이 적고 스위칭 속도 자체가 빠르다는 특징을 갖고 있다. 이 때문에 GTO를 적용한 인버터기기에서는 500Hz 정도의 스위칭 주파수를 사용하고 있었지만 최근 IGTB를 적용한 인버터기기에서는 더 정현파에 가까운 출력 파형을 얻기 위하여 1~1.5kHz 정도의 스위칭 주파수를 선택하는 것이 일반화되었다.

이렇게 함으로써 반도체소자의 스위칭에 기인하는 귀선전류 고조파는 GTO 적용 기기에 비해 IGTB 적용 기기에서는 높은 주파수대에서의 고조파 성분이 증가하여 이제까지 문제가 되지 않았던 고주파를 사용한 신호기기 등에서도 주의가 필요하게 되었다.

신호 시스템에 대한 전자방해(전도 노이즈도 포함하여 일반적으로 "유도장애"라고 부름)는 여러 종류로 나눌 수 있다.

① 레일에 의해 신호를 전달하고 지상 측 수신기로 판별한다(궤도회로).
② 레일에 의해 신호를 전달하고 레일과 차상 수신기기 간은 전자결합으로 신호를 전송하는 자동열차제어장치(ATC) 등에 대하여 영향을 미칠 염려가 있다.

[2] 직류전기차의 귀선전류 고조파

대략 다음의 모델로 표현된다. 귀선전류 고조파는 전기차(전력변환기)를 노이즈원으로 한 경우의 노멀모드 노이즈로서 고려할 수 있다.

귀선전류 고조파가 장애를 줄 수 있는 신호기기 대상 주파수는 일반적으로 10Hz~20kHz 정도이다.

이 주파수대 성분 발생의 주원인으로 다음과 같은 점을 제시한다. 회로 가운데 필터 리액터(L성분)가 존재하기 때문에 비교적 높은 주파수의 영향은 나타나기 어렵다.

① ~100Hz 정도 : 토크 등의 제어(출력파워 변화), 입력단 LC 필터의 공진주파수 영향 등
② 100Hz~ 정도 : PWM 스위칭 주파수

기타 외적인 요인으로서는 전차선 전압의 왜형, 급전시스템이 갖고 있는 공진주파수 등이 있다.

변전소에서 3상 전파정류로 직류출력을 하는 경우, 가선전압은 다음의 정류 리플을 포함하고 있으며 귀선전류도 영향을 받는다.

[상용주파수 (50 또는 60Hz)×6]×정수배
[상용주파수 (50 또는 60Hz)×2]×정수배

이것은 부하 불균형 때 발생한다.

[3] 교류전기차의 귀선전류 고조파

귀선전류 고조파는 전기차(전력변환기)를 노이즈원으로 한 경우의 노멀모드 노이즈로서 고려할 수 있다.

귀선전류 고조파가 장애를 줄 수 있는 신호기기 대상 주파수는 일반적으로 10Hz~20kHz 정도이다. 이 주파수대 성분 발생의 주원인으로 다음과 같은 점을 제시한다.

① ~100Hz 정도 : 토크 등의 제어(출력파워 변화), 입력단 LC 필터의 공진주파수 영향 등
② 100Hz~ 정도 : PWM 스위칭 주파수

기타 외적인 요인으로서는 가선전압의 왜형, 급전시스템이 갖고 있는 공진주파수 등이 있다.

교류전기차의 전원 측 변환기는 최근 대부분 모두 단상 PWM 컨버터로 구성되어 있다. 직류전기차와 비교할 경우 제어응답, 인버터 PWM에 대하여

컨버터 PWM의 영향이 지배적이라는 것이 특징이다.

그 밖에 컨버터 PWM 스위칭과 비교하여 영향은 적지만 인버터 측의 스위칭 영향, 컨버터·인버터의 전압·전류제어계통 주파수 특성의 영향, 저주파에 대해서는 출력 파워 그 자체의 변화도 영향을 준다.

[4] 직달 노이즈

(a) 노멀모드 노이즈와 코먼모드 노이즈   유도장애의 요인이 되는 전류로는 그림 2.4에 제시한 것처럼 노멀모드 노이즈 전류와 코먼모드 노이즈 전류가 있지만 코먼모드 노이즈 전류의 경로는 레일, 차량 탑재기의 외함 등이 얽혀 있어서 경로를 특정짓는 것이 어렵다.

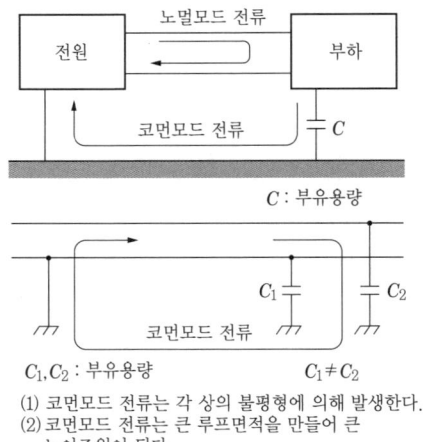

C_1, C_2 : 부유용량 $C_1 \neq C_2$

(1) 코먼모드 전류는 각 상의 불평형에 의해 발생한다.
(2) 코먼모드 전류는 큰 루프면적을 만들어 큰 노이즈원이 된다.

그림 2·4 코먼모드 전류와 노멀모드 전류

(b) 차상 주회로배선의 노멀모드 노이즈 전류에 의한 발생 자계

꼬임선(stranded wire) 배선 실드 등으로 어느 정도 대처하고 있다.

(c) 코먼모드 노이즈 전류에 의한 발생 자계

주로 전력변환기에서 주전동기 부유용량을 거쳐 차체 등 전력변환기 접지

선을 통하여 전력변환기 중성점에 이르는 누설전류에 의해 발생한다. 경험적으로는 교류전기차의 경우, 주전동기 누설전류 영향은 주변압기 누설전류 영향에 비해 매우 커 절연 등급의 차이에 의한 영향이라고 생각된다.

차량용 전력변환기의 직달 노이즈에 대한 대책은 이 성분에 주목해 이루어지는 수가 많다.

(d) 귀선(레일)전류 상의 노멀모드 노이즈 전류에 의한 발생 자계

전력변환기 입력단의 필터 리액터·주변압기에 있어서 신호주파수에서의 임피던스가 낮은 경우는, 전력변환기에서 귀선(레일)을 거쳐 급전설비를 통해 전력변환기에 이르는 경로로 노멀모드 노이즈 전류는 흐르고 그 발생 자계가 지상장치에 영향을 준다.

일반적으로 큰 노이즈 전류 루프로써 차체와 대지를 귀로로 하여 전력선을 동상으로 흐르는 코먼모드 전류에 의한 루프가 있고 그림 2.5의 인버터가 주전동기를 구동했을 때의 주전동기 프레임을 통해서 발생하는 고주파 누설전류인 코먼모드 전류는 무시할 수 없는 노이즈원 요소이다.

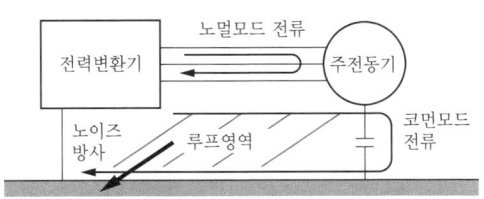

그림 2·5 전력변환기와 주전동기에 흐르는 전류경로

한편, 그림 2·5에서 제시하는 노멀모드 전류에서는 케이블 트위스트화로 케이블 간의 루프 면적의 축소 및 루프 간의 자속 상쇄 효과를 높이는 배려가 필요하다.

🚆 2.1.2 전자 노이즈 스펙트럼

전기차에 탑재된 파워일렉트로닉스 기기는 방형파 형태의 전류나 전압을 스위칭하기 때문에 광대역에 걸친 고조파를 발생시킨다.

그림 2·6에 전기차 자계 노이즈 스펙트럼의 개요를 제시하였다. 반송파 주파수에 수반하는 고조파는 100배 이상이나 되는 광대역이 된다. 경량화, 고효율화를 위하여 소자가 GTO에서 IGTB로 고속 스위칭 소자로 옮겨갔기 때문에 노이즈의 스펙트럼도 고주파 측으로 옮겨갔다.

따라서 스위칭 주파수가 높은 소자가 출현한다면 노이즈도 더욱 고주파 측으로 이동할 것이 분명하다.

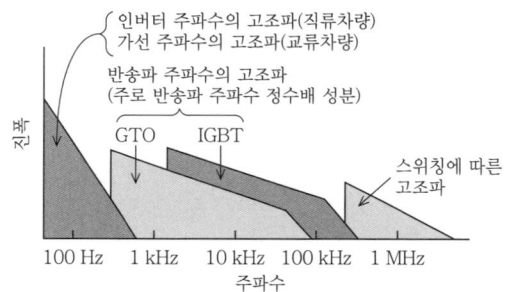

그림 2·6 전기차 전자 노이즈 스펙트럼 개요

그림 2·6에서는 포락선을 나타내고 있으며 이상적으로는 스위칭 주파수의 정수배 성분만이 발생하고 그 밖의 주파수 성분은 0이 되는 셈이지만 현실적으로는 중간회로의 맥동과 그 밖의 외란에 의해서 비이론적인 고조파가 발생하기 때문에 정수배 간의 주파수 성분도 발생한다.

표 2·1에는 PWM 컨버터를 예로 들어 귀선전류 노이즈, 직달 노이즈를 발생시키는 주된 주파수와 그 주파수를 사용하는 신호기기가 사용하는 주파수와의 관계를 제시했다.

표 2·1 PWM 컨버터가 발생시키는 전자 노이즈와 신호장치 주파수 관계

		10 Hz	100 Hz	1 kHz	10 kHz	100 kHz	1 MHz	10 MHz
신호기기			궤도회로	ATC	건널목제어자	ATS	ATS-P 트랜스폰더	
신호에 미치는 주 영향			← 귀선전류 →			← 적달 →		
P W M 컨 버 터	PWM 제어		← →					
	전압·전류제어		← →					
	스위칭 주파수				← →			
	스위칭 파형						← →	

2.1.3 신호기기의 동작 원리

먼저 전자 노이즈를 받는 측의 각종 신호기기와 그 동작 원리에 관해서 간단히 소개하고자 한다. 신호기기에 관해서는 4장에서 상세히 언급하므로 참조하기 바란다.

대표적인 신호기기로서는 그림 2·7에서 제시한 것처럼 궤도회로를 이용하여 차량의 존재를 검지하고 차량의 진행 여부를 나타내는 신호를 실제로 보여주는 신호기와 정지신호에서의 잘못된 통과를 방지하기 위한 ATS(자동 열차정지장치) 등의 장치가 있다.

이 밖에 재래선 구간이나 민간철도·공영지하철 등에서는 건널목이 있기 때

(a) 궤도회로 신호기   (b) ATS지상자

그림 2·7 대표적인 신호기

문에 그 제어를 하는 신호기기도 존재한다.

　그림 2·8처럼 신호기기는 레일을 동작회로의 일부로 사용하는 궤도회로와 레일 또는 레일 간 설치된 지상자와 차량에 설치된 코일(차상자)의 전자결합을 이용하는 것으로 크게 분류할 수 있다.

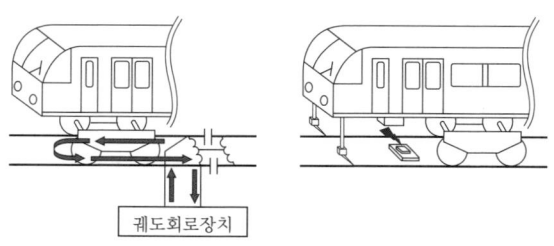

궤도회로장치

그림 2·8 신호기기의 개략도

　레일은 그림 2·2나 그림 2·3처럼 전기차를 구동하기 위한 전기회로의 일부(귀선)로도 사용되고 있으며 그 파워는 신호기기와 비교하여 대단히 크다. 이 때문에 레일을 동작회로로 사용하고 있는 신호기기는 물론이고 지상자와 차상자의 전자결합을 이용하고 있는 신호기기에 관해서도 전기차에서 발생하는 고조파의 영향을 고려할 필요가 있다.

2.1.4 유도장애에 따른 신호기기의 영향

　먼저 신호기기에 대하여 문제가 되는 현상에 관하여 그림 2·9를 이용하여 설명한다.

　앞쪽의 신호구간에 차량이 존재하지 않을 때, 신호기는 구간으로의 진입을 허가하는 신호(청신호)를 실제로 나타낸다. 그림 2·9 좌측에서 차량이 주행해 와서 신호기를 통과하여 신호기의 우측에 정차하는 경우, 신호기는 실제로 정지시키는 신호(적신호)를 나타낸다.

- 안전 측 오동작
  열차가 없는데도 정지표시
- 위험 측 오동작
  열차가 있는데도 진행표시

레일균열
발생

그림 2·9 신호기기의 오동작

여기서 이를테면 레일에 균열이 생겨 궤도회로가 구성되지 못하게 된 경우, 신호기는 레일에 열차가 없는데도 불구하고 실제로 적신호를 내보내어 열차운행이 정지되어 버린다. 이런 상태를 안전 측 오동작이라고 부른다.

이와 반대로 차량에서 발생하는 전자노이즈의 영향으로 열차가 신호기 바로 앞에 정차해 있음에도 불구하고 신호기의 신호가 정지신호에서 진행을 허가하는 신호로 바뀌어버리는 것을 위험 측 오동작이라고 한다.

각 신호기기에는 오동작을 방지하기 위하여 정해진 방해허용치가 설정되어 있다.

방해허용치에는 안전동작 확보와 위험 측 오동작 방지 두 종류가 있다. 안전동작 확보를 위한 방해허용치는 레일 균열이 없는 상태에서 좌우의 레일에 흐르는 전류에 불평형이 있어도 동작하거나 동작한 릴레이가 복구되지 않은 한계치를 보여주고 있다. 일반적으로 뒤에 나오는 식 (2·1)에서 정의되는 불평형률로서는 10% 정도를 고려하고 있다. 이 경우 신호현시가 진행을 허가하는 신호에서 정지시키는 신호로 바뀌므로 열차가 주행할 수가 없어 열차운행 시간표에 지장이 생기게 된다.

이에 대하여 위험 측 오동작 방지의 방해허용치는 불평형률 100%(레일 균열)일 때, 복구된 레일이 부정확하게 동작하는 한계치이다. 이 경우 신호현시는 정지시키는 신호에서 진행을 허가하는 신호로 바뀌기 때문에 안전성이 유지될 수 없다는 문제가 있다.

이 때문에 안전동작 확보와 위험 측 오동작 방지의 방해허용치 중 값이 낮은 쪽이 이 신호기기에 대한 유도장애 문제를 일으키지 않는, 지켜야 할 방해허용치로 되고 있다.

위에서 기술한 레일의 불평형률은 좌우의 레일을 흐르는 전류의 밸런스 레벨을 나타내고 다음 식으로 정의된다.

$$k = \left| \frac{I_{n2} - I_{n1}}{I_{n2} + I_{n1}} \right| \tag{2·1}$$

k는 불평형률, I_{n2}는 레일의 우측을 흐르는 전류, I_{n1}는 레일의 좌측을 흐르는 전류를 나타내고 있다. 불평형률에 의해 궤도회로, 차상자(ATC 등)가 영향을 받는 원리를 그림 2·10에 나타낸다.

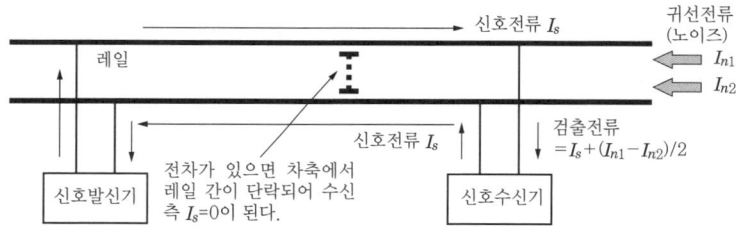

(a) 레일 신호전류에서 수신기(궤도회로)에 대한 영향

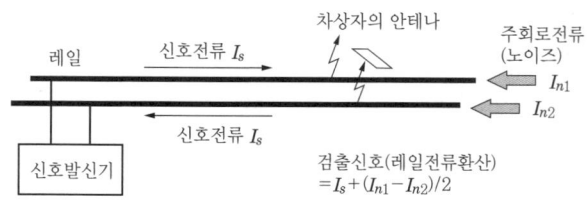

(b) 레일 신호전류에서 차상자에 대한 영향

그림 2·10 불평형전류의 신호기기에 대한 영향

2.1.5 유도장애 시험의 현재 상황

다음에 차량에서 발생하는 전자 노이즈가 신호기기의 동작에 영향을 주는 유도장애 문제에 관해서 언급한다.

인버터 제어차에서 발생하는 전자 노이즈의 영향에 의해 신호기기가 오동작하는 유도장애 문제에 대해서는 차량에 인버터 장치가 본격적으로 채택된 이래, 다양한 전자 노이즈 대책이 이루어져 왔다. 그러나 기술의 진보와 더불어 새로운 인버터 장치나 신호기기에 따른 문제가 발생하여 그 대책에 쫓기고 있는 것이 현실이다.

신호기기의 오동작을 방지하고 안전하고 신뢰도가 높은 철도 시스템을 실현하려면 차량에서 발생하는 전자 노이즈를 감소시켜야 한다.

차량을 영업선으로 주행시키기 위해서는 안전상 유도장애가 발생하지 않는 것을 확인한 다음 적용하는 것이 필요하므로 제품 출하 전에 반드시 유도장애 시험을 하고 있다. 그러나 영업선에서 시험 대상이 될 신호기기는 대부분 여러 개 존재하기 때문에 모든 신호기기에 대하여 1회만 하는 유도장애 시험에서는 합격되지 않는 수가 많다.

또 최종적인 유도장애 시험은 차량 생산자 측에서 행해지는 경우가 많고 시험에서 불합격할 경우, 조정 혹은 경미한 개조를 하여 재시험을 한다. 때문에 합격할 때까지 반복되어 공정이 지연되거나 대책 비용이 증가하는 원인이 되고 있다.

CHAPTER 2·2 전기차의 귀선전류 고조파

여기서는 PWM 전력변환기를 이용한 전기차의 귀선전류 고조파에 관하여 사무실에서 대충 살펴볼 수 있는 고조파 성분의 해석법을 보여주고 있으며 그 경향을 분석하고 있다. 또 실제로는 실제 차량 측정치와는 그 값에 차이가 있어 그 요인과 대책에 관해 언급하고자 한다.

2.2.1 직류전기차의 귀선전류 고조파

[1] 직류전기차 귀선전류 고조파의 이론 해석에 의한 계산 예

(a) 등가회로

그림 2·11은 직류전기차의 주회로와 직류변전소 및 전차선을 포함한 등가 회로이다. 그림 2·12는 고조파 전류 발생원인 인버터에서 전차선 측을 바라 본 고조파 전류에 관한 등가회로이다. 등가회로에서는 전차선 임피던스를 0 으로 하여 고조파 저감효과를 엄격히 설정(전기차가 변전소에서 전원을 공급 받아 주행)하고 있다.

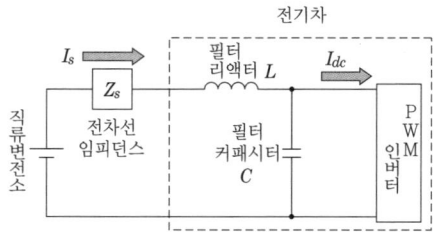

그림 2·11 직류전기차

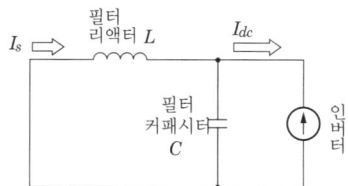

그림 2·12 귀선전류 고조파 검토를 위한 등가회로

이를테면 전차선 임피던스는 전기차 주행 위치에 따라 변화하는 등 검토가 곤란하기 때문에 이처럼 무시하는 경우가 많다. 이와 같이 검토할 때와 실제로 할 때의 조건의 차이, 영향에 관해서는 2.2.3항에서 언급하고자 한다.

(b) 이론 해석식

그림 2·12의 등가회로에 관해서 인버터 입력전류 I_{dc}는 인버터가 발생시키는 직류+고조파전류로, 예를 들어 지상 측에 설치되어 있는 신호설비에 대한 영향 등 검토할 대상은 필터회로(필터 리액터+필터 커패시터)의 전차선 측인 전차선전류(=귀선전류) I_s이다. I_s는 인버터 입력전류와 필터 특성에서 식(2·2)처럼 산출할 수 있다.

이하 이론해석에서는 인버터 동작에 의한 인버터 입력전류 표현식을 검토한다.

$$I_s = \frac{\dfrac{1}{j\omega C}}{j\omega L + \dfrac{1}{j\omega C}} \cdot I_{dc} = \frac{1}{1 - \omega^2 LC} \cdot I_{dc} \tag{2·2}$$

또 대상 신호설비(주로 궤도회로, ATC 등 선로를 신호전달 경로로 사용하는 신호)를 고려하여 귀선전류의 해석 대상 주파수로서 10Hz~십수kHz로 하는 것이 일반적이다. 이 주파수대라면 PWM 파형은 이상적인 방형파로 하여 모의가 가능(주회로소자가 동작할 때의 dv/dt 등의 영향은 작다)하다고 생각된다. 다음의 검토에서도 주회로소자는 이상적인 스위치로 본다.

이 검토는 2레벨 구성의 3상 PWM 인버터를 대상으로 한다.

인버터 동작 상태를 스위칭 함수로 나타내기로 한다. 스위칭 함수는 주회로소자의 스위칭 동작을 모델화한 것이고 u상의 스위칭 함수 SW_u는 식 (2·3)처럼 나타낼 수가 있다.

$$SW_u = \frac{1}{2} + \frac{1}{2} a \sin(\omega_m t + \phi)$$
$$+ \sum_{n=1}^{\infty} \frac{2}{n\pi} \sin\left[\frac{n\pi}{2} \{a\sin(\omega_m t + \phi) - 1\}\right] \cos n(\omega_c t + \delta) \quad (2·3)$$

여기서 a는 변조율, w_m은 변조파 각 주파수, ϕ는 변조파 초기위상, w_c는 반송파 각 주파수, δ는 반송파 초기위상이다.

인버터에서 전기를 공급받는 전동기는 인덕턴스 성분이 지배적이고 순시에서는 전류원으로서 고려할 수가 있다. 이 때문에 전동기를 흐르는 상전류가 인버터의 스위칭 상태에 의해서 직류 측으로 접속된 결과가 인버터 입력전류 I_{dc}가 된다고 생각할 수 있다. 따라서 인버터 입력전류 I_{dc}는 각 상의 스위칭 함수 $SW_{u \sim w}$와 상전류 $i_{u \sim w}$의 곱으로서 식 (2·4)처럼 나타낼 수가 있다 (그림 2·13).

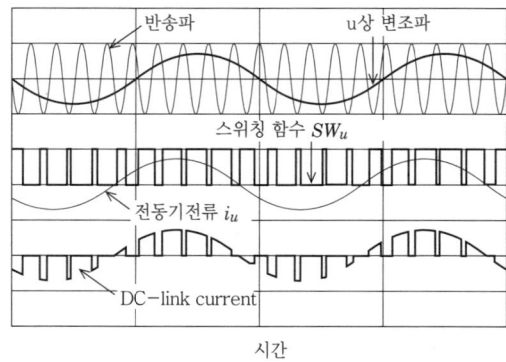

그림 2·13 스위칭 함수를 이용한 u상 성분의 직류 측 전류

$$I_{dc} = SW_u \times i_u + SW_v \times i_v + SW_w \times i_w \quad (2·4)$$

여기서 상전류에 관해서는 고조파 성분은 무시하고 기본파 성분만으로 나타내기로 한다. 즉, u상 전류 i_u는 식 (2·5)처럼 나타낼 수가 있다.

$$i_u = I_m \sin\{(\omega_m t + \phi) - \Psi\}\tag{2·5}$$

여기서 I_m은 변조파 전류진폭, Ψ는 역률각이다.

식 (2·4)에 대하여 각 상의 식 (2·3)과 식 (2·5)를 이용하여 고조파의 주파수마다 정리하자면 변조파 주파수 f_m, 반송파 주파수 f_c에 대하여 고조파 성분의 진폭은 식 (2·6)~(2·10)처럼 나타낼 수가 있다.

① 직류성분

$$I_m \frac{3}{4} a\cos\Psi\tag{2·6}$$

② $n_o = 1, 3, 5\cdots$, $l = 1, 4, 7\cdots$일 때

$$n_o f_c \pm (2l+1)f_m \text{ [Hz] 성분 } I_m \frac{3}{n_o \pi} J_{2l}\left(\frac{an_o\pi}{2}\right)\tag{2·7}$$

③ $n_o = 1, 3, 5\cdots$, $l = 2, 5, 8\cdots$일 때

$$n_o f_c \pm (2l-1)f_m \text{ [Hz] 성분 } I_m \frac{3}{n_o \pi} J_{2l}\left(\frac{an_o\pi}{2}\right)\tag{2·8}$$

④ $n_e = 2, 4, 6\cdots$, $l = 1, 4, 7\cdots$일 때

$$n_e f_c \pm (2l-2)f_m \text{ [Hz] 성분 } I_m \frac{3}{n_e \pi} J_{2l-1}\left(\frac{an_e\pi}{2}\right)\tag{2·9}$$

⑤ $n_e = 2, 4, 6\cdots$, $l = 3, 6, 9\cdots$일 때

$$n_e f_c \pm 2l f_m \text{ [Hz] 성분 } I_m \frac{3}{n_e \pi} J_{2l-1}\left(\frac{an_e\pi}{2}\right)\tag{2·10}$$

여기서 n_o는 홀수, n_e는 짝수, l은 정수, $J_k(x)$는 k 다음의 베셀함수이다.

(c) 주파수 분포

위에서 언급한 이론 해석식 (2·6)~(2·10)을 이용하여 각 PWM 모드마다 주파수 스펙트럼을 나타낸다.

그림 2·14에 비동기 PWM 영역의 전류 고조파 분포를 나타낸다. 커다란 측대(sidebands) 고조파로서 발생하는 주파수 성분은 식 (2·7)~(2·10)으로 나타낼 수 있다.

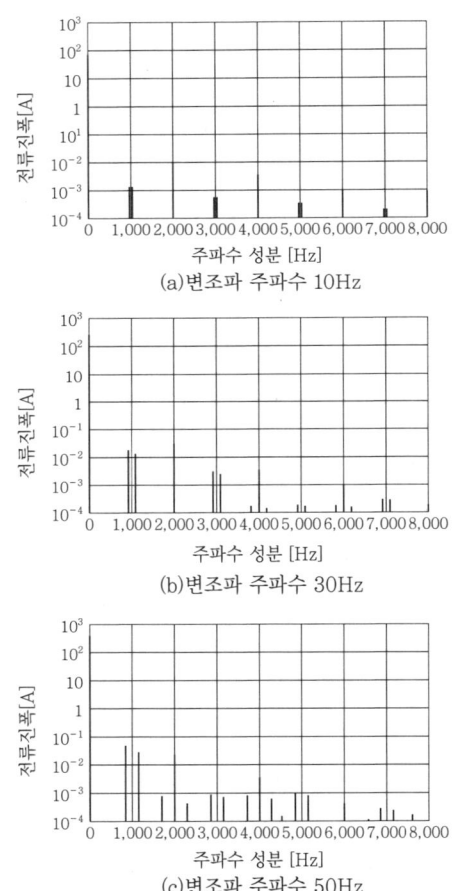

(a)변조파 주파수 10Hz

(b)변조파 주파수 30Hz

(c)변조파 주파수 50Hz

그림 2·14 비동기 PWM 영역의 전류 고조파

$$n_o f_c \pm 3 f_m [\text{Hz}] \text{ 성분} \tag{2·11}$$

$$n_e f_c [\text{Hz}] \text{ 성분} \tag{2·12}$$

$$n_e f_c \pm 6 f_m [\text{Hz}] \text{ 성분} \tag{2·13}$$

여기서 n_o는 홀수, n_e는 짝수이다.

이 때문에 측대 고조파 주파수는 속도 상승과 더불어, 반송파 주파수 f_m에서 퍼져나간다. 또, 측대 고조파의 진폭은 모터 전류의 증가와 더불어 증가하는 성분과 변조율 a의 증가에 따른 베셀함수 내의 값이 변화함에 따라서 진폭이 변화하는 성분이 있다.

그림 2·15에 동기 3펄스 영역의 전류 고조파 분포를 나타낸다. 커다란 측대 고조파로서 발생하는 주파수 성분은 식 (2·7)~(2·10)에서

$$2f_c \text{ [Hz] 성분 } (6f_m \text{ [Hz] 성분)} \tag{2·14}$$

이 된다. 최근의 철도차량에서는 동기 다펄스 영역을 사용하는 속도범위가 협소한 것이 많기 때문에 이 영역 내에서 진폭의 커다란 변화는 볼 수 없다.

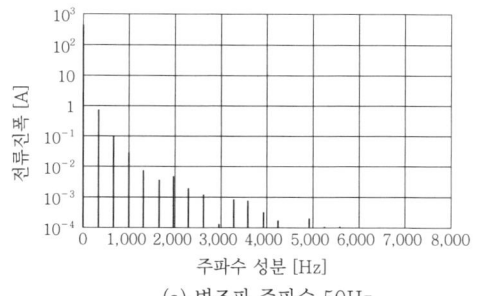

(a) 변조파 주파수 50Hz

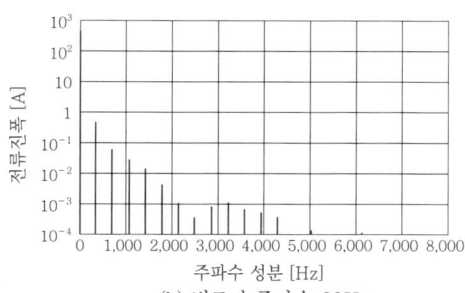

(b) 변조파 주파수 60Hz

그림 2·15 동기 3펄스 영역의 전류 고조파

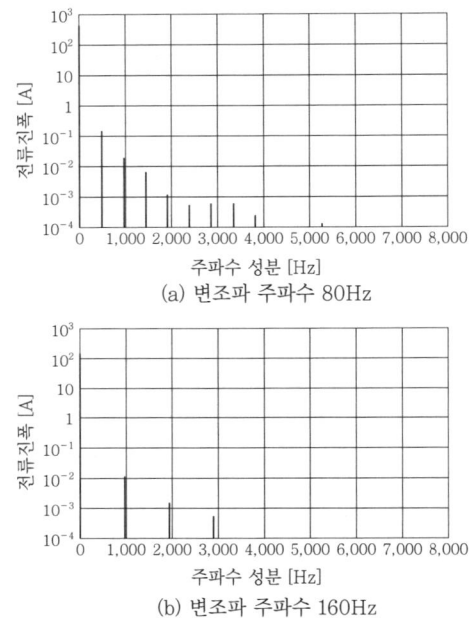

(a) 변조파 주파수 80Hz

(b) 변조파 주파수 160Hz

그림 2·16 1펄스 영역의 전류 고조파

그림 2·16에 1펄스 영역의 전류 고조파 분포를 나타낸다. 커다란 고조파로서 발생하는 주파수 성분은

$$6f_m \text{ [Hz] 성분} \tag{2·15}$$

이 된다. 이 때문에 고조파 주파수는 속도의 상승과 더불어 증가한다.

[2] 직류 전기차 귀선전류 고조파의 시뮬레이션에 의한 계산 예

(a) 등가회로·모델

시뮬레이션을 실시하는 경우 인버터가 전동기 구동하는 부분도 포함하여 실험하는 것이 일반적이다(그림 2·17).

전압형 인버터에서 '전동기를 구동 → 상전류가 흐른다 → 스위칭 상태에 따라 상전류 즉 직류 측이 접속되는 기간, 직류 측에 해당하는 상전류가 흐른다'

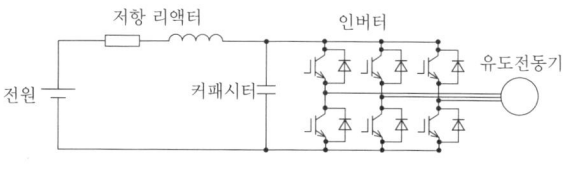

그림 2·17 시뮬레이션 모델

(이론 해석식 (2·4)와 동일함)

가 되기 때문에 이론 계산식과 거의 같은 개념으로 계산하지만 이론해석과 달리 상전류 고조파분도 포함한 해석 결과가 되기 때문에 실제에 더 가깝다.

이론해석과 마찬가지로 대상 신호설비(주로 궤도회로, ATC 등 선로를 신호전달 경로로 사용하는 신호)에서 귀선전류의 해석 대상 주파수로서는 10~십수kHz로 생각하고 주회로소자는 이상적인 스위치(PWM 파형은 완전한 구형파)로 계산하는 것이 일반적이다.

시뮬레이션에 의해 산출하는 경우 인버터를 동작시켰을 때의 시간영역 파형을 계산하여 그 결과 파형을 주파수 해석하게 된다.

계산시간 등의 관점에서 차량속도(인버터 변조 주파수)는 연속동작으로는 하지 않고 필요한 동작점의 정상동작으로 계산하고, 필요한 조건분 횟수를 실시하는 것이 일반적이다.

(b) 시뮬레이션 결과

다음의 조건으로 시뮬레이션을 실시하였다.

필터 리액터 : 23mH

필터 리액터 저항 : 0.01Ω

필터 커패시터 용량 : 4,000μF

유도 전동기 등가회로 정수

상호 인덕턴스 : 32.9mH	1차 저항 : 0.0942Ω
1차 누설 인덕턴스 : 0.995mH	2차 저항 : 0.0886Ω
2차 누설 인덕턴스 : 0.995mH	모터극 대수 : 2

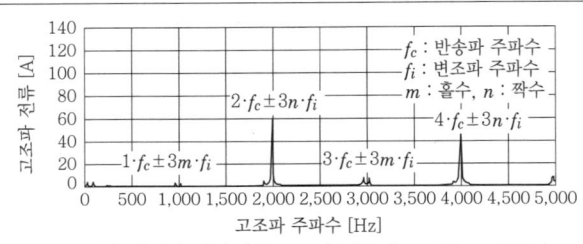

(a) 인버터 입력전류 고조파(비동기 PWM, f_i=10Hz)

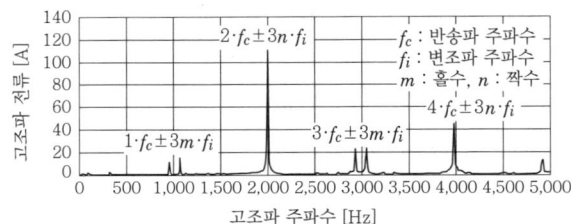

(b) 인버터 입력전류 고조파(비동기 PWM, f_i=20Hz)

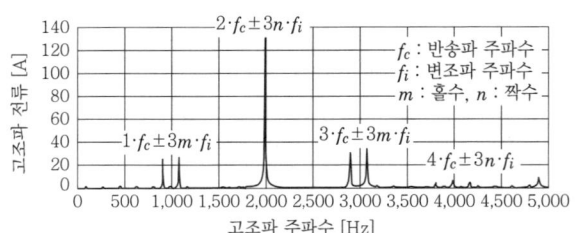

(c) 인버터 입력전류 고조파(비동기 PWM, f_i=30Hz)

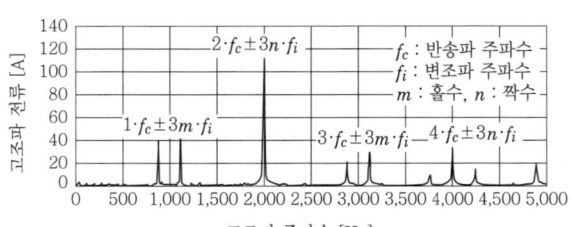

(d) 인버터 입력전류 고조파(비동기 PWM, f_i=40Hz)

그림 2·18 비동기 PWM 영역의 전류 고조파

◆ 소방 분야

강좌명	수강료	학습일	강사
[쌍기사 평생연장반] 소방설비기사 전기 x 기계 동시 대비	549,000원	합격할때까지	공하성
[쌍기사 프리패스] 소방설비기사 전기 x 기계 동시 대비	499,000원	365일	공하성
소방설비기사 필기+실기+기출문제풀이	370,000원	170일	공하성
소방설비기사 필기	180,000원	100일	공하성
소방설비기사 실기 이론+기출문제풀이	280,000원	180일	공하성
소방설비산업기사 필기+실기	280,000원	130일	공하성
소방설비산업기사 필기	130,000원	100일	공하성
소방설비산업기사 실기	200,000원	100일	공하성
화재감식평가기사·산업기사	192,000원	120일	김인범

◆ 위험물·화학 분야

강좌명	수강료	학습일	강사
위험물기능장 필기+실기	280,000원	180일	현성호,박병호
위험물산업기사 필기+실기	245,000원	150일	박수경
위험물산업기사 필기+실기[대학생 패스]	270,000원	최대4년	현성호
위험물산업기사 필기+실기+과년도	350,000원	180일	현성호
위험물기능사 필기+실기[프리패스]	270,000원	365일	현성호
화학분석기사 실기(필답형+작업형)	150,000원	60일	박수경
화학분석기능사 실기(필답형+작업형)	80,000원	60일	박수경

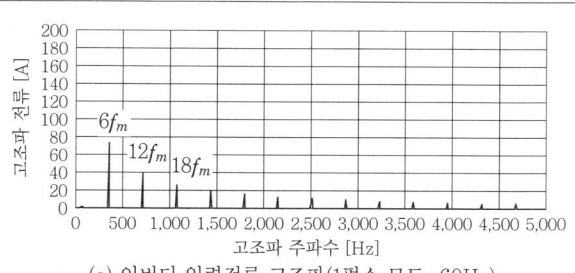

(a) 인버터 입력전류 고조파(1펄스 모드, 60Hz)

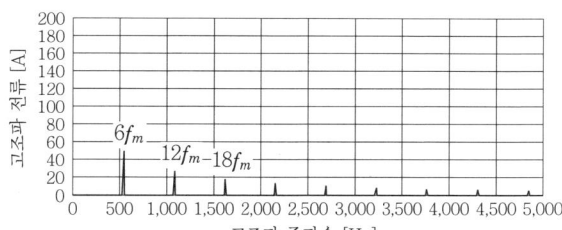

(b) 인버터 입력전류 고조파(1펄스 모드, 90Hz)

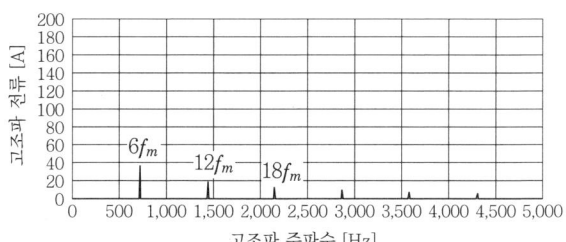

(c) 인버터 입력전류 고조파(1펄스 모드, 120Hz)

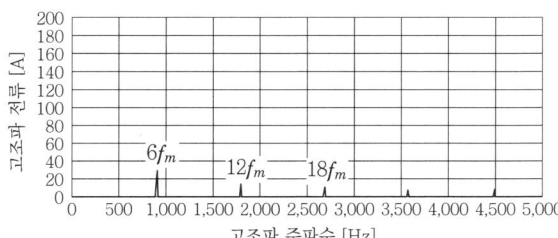

(d) 인버터 입력전류 고조파(1펄스 모드, 150Hz)

그림 2·19 1펄스 영역의 전류 고조파

　그림 2·18에 비동기 PWM 영역의 전류 고조파 분포를 나타냈다. 이론해석
과 마찬가지로 반송파 주파수 f_c를 중심으로 측대파가 존재하고 속도의 상승
과 더불어 반송파 주파수로부터 확대되어 간다.

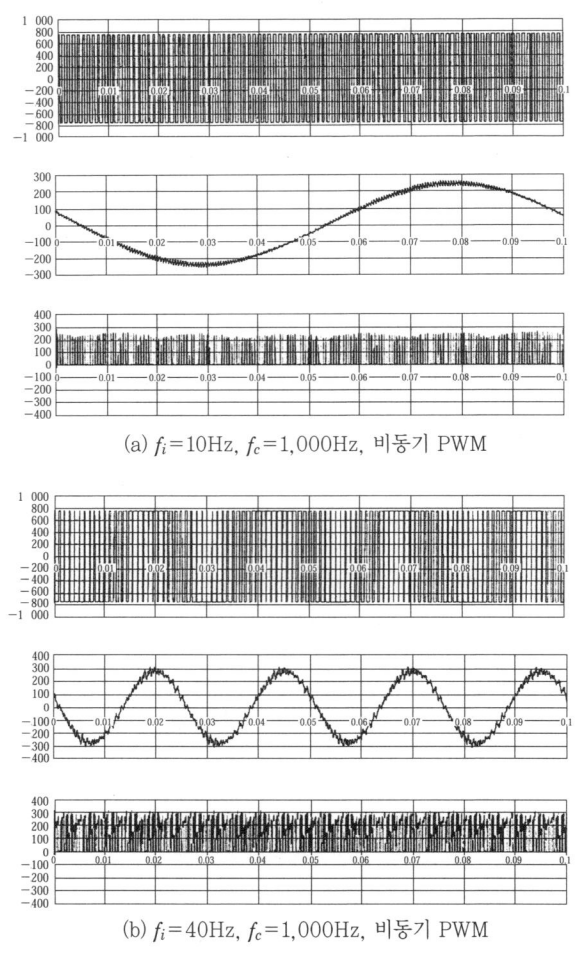

(a) $f_i=10\mathrm{Hz}$, $f_c=1{,}000\mathrm{Hz}$, 비동기 PWM

(b) $f_i=40\mathrm{Hz}$, $f_c=1{,}000\mathrm{Hz}$, 비동기 PWM

그림 2·20 비동기 PWM 영역의 전류 시뮬레이션 결과(상전압·상전류·입력전류)

그림 2·19에 1펄스 영역의 전류 고조파 분포를 나타냈다. 반송파 주파수 f_c 의 6×정수배 주파수 성분이 지배적이며 속도(인버터 변조파 주파수)의 상승 과 더불어 증가한다.

주파수 해석 전 시간영역에서의 시뮬레이션 파형의 예를 그림 2·20, 2·21 에 나타낸다.

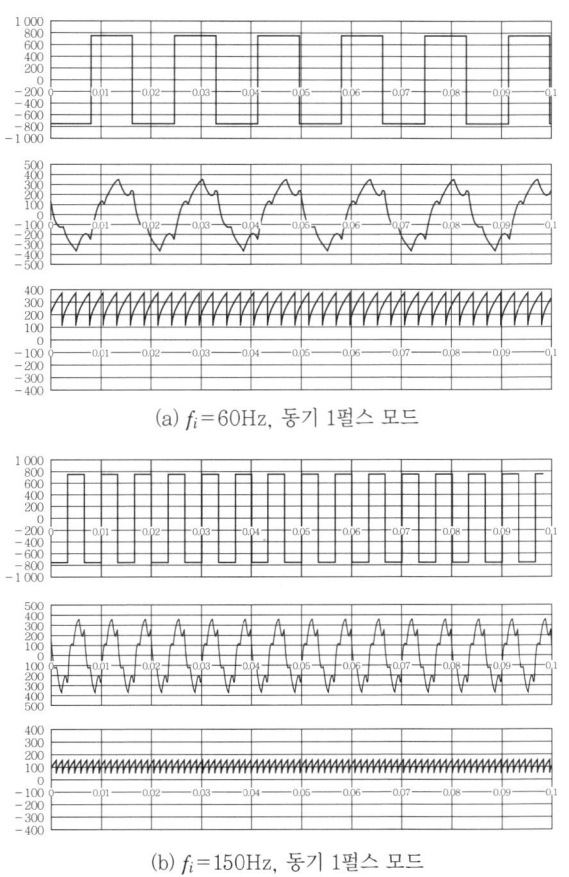

(a) f_i＝60Hz, 동기 1펄스 모드

(b) f_i＝150Hz, 동기 1펄스 모드

그림 2·21 1펄스 영역의 전류 시뮬레이션 결과(상전압·상전류·입력전류)

(c) 입력전류 고조파 기준 특성 곡선에서 구하는 방법

동기 PWM 모드에 관해서는 입력전류 시뮬레이션 결과를 정리하여 일반화한 규격(IEC TS 61287-2)이 있다(그림 2·22 참조).

이 규격이 보여주는 입력전류 고조파는 인버터 입력전류를 주전동기 전류실효치에 대한 비율로 기준화하여 계산 결과를 횡축에 주파수, 종축에 $I_i(n)$으로서 특성곡선으로 보여주고 있다.

$$I_i(n) = \frac{n\text{차 조파 인버터 입력전류}}{\text{주전동기 전류 실효치}} \qquad (2·16)$$

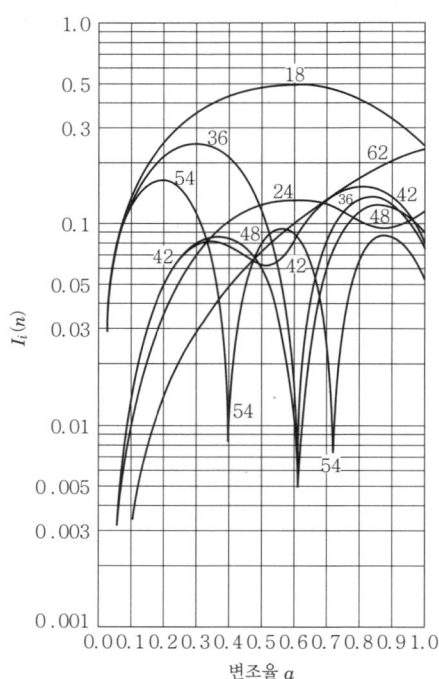

그림 2·22 IECTS 61287-2 동기9 펄스모드 입력전류 고조파 규격치

각 펄스 모드의 특성곡선에서 변조율, 펄스수, 기본파 역률로 $I_i(n)$을 판독하여 n차 조파 인버터 입력전류를 용이하게 산정할 수가 있다.

귀선전류 $I_s(n)$은

$$I_s(n) = \frac{1}{1-(2\pi\omega)^2 LC} \times n차\ 조파\ 인버터\ 입력전류 \quad (2\cdot17)$$

이므로 이렇게 계산하여 고조파 주파수에 대한 귀선전류를 구할 수 있다.

[3] 편성 전체에서의 귀선전류 산출 방법

위에서 언급한 두 종류의 산출방법 모두 PWM 인버터 1대분의 입력전류 산출 방법을 나타내었다. 그러나 현실적으로는 동일편성에 복수대의 인버터가 탑재되어 있는 것이 일반적이고 이 경우는 복수대의 각 결과를 가산할 필요가 있다.

각 인버터는 각각의 속도를 검출하여 동작하고 있으므로 모든 인버터의 동작이 완전히 동기하는 일은 현실적으로는 발생하지 않는다. 이 때문에 그 발생 노이즈 위상도 동기하고 있지 않아 대부분 간단한 방법으로 다음과 같은 산출 방법이 이용된다.

$$편성\ 전체에서의\ 고조파 = 인버터\ 1대\ 당\ 고조파\ 전류치$$
$$\times\sqrt{1편성\ 당\ 탑재\ 인버터\ 대수} \quad (2\cdot18)$$

2.2.2 교류전기차의 귀선전류 고조파

[1] 교류전기차 귀선전류 고조파의 이론해석에 의한 계산 예

(a) 등가회로

귀선전류 고조파를 구하기 위하여 그림 2·23과 같은 등가회로를 고려한다. 여기서는 간단히 하기 위하여 주변압기의 2차 측 권선은 1권선만으로 한다.

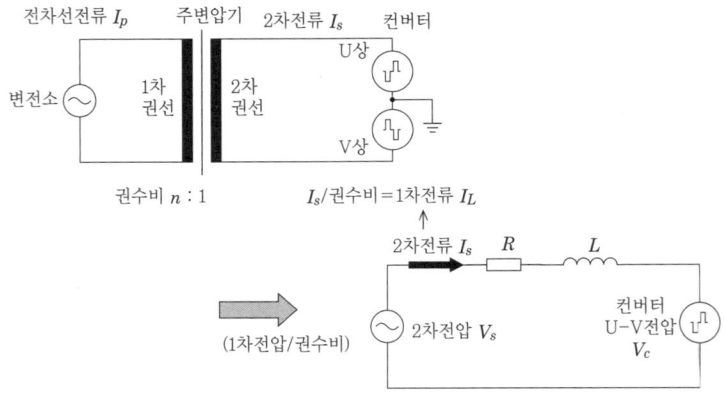

그림 2·23 귀선전류 고조파 검토를 위한 등가회로

교류전기차의 경우, 지배적인 주파수 성분은 컨버터의 스위칭 영향이며 간단히 하기 위해 인버터의 동작은 무시하고 직류회로부는 이상적인 일정한 전압으로서 검토하는 것이 일반적이다.

컨버터의 주변압기 접속부분을 교류전압원으로서 고려하여 주변압기 2차권선전압과 컨버터 입력단 전압의 차이에 의해 가선전류(주변압기 2차전류×2차/1차 환산비)가 흐른다. 그림 2·23의 등가회로를 나타낸 식을 식 (2·19)에 나타낸다. 주변압기 2차전류는 2차전압 V_s와 컨버터 교류 측 선(線)간(間) 전압 V_c와 주변압기 권선 임피던스로 결정된다. 또 귀선전류는 2차 전류를 권수비 r로 환산한 것이 된다.

$$I_L = \frac{1}{r} \frac{1}{R_t + s \cdot L_t} \cdot (V_s - V_c) \tag{2·19}$$

여기서 L_t는 주변압기의 누설 인덕턴스, R_t는 주변압기의 저항성분, V_s는 주변압기 2차전압, V_c는 컨버터의 교류 측 선 간 전압, I_L은 전차선 전류이다. 가선전압을 완전한 정현파로 가정한 경우, 식 (2·19)에서 귀선전류의 고조파 성분은 컨버터 교류 측 선 간 전압의 고조파 성분에만 의존한다는 것을 알 수 있다. 그러므로 앞으로 컨버터 선 간 전압의 주파수 특성에 관한 해석을 언급하고자 한다.

(b) 이론 해석식

여기서는 2레벨 구성의 단상 PWM 컨버터를 대상으로 한다. 직류전기차와 마찬가지로 대상신호설비(주로 궤도회로, ATC 등 선로를 신호전달 경로로 사용하는 신호)를 고려하여 귀선전류의 해석 대상 주파수로서는 10Hz~십수 kHz로 하는 것이 일반적이며 주회로소자는 이상적인 스위치(PWM 파형은 완전한 구형파)로서 검토한다.

(1) 컨버터 1상분(U상)의 전압주파수 성분 : 먼저 1대의 반파 브릿지(U상)의 전압 고조파 성분을 고려한다. 변조파(전원 주파수·기본파 성분)의 주파수 w_o, 반송파 주파수 ω_c, 변조율(a = 컨버터 입력단 전압/직류 스테이지 전압 V_{dc}), U상 기본파 위상을 $0°$로 하면 1대의 반파 브릿지(U상)의 전압 고조파 성분은 식 (2·20)으로 나타낼 수 있다.

$$V_u = \frac{aV_{dc}}{2} \sin \omega_0 t + \sum_{n=1,3,\cdots}^{\infty} \frac{2V_{dc}}{n\pi} J_0\left(\frac{na\pi}{2}\right) \sin n\left(\omega_c t - \frac{\pi}{2}\right)$$

$$+ \sum_{n=1,3\cdots}^{\infty} \sum_{m=\pm2,\pm4,\cdots}^{\infty} \frac{2V_{dc}}{n\pi} J_m\left(\frac{na\pi}{2}\right) \sin\left\{n\left(\omega_c t - \frac{\pi}{2}\right) + m\omega_0 t\right\}$$

$$+ \sum_{n=2,4\cdots}^{\infty} \sum_{m=\pm1,\pm3,\cdots}^{\infty} \frac{2V_{dc}}{n\pi} J_m\left(\frac{na\pi}{2}\right) \sin\left\{n\left(\omega_c t - \frac{\pi}{2}\right) + m\omega_0 t\right\} \quad (2\cdot20)$$

식 (2·20)의 제1항은 기본파 성분, 제2항은 반송파 주파수의 정수차 고조파 성분, 제3항과 제4항은 반송파 주파수의 측대파이다.

여기서 J_m은 m차의 베셀함수를 나타낸다.

$$J_m(x) = \sum_{k=0}^{\infty} \frac{(-1)^k}{k!\,\Gamma(m+k+1)} \left(\frac{x}{2}\right)^{m+2k} \quad (2\cdot21)$$

(2) 컨버터 선 간 전압(U-V상)의 전압주파수 성분 : 철도 차량용 컨버터는 단상 전파 브릿지 방식 2대의 반파 브릿지로 구성되어 있다. 이 두 대의 반파 브릿지를 각각 U상, V상이라고 부르며 컨버터 1군에서는 U-V상의 전압차를 공급한다. 전파 브릿지(U-V상) 경우의 주파수 성분에 관해서 고려한다. V상의 변조파(기본파)는 U상의 변조파 극성반전(極性反轉)한 것(변조파 위상이 π 다르다)이기 때문에 U상의 식에서 $\omega_{0t} \rightarrow \omega_{0t} - \pi$로 치환하면 좋고 V상

의 전압 주파수 성분은 식 (2·22)로 나타낼 수가 있다.

$$
\begin{aligned}
V_v ={}& \frac{aV_{dc}}{2}\sin(\omega_0 t - \pi) + \sum_{n=1,3,\cdots}^{\infty} \frac{2V_{dc}}{n\pi} J_0\!\left(\frac{na\pi}{2}\right)\sin n\left(\omega_c t - \frac{\pi}{2}\right) \\
&+ \sum_{n=1,3,\cdots}^{\infty}\sum_{m=\pm2,\pm4,\cdots}^{\infty} \frac{2V_{dc}}{n\pi} J_m\!\left(\frac{na\pi}{2}\right)\sin\!\left\{n\left(\omega_c t - \frac{\pi}{2}\right) + m(\omega_0 t - \pi)\right\} \\
&+ \sum_{n=2,4,\cdots}^{\infty}\sum_{m=\pm1,\pm3,\cdots}^{\infty} \frac{2V_{dc}}{n\pi} J_m\!\left(\frac{na\pi}{2}\right)\sin\!\left\{n\left(\omega_c t - \frac{\pi}{2}\right) + m(\omega_0 t - \pi)\right\} \\
={}& -\frac{aV_{dc}}{2}\sin \omega_0 t + \sum_{n=1,3,\cdots}^{\infty} \frac{2V_{dc}}{n\pi} J_0\!\left(\frac{na\pi}{2}\right)\sin n\left(\omega_0 t - \frac{\pi}{2}\right) \\
&+ \sum_{n=1,3,\cdots}^{\infty}\sum_{m=\pm2,\pm4,\cdots}^{\infty} \frac{2V_{dc}}{n\pi} J_m\!\left(\frac{na\pi}{2}\right)\sin\!\left\{n\left(\omega_c t - \frac{\pi}{2}\right) + m\omega_0 t\right\} \\
&- \sum_{n=2,4,\cdots}^{\infty}\sum_{m=\pm1,\pm3,\cdots}^{\infty} \frac{2V_{dc}}{n\pi} J_m\!\left(\frac{na\pi}{2}\right)\sin\!\left\{n\left(\omega_c t - \frac{\pi}{2}\right) + m\omega_0 t\right\}
\end{aligned}
$$

$$(2\cdot22)$$

위의 식(V상 전압식)을 U상과 비교하면 다음 사항을 알 수 있다.

① 제1항의 기본파 성분은 U상과 역상이지만 제2항의 반송파 주파수의 정수차 고조파 성분과 동상이 된다.

② 제3, 4항의 측대파 중 홀수차 고조파($n=1, 3, \cdots$)는 동상, 짝수차 고조파($n=2, 4, \cdots$)는 역상이 된다.

U–V상의 차전압 주파수 성분은 식 (2·23)으로 나타낼 수 있다. 상전압식과 비교하면, 다음과 같은 특징이 있다.

① 반송파 주파수의 정수차 고조파 성분은 사라진다.

② 측대파 중, 홀수차 고조파($n=1, 3, \cdots$)는 사라진다.

③ 짝수차 고조파($n=2, 4, \cdots$)는 2배의 진폭이 된다.

$$
\begin{aligned}
V_c = V_u - V_v ={}& aV_{dc}\sin\omega_0 t \\
&+ \sum_{n=2,4\cdots}^{\infty}\sum_{m=\pm1,\pm3,\cdots}^{\infty} \frac{4V_{dc}}{n\pi} J_m\!\left(\frac{na\pi}{2}\right)\sin\!\left\{n\left(\omega_c t - \frac{\pi}{2}\right) + m\omega_0 t\right\}
\end{aligned}
$$

$$(2\cdot23)$$

(c) **주파수 분포 표현** 그림 2·24에 식 (2·23)의 전류 고조파 분포를 나타낸다. 반송파×2n배의 주파수를 중심으로 측대파가 분포된 것을 알 수 있다.

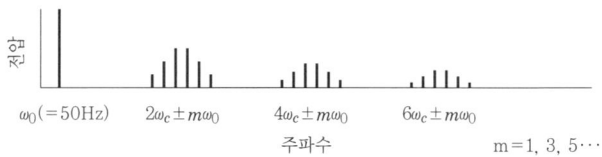

$\omega_0(=50\text{Hz})$ $2\omega_c\pm m\omega_0$ $4\omega_c\pm m\omega_0$ $6\omega_c\pm m\omega_0$

주파수 $m=1,\ 3,\ 5\cdots$

그림 2·24 귀선전류 고조파 산출

[2] 교류전기차 귀선전류 고조파의 시뮬레이션에 의한 계산 예

(a) 등가회로·모델

시뮬레이션을 실시하는 경우 컨버터에 의해 직류전압을 제어하는 부분을 포함하여 실험하는 것이 일반적이다. 단, 이론해석과 마찬가지로 교류전기의 경우 지배적인 주파수 성분은 컨버터의 스위칭 영향이고 인버터의 영향은 적다고 생각되므로 인버터 부분은 직류전원으로 실험하는 경우가 많다.

이론 계산식에 대하여 필터 커패시터의 전압리플(컨버터 스위칭의 영향이나 단상정류 때문에 전원 주파수 2배의 주파수로 파워에 따라 변동하는 성분)의 영향을 포함한 해석 결과가 되기 때문에 실제 기기에 더 가깝다.

또 상세한 것은 다음 항에서 언급하겠지만 주변압기 2차 권선이 복수로 존재하는 경우, 권선 간의 상호 누설 인덕턴스에 의해 서로 영향을 주기 때문에 이론식에 의한 상세한 검토는 현실적이 아니고 시뮬레이션에 의한 검토가 필요하게 된다(그림 2·25).

이론해석과 마찬가지로 대상 신호설비(주로 궤도회로, ATC 등 선로를 신호전달경로로 사용하는 신호)를 고려하여 귀선전류의 해석 대상 주파수로는 10Hz~십수kHz로 생각하여 주회로소자는 이상적인 스위치(PWM 파형은 완전한 구형파)로 계산하는 것이 일반적이다.

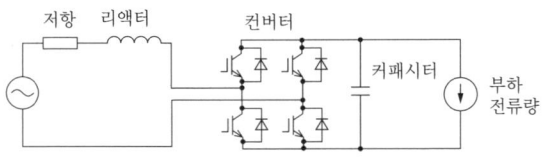

그림 2·25 시뮬레이션 모델

시뮬레이션에 의해서 산출하는 경우, 컨버터를 동작시켰을 때의 시간영역 파형을 계산하여 그 결과 파형을 주파수로 해석하게 된다.

계산시간 등의 관점에서 부하가 변동할 것 같은 연속동작으로는 하지 않고 최대 파워의 1점만 계산하는 것이 일반적이다.

(b) 시뮬레이션 결과

다음의 조건으로 시뮬레이션을 실시하였다.

　전원 주파수 : 50Hz

　2차 전압 실효치 : 1,520V

　직류전압 설정치 : 3,000V

　주변압기 자기 누설 인덕턴스 : 1.1mH

　주변압기 권선저항 : 0.01Ω

　필터 커패시터 용량 : 10,000μF

　펄스 수 : 7펄스

그림 2·26에 전류 고조파 분포와 시간 영역에서의 시뮬레이션 파형을 제시한다. 이론 해석과 마찬가지로 반송파 주파수 f_c를 중심으로 전원 주파수마다 측대파가 존재한다.

[3] 편성 전체에서의 귀선전류 산출 방법

위에서 언급한 두 종류의 산출 방법 모두 PWM 컨버터 1대분의 입력전류 산출 방법을 나타내었다. 그러나 현실적으로는 동일 편성에 여러 대의 컨버터가 탑재되어 있는 것이 일반적이고 이 경우는 각각의 결과를 가산할 필요가 있다.

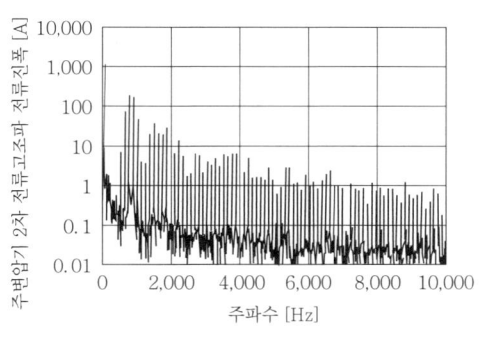

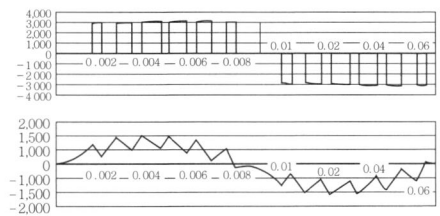

그림 2·26 귀선전류 고조파 시뮬레이션 결과

인버터와 달리 컨버터는 전차선 전압 위상에 동기하여 동작하고 있기 때문에 복수 컨버터에서의 스위칭 위상을 임의로 설정할 수가 있다. 동일 편성 내 PWM 컨버터 간에서는 각각 발생시키는 귀선전류 고조파를 상쇄하도록 이상(移相)을 설정하여 동작시키고 있다.

(a) 이론해석에 의한 검토

컨버터 2대 간에서 반송파 위상차를 운전시킨 경우의 전압주파수 성분에 관한 이론해석의 예를 제시한다. 앞서 언급한 [2]에서 구한 단상 풀브릿지(U-V 상간)의 선 간 전압을 제1군의 컨버터 출력전압(V_{c1})으로 한다. 제2군의 컨버터는 제1군에 대하여 반송파 위상차 $\pi/2$(U, V상 각각 고려하면 제1군 : 0, π→제2군 : $\pi/2$, $3\pi/2$)로 운전하는 것이 된다. 이 경우, 제1군 식에서 $\omega_c t$→$\omega_c t + \pi/2$로 치환하면 제2군의 식이 된다. 제2항의 반송파 주파수의 측대파 성분을 눈여겨보면 $n=2$, 6, 10, …의 경우는 제1군과 제2군은 역상, $n=4$, 8, 12, …의 경우는 동상이 된다는 것을 알 수 있다.

$$V_{c2} = \frac{aV_{dc}}{2} \sin \omega_0 t$$

$$+ \sum_{n=2,4\cdots}^{\infty} \sum_{m=\pm1,\pm3,\cdots}^{\infty} \frac{2V_{dc}}{n\pi} J_m\left(\frac{na\pi}{2}\right) \sin(n\omega_c t + m\omega_0 t) \qquad (2\cdot24)$$

따라서 제1군과 제2군의 컨버터를 동시에 운전시킨 경우 출력전압의 합은 식 (2·25)로 나타난다. 즉 반송파 주파수의 2, 6, 10배의 측대파는 사라지고 4, 8, 12배의 측대파는 2배의 진폭이 되어 남는다.

$$V_{c1} + V_{c2} = aV_{dc} \sin \omega_0 t$$

$$+ \sum_{n=4,8,12\cdots}^{\infty} \sum_{m=\pm1,\pm3,\cdots}^{\infty} \frac{4V_{dc}}{n\pi} J_m\left(\frac{na\pi}{2}\right) \sin(n\omega_c t + m\omega_0 t) \qquad (2\cdot25)$$

또한 여러 대의 컨버터를 동시에 운전시키는 경우, 서로 상쇄하는 위상차를 설정함으로써 저차(低次)의 발생 주파수 성분은 상쇄시키게 된다.

교류전기차의 편성에서 귀선전류 고조파의 계산 예에 따르면 반송파 위상차 운전 효과에 의해 저차 고조파 성분에 관해서는 상쇄되어 있다. 단, 실제 운전 시에는 고장 등에 의해 1대 정지 등도 고려해서 상쇄 운전 상태가 흐트러진 경우에 관해 고려할 필요가 있다.

실제로는 제어 오차, 주변압기 2차 권선 인덕턴스의 언밸런스, 2차 권선을 통한 상호 인덕턴스의 영향에 의해 완전히 상쇄되지는 않는다.

(b) 시뮬레이션에 의한 검토

위에서 언급한 이론 검토와 마찬가지로 그림 2·27에 교류 전기차의 편성에서의 귀선전류 고조파 계산 예를 제시한다. 반송파 위상차 운전 효과에 의해 저차 고조파 성분이 저감되어 있다는 것, 이론 검토에서는 가미되어 있지 않은 주변압기 2차 권선의 임피던스 차, 상호 인덕턴스의 영향이 가미되어 있기 때문에 완전히 상쇄되어 있지 않다는 것을 알 수 있다.

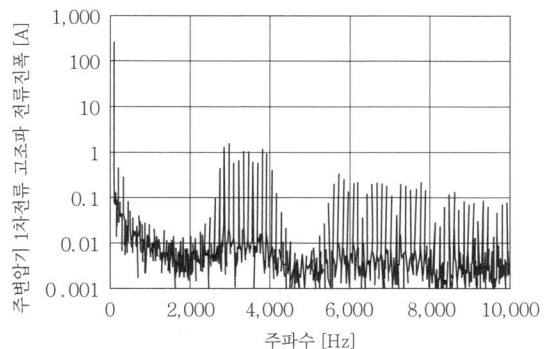

그림 2·27 4군 다중 컨버터 위상이 겹치지 않는 2차 전류 고조파
(0°, 45°, 90°, 135°)

🔲 2.2.3 계산의 정밀도·실측치와의 차이

앞서 이론해석 및 시뮬레이션에 의한 귀선전류 고조파 계산 방법을 언급하였다. 이러한 것들은 모두 이상적, 또는 간이적인 조건에 의해 산출한 것이고 반송파 주파수의 정수배 등의 지배적인 성분은 비교적 양호한 실험이 가능하지만 그럼에도 불구하고 실제 차량에서의 측정치와는 차이가 있다. 이 차이의 요인에는 다음과 같은 것을 예로 들 수 있다.

[1] 직류전기차의 경우

기본파, 반송파 주파수에 기인하는 성분에 관해서는 비교적 정밀도가 좋아 시뮬레이션이 가능하지만 제어응답 등에 기인하는 저차 수십~100Hz 정도의 주파수 성분 등은 실제 기기에서의 연속적인 동작, 부하 변동 등을 완전하게 실험할 수 없는 것이 현실이다. 이를테면 컨트롤러 검출·제어오차, 주행 중 변전소와의 거리에 따라 변화하는 외적 요인의 모델화가 필요하며 어느 정도의 경향은 판단할 수 있지만 절대치로서의 평가는 어려운 상황이다. 또 전차선 전압의 왜형·부하변동 등 연속적으로 변화하는 상태를 모든 실제 기기조건에 관하여 실시하는 것은 현실적으로 불가능하며 한정된 조건만으로 판단하는 것이 일반적이다. 또 지금까지의 검토에서 변전소는 직류 전압원으로 하였지만 현실적으로는 급전시스템에서의 정류리플(전원 주파수의 6배 등)의 영향도 크게 주의할 필요가 있다.

[2] 교류전기차의 경우

이론 고조파(홀수차 성분)에 관해서는 비교적 정밀도가 좋은 시뮬레이션이 가능하지만 짝수차·비정수차 성분에 관해서는 컨트롤러의 검출·제어오차, 전차선 등 외적 요인의 모델화가 필요하며 어느 정도의 경향은 판단할 수 있지만 절대치로서의 평가는 어려운 상황이다. 또 전차선 전압의 왜형·부하변동 등 연속적으로 변화하는 상태를 모든 조건에 관해 실시하는 것은 곤란하며 한정된 조건만으로 판단하는 것이 일반적이다. 귀선전류 고조파 시뮬레이션 결과의 일반적인 적용 범위는 다음과 같다.

① 회로구성·전압·컨버터 반송파 주파수·주변압기 임피던스(권선 간의 상호 인덕턴스를 포함) 등의 영향을 고려하는 것은 가능하다.

② 기본파의 홀수배에 관해서는 산출 가능하다.

③ 전차선 전압·변전소에서 거리에 의존하는 전차선 임피던스·부하 상태의 모든 조합을 고려하는 것은 현실적으로 곤란하다.

④ 시뮬레이션에 있어서도 기본파의 비정수배 성분, 짝수차 성분은 계산상으로는 산출이 가능하지만 비이론(非理論) 고조파의 발생요인을 모의할 수 없는 경우, 시뮬레이션 자체의 연산 오차와의 구분은 어렵게 된다.

일반적인 고조파 시뮬레이션 방법과 현실적인 조건 차이를 표 2·2에 제시한다. 또 귀선전류 고조파 시뮬레이션에 필요한 조건을 표 2·3에 제시한다. 현 단계의 해석으로는 고려하기 곤란한 사실과 현상이 아직 고려되지 않았고 기술적으로는 고려 가능한 항목에 관해서도 연속적인 부하변동이나 모든 조합이 가능한 조건에 관해서 시뮬레이션하는 것은 현실적으로 곤란하기 때문에 최대 부하 1점 등으로 하는 것이 일반적이다.

표 2·2 귀선전류 고조파 시뮬레이션과 실측의 차이(주된 추정 요인)

No	부위	조건				영향			기사
		직류	교류	시뮬레이션	현실	전체	짝수차	비동기	
1	전차선	○	○	이상 전압원	임피던스 공진점 있음	○	○	○	비동기·짝수차도 영향을 받아 확대된다
2		○	○	직류 정현파	전압 왜형 있음 (전원·다른 차의 영향)	○	◎	○	가선 임피던스를 고려한 경우, 자차 동작에서의 전차선 찌그러짐 있음
3	부하	○	○	1점	연속적으로 변동			◎ (~수백 Hz)	조건을 변화시키면 결과가 수습되지 않기 때문에 해석불가
4			○	직류 전류원	인버터(커패시터 전압리플)			◎ (수백 Hz~)	속도에 따라(인버터 주파수×6)성분 등으로 커패시터 전압이 변동
5			○	보조기기 부하 : 없음	보조기기 부하 : 있음			○	영향은 작지만 규정치가 낮은 비동기 성분에 문제가 된 예가 있음
6	제어		○	오차 간·유닛 간에서의 기준위상차는 이상적임	주변압기 3차파형·제어 오차로 기준위상차에 위치가 어긋나는 경우가 있음		○		
7		○	○	검출 오차·제어오차 없음	검출오차·제어오차 있음(검출부 주파수 특성 포함)		○	○	오차가 있으면 전차선 전압 왜형 등과 동등한 효과 No.3~5를 고려하지 않은 경우, 검출기 특성 모의는 불필요함

표 2·3 고조파 시뮬레이션 시의 조건

		가선	편성 구성	리액터·주변압기	변환기	부하
고려 끝남		• 가선전압	• M차 구성	• 권선 수 • 2차 전압 • 임피던스 (RL)	• 회로구성 • DC전압 • 반송파 주파수 • 반송파 위상차	• 역행, 회생 • 부하 1점 • 인버터 • 스위칭 동작 (직류)
미(未)고려	고려는 가능				• 반송파 위상차 • 운전 정밀도	
	• 조건설정 • 조건 수 • 연산시간 • 모델구축 • 해석 등에 어려움있음	• 임피던스 (L·C·R) • 전압변동 • 전압찌그러짐		• 임피던스 제작오차	• 검출기 특성 (오차주파수 특성)	• 부하 변동 • 인버터 스위칭 동작 (교류)
	엄밀히 고려 불가능			• (고조파 경우는 C도 고려 필요함)		• 보조기기 부하

🚃 2.2.4 귀선전류 고조파 대책

[1] 주회로 전력변환기의 대책

대상 노이즈, 신호기기 및 주파수대, 차량에서 이용되고 있는 일반적인 대책 방법과의 관계를 표 2·4에 제시한다.

표 2·4 대상주파수 대책 방법

No.	대상 주파수	대책 방법
1	수십Hz 정도	필터 리액터와 필터 커패시터 공진 주파수를 신호 주파수에서 제외함
2	수십~백Hz 정도	전류 제어계, 필터 커패시터 전압의 덤핑 제어계 주파수 특성의 최적화
3	수십Hz~수kHz 정도	필터 리액터 인덕턴스 값의 증가, 필터 커패시터 용량치의 증가
4	수백Hz~수kHz 정도	인버터 비동기모드 반송파 주파수 정수배를 신호 주파수에서 제외함

(a) 직류전기차

직류전기차에 관한 설계에서는 전원단락 시 변전소와의 보호협조와 인버터 제어 안전성 등 외에 대상 신호설비 중에서 가장 낮은 신호 주파수에 대하여 영향을 주지 않도록 공진 주파수를 정할 것(표 2·4, No.1)을 고려하여 필터 리액터, 필터 커패시터의 정수를 설정하는 것이 일반적이다.

이 필터는 공진 주파수의 약 1.4배 이상의 주파수에 대하여 인버터 노이즈 전류를 저감하는 효과가 있다(표 2·4, No.3). 바꿔말하면 그 이하의 주파수대에 관하여는 확대되기 때문에 주의가 필요하다.

전압·전류제어계의 조정에 관해서는 본래 토크 제어응답 등의 개선을 위하여 하는 것이다. 이를테면 100Hz 이하의 궤도회로에 영향을 끼칠 우려가 있는 경우, 제어응답을 희생시켜 어느 정도 고조파 전류진폭을 저하시키는 것을 고려할 수 있다. 그러나 차량의 감·가속 성능의 저하와 보호동작의 발생 등의 제약으로 인해 조정에는 한도가 있으며 대폭적인 저감은 기대할 수 없다(표 2·4, No.2).

스위칭 주파수에 관해서는 2.2.1항에서 언급한 전류성분이 발생하기 때문에 비동기 모드에서 스위칭 주파수 성분을 그 정수배 부근이 신호 주파수대와 중첩되지 않도록 설정하는 등의 대책을 세우고 있다(표 2·4, No.4). 단 인버터 출력 주파수에 따라 변해가는 전류성분이 존재하기 때문에 모든 신호 주파수를 피해서 스위칭 주파수를 설정하는 것은 곤란하다. 특히 1펄스 모드에서는 스위칭 주파수 선택의 여지가 없으며 인버터 출력 주파수의 6배 성분이 많이 발생한다(그림 2·16 참조).

특히 제어응답에 기인하는 수~수십Hz 정도의 성분에 관해서는 주파수가 낮기 때문에 리액턴스에 의한 저감효과도 작고 신호기기 사양으로부터 결정되는 규정치(이를테면 장대(長大) 궤도회로의 경우, 0.3A/편성)에 충분한 여유를 갖고 또한 실용적인 크기의 필터 리액터, 필터 커패시터를 실현하는 것은 대단히 곤란하다.

(b) 교류전기차

교류전기차에 관한 설계에서는 컨버터 반송파 주파수 2n(n정수)배의 고조

파 전류 성분이 지배적이기 때문에 신호 주파수대와 중첩되지 않도록 설정한
다. 단, 스위칭 주파수를 높이면 전력 변환기의 손실이 증가하고 반도체 온도
가 상승하기 때문에 현재의 상황에서는 1.5kHz 정도가 최대로 되어 있다. 여
기서 주의해야 할 것은 최대에서도 3kHz마다 고조파 전류가 발생하기 때문
에 이러한 주파수대에서 모든 신호 주파수대역이 겹치지 않는 것이 필요하다
(표 2·5, No.2).

표 2·5

No.	대상 주파수	대책 방법
1	수십Hz~수kHz	전압·전류 제어계 주파수 특성의 최적화
2	수Hz~수십kHz	컨버터 반송파 주파수의 $2n(n:$정수배$)$을 신호 주파수대에서 제외함
3	수Hz~수십kHz	복수 컨버터의 경우, 반송파에 위상을 설정해서 발생 고조파를 상쇄함(병렬다중)
4	수Hz~수십kHz	3레벨화(직렬다중)에 의해 고조파 진폭을 저감한다
5	수십Hz 정도	주변압기 인덕턴스 증가
6	수십Hz 정도	발생 고조파 상쇄제어를 위해 주변압기 2차 권선 간에 •자기누설 인덕턴스 값을 일치시킨다 •상호누설 인덕턴스 값의 저하

편성 중에 복수대의 컨버터가 존재하는 경우, 반송파에 위상차를 설정하여
제각기 발생하는 고조파 전류 성분을 상쇄하는 제어를 하고 있다. 저감효과
에 관해서는 2.2.2의 [3]항을 참조하기 바란다.

이 경우 1대의 주변압기 2차 권선을 분할하는 경우와 복수대의 주변압기
간에서 위상차 제어를 하는 경우가 있다(표 2·5, No.3). 발생 고조파 상쇄 제
어를 위하여 주변압기 2차 권선 간에서 전류치가 일치되는 것이 중요하며 자
기누설 인덕턴스 값을 일치시킨다.

권선 간의 상호 인덕턴스를 작게 하는 것이 필요하다(표 2·5, No.6). 단 실
용적인 크기, 질량에서 이상적인 특성으로 하는 것은 대단히 곤란하다.

변환기를 3레벨화 하면 스위칭에 의한 고조파 전압진폭이 절반이 되어 고
조파 저감이 가능하다. 또 반송파 주파수를 동일하게 한 경우, 1소자 당 평균

스위칭 주파수가 저감되기 때문에 고주파화가 가능해지고, 전류 리플의 저감을 꾀할 수 있다(표 2·5, No.4). 이렇게 함으로써 주변압기의 손실저감에도 기여하고 있다. 단 스위칭 소자수는 2배가 되고 전력변환기는 제어 및 회로구성이 복잡해진다.

주변압기의 누설 인덕턴스 값을 크게 하는 것은 고조파 저감에 효과가 있다. 그러나 실용적인 크기, 질량에서 극단적으로 크게 하는 것은 대단히 곤란하여 일반적으로는 1mH 정도가 선택되고 있다(표 2·5, No.5).

전압·전류 제어계 조정에 관해서는 본래 전압 제어응답 등의 개선을 위하여 하는 것이다. 이를테면 100Hz 이하의 궤도회로에 영향을 줄 우려가 있는 경우, 제어응답을 희생시켜 어느 정도 고조파 전류 진폭을 저하시키는 것을 고려할 수 있다. 그러나 차량의 제어 안정성이나 보호동작 발생 등의 제약으로 인해 조정에는 한도가 있고 대폭적인 저감은 기대할 수 없다(표 2·5, No.1).

이 밖에 주변압기의 권선을 이용하여, 액티브 필터를 설치하는 것도 시도되어 실용화한 예도 있지만 장치가 복잡해지는 것 때문에 이상적인 특성을 가진 변압기가 실현 곤란하에 보급되어 있지 않다.

[2] 보조전원장치의 대책

최근의 보조전원장치는 정지기기화(靜止機器化)되어 반도체 소자의 스위칭 동작에 의해 필요한 출력을 얻는 방식으로 되어 있다. 그 때문에 스위칭 동작에 의해 발생하는 고주파 전류가 노이즈원이 되어 신호기기, 통신기기 등에 방해를 주는 유도장애와 라디오 등에 대한 전파장애가 발생하지 않도록 대책을 강구할 필요가 있다. VVVF 인버터에 비하여 스위칭 주파수를 높일 수 있기 때문에 EMC 대책의 필요성이 오래 전부터 뚜렷이 나타나 표면화되어 있다.

보조전원 장치의 특징으로서는 제어용량은 주전동기 1대분 정도 이하로 작은 것, 교류출력 주파수·전압이 일정하므로 주전동기를 구동하는 VVVF 인버터에 비하여 유도장애 등의 대책을 세우기 쉽다. 예를들어 철심이 들어간

리액터의 사용이 가능하다는 등 비교적 작은 필터를 삽입하는 것으로 귀선전
류 고조파를 저감할 수 있다.

 대책 방법으로서는 VVVF 인버터의 경우와 기본적으로는 다를 바 없다.
대책의 구체적인 예로서 승강압 초퍼식 보조전원장치에 있어서 라디오 장애
대책을 위하여 보조전원장치 입력회로에 커패시터와 코어를 삽입한 예를 그
림 2·28에 제시한다. 필터 리액터 전단의 페라이트 코어는 코먼모드 초크코
일이며 뒤에 나오는 직달 노이즈의 대책이 되었다. 노멀모드 노이즈의 대책
으로서 전단(前段)의 페라이트 코어와 필터 리액터 사이에 커패시터, 또한 초
퍼 전단에도 커패시터를 삽입하고 있다.

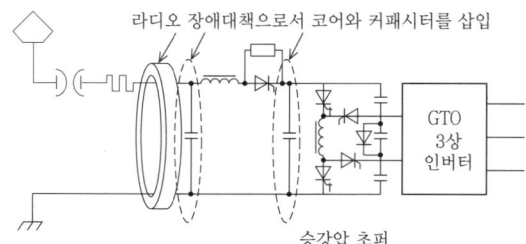

그림 2·28 승강압 초퍼 방식의 EMC 대책의 예

전기차의 직달(直達) 노이즈

여기서는 전기차에서 발생하는 직달 노이즈에 대한 대책에 관해서 언급하고자 한다. 직달 노이즈의 발생원리에 관해서는 2.1.1항을 참조한다.

2.3.1 주전동기 배선에서의 노이즈와 영향

인버터 제어차량의 주전동기는 교류 전동기이다(유도 전동기인 경우가 많다). 이 때문에 회전자계에 의한 노이즈가 발생하여 주변장치에 영향을 주는 경우가 있다. 또 인버터 장치에서 주전동기에 이르기까지 고압배선에 의해서도 주변(周邊)장치와 저압배선에 영향을 줄 가능성이 있다.

영향을 받는 장치로는 차상 ATS와 ATC 송수신기 등이 있다. 이러한 차상 신호기기는 차량 편성의 선두차 혹은 최후미차에 있는 경우가 많지만 선두차나 최후미차가 주전동기나 인버터가 탑재된 차량인 경우는 주전동기나 주전동기 배선 등에 의해 오동작하는 수가 있다.

이러한 주전동기와 배선에 의한 신호기기에 대해 오동작을 방지하려면, 주전동기를 실드하거나 차폐판으로 덮으면 효과가 있다.

또 배선에 관해서는 주전동기 3상 배선을 트위스트하거나 배선 위치관계를 평적(平積)이 아닌 표적(俵積)으로 하는 것과 배선을 알루미늄덕트 등으로 덮는 것, 인버터 장치에서 주전동기까지 배선을 차상 신호기기로부터 멀어지게 하는 대책이 효과가 있다. 주전동기 배선위치 관계의 평적과 표적에 관해서 그림 2·29에 제시한다.

(a)평적   (b)표적

그림 2·29 주전동기 배선의 평적과 표적

또 주전동기 배선 등의 배선 밖으로 나와 있는 케이블을 인덕턴스가 커지도록 감는 것은 노멀모드와 코먼모드 전류를 최소화하기 위해서도, 여러 대가 있는 주전동기 배선이나 인버터 장치 입력배선의 배선 길이를 합치기 위해서도, 차량 의장에 있어서 전자 노이즈 저감 대책으로 실시되고 있다.

단, 대책효과에 관해서는 실제 시험에 의한 검증을 하지 않으면 알 수 없는 것이 많고, 지상 변전설비 등의 관계에 의한 영향의 분리와 측정장소에 의한 차이가 발생하기 때문에 정량적인 평가는 어렵다.

2.3.2 직달 노이즈 대책

[1] 전력변환장치에서의 노이즈 대책

전력변환장치에서의 대책 예를 표 2·6에 제시한다.

표 2·6 전력변환장치에서의 직달 노이즈 대책

No.	대상		신호기기 주파수대	내용	비고
	노멀	코먼			
1	○	○	수~수십kHz	인버터 반송파 주파수 정수배를 신호기기 주파수에서 겹치지 않도록 한다.	
2	○	○	모든 기기	하부 기기에 알루미늄판을 붙인다. 또는 알루미늄 상자 구조로 한다.	
3	○	○	모든 기기	주회로기기실 커버에 lap을 설치한다.	
4	○	○	모든 기기	주회로전선 덕트부는 알루미늄판으로 하고 틈새를 만들지 않는다.	
5	○	○	수십kHz	제어용 전원팩(게이트 드라이브 전원 스위칭 주파수를 신호 주파수에서 겹치지 않도록 한다	

6	○	ATS(67, 84, 105kHz) IR(100~300 kHz)	주전동기 3상선, 주변압기 2차권선에 코어(페라이트·어모퍼스(amorphous) 파인매트·코먼모드 초크코일)를 넣는다.	약10dB
7	○	ATS(67, 84, 105kHz) IR(100~300 kHz)	주전동기 3상선, 주변압기 2차권선에 바이패스 커패시터를 넣는다.	약10dB
8	○	ATS(67, 84, 105kHz)	접지선에 커패시터·저항을 설치(특히 교류차)한다. 또는 접지방법·배선방법을 변경한다.	약10dB
9	○	모든 기기	그라운드 스위칭을 전력변환장치 내에 설치한다.	
10	○	ATS-P(1.7, 3.0MHz)	주회로소자의 dv/dt, di/dt를 변경한다.	

단, 대책에 따른 저감효과에 관해서는 전력변환장치나 배선의 의장 상태와 노이즈 시험 환경 등에 의해 변동하는 요소가 있다는 것을 사전에 고려해 둘 필요가 있다.

자주 문제가 되는 신호기기, 그 요인이 되는 차량 노이즈 및 저감 대책 실시에 대한 과제에 관해서 그림 2·30에 제시했다.

표 2·6의 No.6~8에 관계되는 내용으로 인버터 장치 내의 주회로배선이나 접지선에 코어나 필터회로를 삽입하는 것은 전자 노이즈 저감을 위해 자주 실시되는 유효한 대책이 된다(그림 2·31).

그림 2·32에서는 인버터 장치 내에 코어나 필터회로가 삽입되어 있는 상태를 보여준다. 코어는 전차선 직류 입력배선의 코먼모드 노이즈를 저감시키도록 또 필터회로는 노멀모드 노이즈를 저감시키도록 각각 삽입되어 있다. 이렇게 함으로써 노이즈가 저감된다.

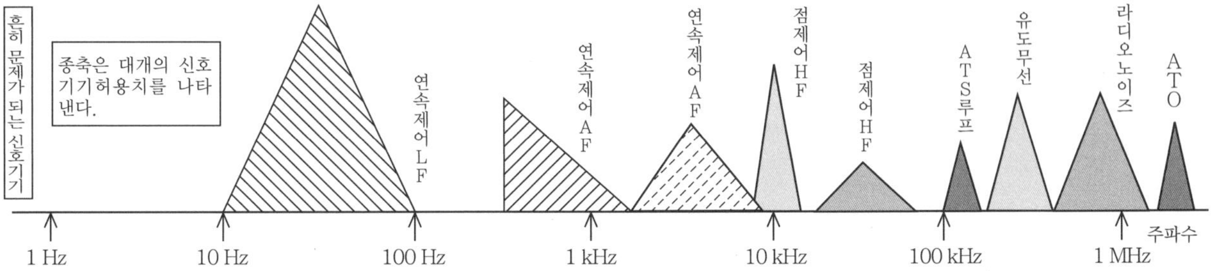

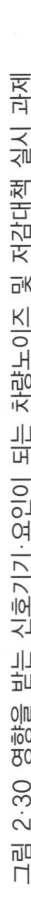

종축은 매체의 신호기기 허용수치를 나타낸다.

주파수 축: 1 Hz — 10 Hz — 100 Hz — 1 kHz — 10 kHz — 100 kHz — 1 MHz — 주파수

신호기기: 연속제어 UF · 연속제어 AF · 연속제어 AF · 연속제어 HF · 전제어 HF · ATS플랩 · 야드마선 · 라디오노이즈 · ATO

횡축은 매체가 되는 신호기기

- 이선이나 가선급변
- 순간정지나 공전활주
- FL과 FC 공진
- 냉방제어
- NOTCH ON-OFF
- 발전브레이크 투입 등에 의한 고조파

차량 노이즈 발생요인

- 전류센서 오프셋이나 dead타임 보정 등에 의한 고조파(인버터주파수에 비례하는 고조파)

- 주회로소자 스위칭이 여기저기 산재함에 의한 비이론 고조파

- PWM 변조 반송파 주파수나 캐리어 또 그 체배 주파수에 의한 이론고조파

- 주회로스위칭 dv/dt나 di/dt에 의한 직달노이즈나 부유 커패시티(capacitor)에 의한 고조파(미래에 소자 성능향상에 의해 이 노이즈는 증가한다. 특히 인버터가 주회로나 모티어스 주위, 의장배선 주변, 차량 간의 도선 등에서 발생)

차량노이즈의 고조파와 차량운동과의 대응 문제점 표

- 인버터제어에 따른 대책(단, 제어성능을 저하하거나 시스템동작 이를테면, 펄스모드 교체주파수를 변경하는 등, 차량의 감·가속성이 손상되는 일이 있다.

- FL, FC 값 변경에 따른 대책(단, 차량중량 증가나 차량케이스 키가 커지거나 기울기나 노이즈가 커지는 폐해가 있다.

- 신호기기 주파수를 피하도록 PWM 캐리어 주파수나 체배를 실시(단, 주파수요소자 스위칭로스가 증가하거나 냉각성능이 변화하기 때문에 인버터를 설계를 유도장애시험을 한 후, 변경하거나 유닛첫 때 시뮬레이션 실시가 필요)

- 실드추가, 코어추가나 필터회로로 추가설치, 접지배선·의장배선 변경 등에 따른 대책(단, 그런 것들을 삽입하기 위하여 절연거리를 길게 확보하는 스페이스 확보가 필요함. 또 고주파 등가회로가 불분명하기 때문에, 코어설치장소 등을 변경함으로써 대책에 시간이 걸린다. 더욱이 차량별에 의해 대책효과가 다른 문제도 있음)

그림 2.30 영향을 받는 신호기기·요인이 되는 차량노이즈 및 저감대책 실시 과제

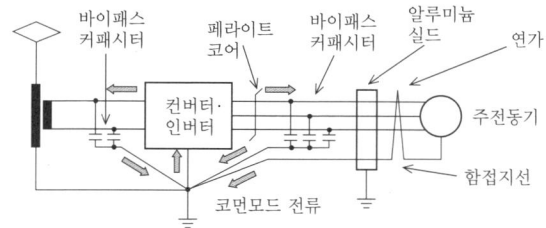

그림 2·31 전력변환장치에서의 직달노이즈 대책

그림 2·32 배선에 코어 및 필터회로 삽입

표 2·6의 No.1에 관계되는 내용으로 인버터 장치의 제어성능을 변경하는 경우에도 대책이 가능한 경우도 있다. 신호기기 사용주파수를 피하도록 인버터 장치의 반도체 소자 스위칭 동작 타이밍이나 지속시간을 변경함으로써 고조파 주파수나 전차선 노이즈전류를 조작할 수 있다.

단, 인버터 장치의 제어성능을 변경하게 되기 때문에 차량 운전대에서의 notch 지령에 맞도록 추진 동작이나 브레이크 동작을 정밀도가 높게 할 수가 없게 되어 인버터 장치의 기본성능이 손상될 가능성이 있다.

또 반도체 소자의 스위칭 동작에 의한 발열량이 변함으로 인해 발열을 억제하기 위한 냉각성능이 변하는 경우는 인버터 장치함의 구성이나 크기를 재검토하지 않으면 안 되는 문제가 생긴다. 그러나 이 경우는 인버터 장치를 재(再)설계·재(再)제작하게 되어 현실적이지 못하다.

또 표 2·6의 No.1에 관계되는 내용으로 주회로소자의 전압·전류 변화율 (dv/dt, di/dt)을 억제함으로써 IGBT 소자의 턴온, 턴오프 때의 전압, 전류 변화율을 억제하는 일이 노이즈 저감에 효과가 있다.

이를테면, IGBT의 게이트 저항억제에 의해서 전압 변화율의 억제를 꾀하고 있는 사례를 그림 2·33에 제시한다.

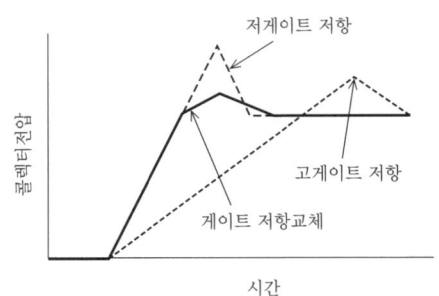

그림 2·33 게이트 저항제어에 의한 dv/dt 제어

더욱이 표 2·6의 No.2에 관계되는 내용으로 실드에 관해서 문제가 되는 주파수대역 및 노이즈 복사원과 실드 거리를 고려하여 차폐 재료를 선정하고 차폐효과에 필요한 실드의 두께를 결정할 필요가 있다. 참고로 표 2·7, 2·8에 알루미늄과 철의 정성적인 자계 차폐효과를 제시한다. 이러한 표로

표 2·7 정성적인 자계실드 효과(1)
노이즈복사원/차폐판 거리 0.1m/
차폐판 두께 3mm 경우

재료	주파수[kHz]	흡수	반사
Fe	0.7~1 1~10 10~100 100~200	우수 우수 우수 우수	나쁨 나쁨 나쁨 나쁨
Al	0.7~1 1~10 10~100 100~200	나쁨 열등 평균~양호 우수	열등 열등 평균 평균

표 2·8 정성적인 자계실드 효과(2)
노이즈복사원/차폐판 거리 1m/
차폐판 두께 3mm 경우

재료	주파수[kHz]	흡수	반사
Fe	0.7~1 1~10 10~100 100~200	우수 우수 우수 우수	나쁨 나쁨~열등 열등 열등
Al	0.7~1 1~10 10~100 100~200	나쁨 열등 평균~우수 우수	평균 평균 평균 우수

나쁨 0~10dB, 열등 10~30dB, 평균 30~60dB,
양호 60~90dB, 우수 90dB

100kHz 정도의 노이즈 주파수에서 알루미늄은 충분한 차폐성능을 갖지만 저주파에서는 그 효과가 격감하여 철에 의한 차폐가 필요하게 되는 경우가 있다는 것을 알 수 있다. 그러나 저주파에 있어서도 노이즈원으로부터 멀어진 곳에서 차폐를 하면, 반사 증가에 의해서 차폐효과가 높아지는 수도 있어 실제의 차량에 있어서는 취급이 용이한 알루미늄이 널리 차폐재료로 이용되고 있다.

ATS 신호주파수보다 더 높은 100kHz 이상의 주파수에 있어서 자성재료는 투자율(透磁率)의 저하에 의해서 차폐효과가 저하되는 한편, 도전재료는 더 높은 차폐효과를 나타나기 때문에 도전 재료에 의한 차폐가 일반적이다.

또 실드에 흐르는 차폐전류가 가능한 한 균일하게 되도록 실드 간 연결부의 전기적 연속성을 확보하고 접지선의 적절한 취부위치나 개구부(開口部)의 형상에 대한 배려도 중요하며 이러한 처리의 좋고 나쁨은 재료의 차이 이상으로 차폐효과를 좌우하는 요소가 된다. 이러한 필터링 및 실드는 시험 단계에서 대책으로 이용되는 경우가 많지만 설계요소로서 사전에 고려해둘 필요가 있다.

[2] 의장 배선에 의한 노이즈 대책

철도차량에 있어서도 여러 가지 전자노이즈 대책을 하고 있다. 철도차량에서는 대단히 한정된 공간 속에 다양한 전기기기를 배치할 필요가 있어 가능한 한 집약적인 기기들로 구성되어 있다.

직류전차의 기기배치와 배선구성의 일례를 그림 2·34에 제시한다. 인버터 장치는 전동차 하부에 설치되어 1조의 인버터에 의해 전동차 2량을 구동하는 것이 일반적이다. 더욱이 구동용 인버터 외에 보조기기의 전원인 교류를 발생시키기 위한 보조전원 장치용 인버터를 갖추고 있다. 이러한 인버터 전원은 지붕 위의 팬터그래프에서 주회로 덕트를 경유하여 인버터로 보내지고 있다. 주회로 인버터 출력은 4군으로 나뉘어 제각기 두 개의 주전동기를 구동하도록 되어 있다.

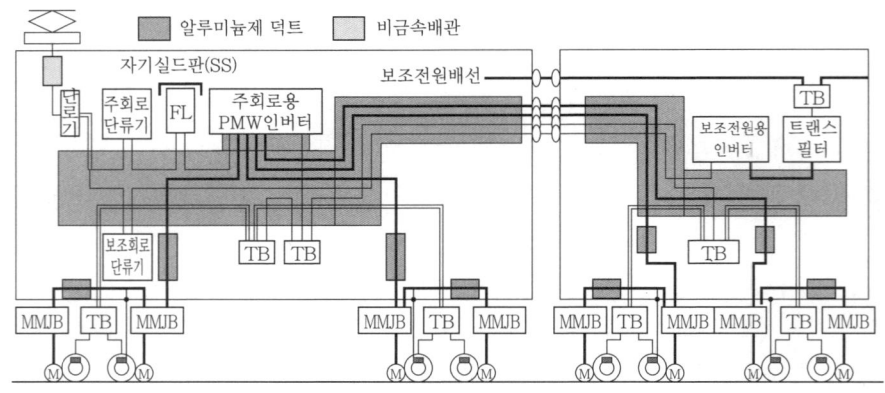

그림 2·34 직류전차배선구성 예

보조회로 인버터 출력은 부근에 있는 트랜스필터로 보내지고 트랜스필터로부터 3상 교류가 출력된다. 3상 교류출력은 비금속 배관에 의해서 차량 편성 전체에 걸쳐 연결되어 있다.

인버터 회로의 귀선(歸線)은 입력선과 마찬가지로 주회로덕트를 경유하여 차체에서 절연된 단자대에 배선되어 접지 브러시를 통해서 레일에 접속된다. 또 주회로의 각 장치함은 저(低)임피던스의 접지선에 의해 차체에 접지되어 있으며 차체는 앞뒤 두 군데에서 접지 브러시와 접속되도록 구성되어 있다.

이에 대하여 신칸센에 대표되는 교류차량의 기기배치와 배선구성을 그림 2·35에 제시한다. 1990년에 300계 신칸센 전차가 등장한 이후, 유도 전동기 구동이 신칸센 전차의 표준이 되었다. 이 유도 전동기 구동에서는 PWM 제어 컨버터·인버터(주변환장치)에 의해서 주전동기 제어를 하여 역률(力率) 1 제어나 신칸센에서 교류회생 제동을 실현하여 경량화와 출력향상을 가능하게 하였다.

신칸센 전차는 전차선에서 AC 25,000V의 전원을 공급받아 차체 하부에 배치된 주변압기에서 2차 AC 800~1,500V 정도로 강압하고 주변환장치에 3차 AC 440V로 강압하여 보조전원장치, 공조장치나 송풍기 등 차체 배선에 의해 전원을 공급하고 있다.

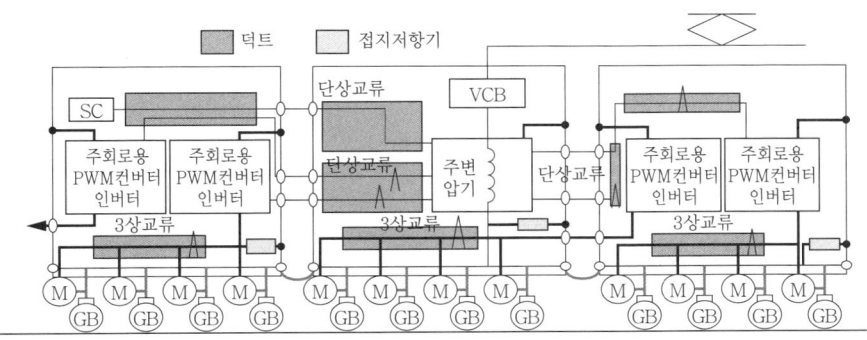

그림 2·35 신칸센 전차배선 구성 예

신칸센의 경우는 특히 전동기 출력이 크고 교류차량이면 주변압기가 필요하므로 공간 관계 상, 전동대차와는 별도의 차량에 탑재된 PWM 컨버터 인버터로 주전동기를 구동하고 있다. 더욱이 주변압기와 PWM 컨버터 인버터는 다른 차량에 탑재하고 있다. 이 때문에 전력선을 멀리서 끌어온 곳이 많아져 전자노이즈에는 주의가 필요하다.

철도차량에서의 노이즈 대책으로 지금까지 다양한 방법이 행해지고 있지만 그 대표적인 대책 예를 표 2·9에 제시한다.

표 2·9 의장배선에 의한 노이즈 대책(저감률은 개략적임)

No.	대상 노멀	대상 코먼	신호기기 주파수대	내용	비고
1	○		모든 기기	주전동기 3상선, 주변압기 2차 권선을 1회/m로 연가(撚架)	약10dB[주]
2		○	모든 기기	주전동기 3상선과 주전동기 프레임어스선(접지선)을 전력변환기로 되돌려 연가	약10dB[주]
3	○	○	모든 기기	주전동기 3상선(접지선을 포함), 주변압기 2차 권선을 접지된 알루미늄관 내에 설치	
4	○		모든 기기	필터 리액터 입력, 출력 측 선, 전압이 다른 배선끼리 분리	
5	○		모든 기기	브레이크 초퍼 저항기배선을 연가	약10dB[주]

(주)는 저감 기준의미

단, 대책에 의한 저감효과에 관해서는 전력변환장치나 배선의 의장(艤裝) 상태나 노이즈 시험 환경 등에 의해 변동하는 요소가 있다는 것을 사전에 고려해 둘 필요가 있다.

표 2·9의 No.1, 2, 5는 차체배선을 트위스트시켜서 왕복 전류에 의해 자계를 상쇄하는 방법이다. 특히 인버터에서 주전동기로 가는 배선은 어스선(접지선)과 함께 트위스트(1회/m)하고 있다. 어스선은 주전동기 배선의 바깥 측을 1회/m 정도로 휘감는다(E선이 없는 장소에서는 주전동기 배선만으로 트위스트하고 있다).

최근에는 보조회로 인버터 차간의 도선은 3심, 4심의 케이블선을 사용해서 트위스트 효과를 높이고 있다.

그림 2·36은 전차의 주전동기 배선을 관찰한 것으로 주전동기에서 인버터 장치까지 전력선이 배선되어 도중에 대차(臺車)와 차체를 분리했을 때 필요한 커넥터를 부착하고 있다.

이 부분의 배선은 차량이 곡선이나 구배(勾配, 기울기) 구간을 유연하게 주행할 필요가 있기 때문에 가요성이 요구되고 있으므로 전선을 회전시키는 것이 불가능하다.

만약 이 부분의 의장 공간이 충분하다면, 직달 노이즈의 차폐효과가 있는 실드선을 사용하는 것은 가능하다. 그러나 최근의 배리어 프리(barrier free) 대응으로 역 플랫폼과 차체 출입구와의 높이차를 적게 하기 위하여 차체 높이를 낮추는 경우가 있다. 이 때문에 실드선을 사용하기에 곡반경이 커져버리기 때문에 채택은 곤란하다.

표 2·9의 No.3은 알루미늄 덕트나 알루미늄 상자로 직달 노이즈를 차단하는 방법이다. 이 대책에서의 물리적 문제점은 전선에 가요성이 필요한 대차와 차량 간의 도선으로 완전한 차폐는 곤란해지게 된다. 전기기관차 등에서는 주전동기의 배선을 실드선으로 변경한 예가 있지만 바닥이 낮은 철도차량의 경우, 의장 공간이 충분하지 않기 때문에 까다롭다.

또 차간의 도선은 인버터의 출력선이 많이 모여 있는 장소로 다른 배선에 비해 궤도와 가장 가까운 위치에 있다. 차량의 보수 시 등, 열차를 분리할 필

차체가 낮아지면 공간이 적어진다.

그림 2·36 차폐·배선 트위스트 대책

접속부를 포함한 고압배선은 모두 덕트에 넣어져 있다.

그림 2·37 고압배선 대책

요가 있고 고정된 차폐는 설비할 수 없기 때문에 배선이 노출되어 있다. 앞으로 해결해야 할 과제 중 하나다.

그림 2·37은 차체의 전선관과 덕트에 들어간 배선 상태를 제시하고 있다. 이러한 배관 아래에 나중에 주회로기기를 부착하도록 되어 있는데 그림은 주회로기기를 부착하기 전 상태이며 덕트에 들어간 배선이 잘 보인다. 이 사례에서는 직달 노이즈 대책을 위해 배선은 모두 알루미늄관(管)에 넣도록 하고 있다. 한편 신칸센 차량 등에서는 경량화, 방열의 효율화를 위하여 배선을 덕트에 넣지 않는 사례도 있다.

표 2·9의 No.4는 배선을 분리함으로써 전자 노이즈를 저감시키는 방법이다. 그러나 의장 공간의 제한으로 충분한 이격을 취할 수 없는 경우도 있다.

인버터 제어차가 보급되기 전의 저항 제어차량일 때는 반도체 소자의 스위칭에 의한 고조파 성분이 적었기 때문에 오픈덕트로 하고 있었는데 최근에는 고압배선을 덕트에 넣어 직달 노이즈대책을 실시하고 있다.

배선 밖으로 나와 있는 케이블은 인덕턴스가 커지도록 감음으로써 EMC 노이즈 저감을 꾀하고 있다. 또 여러 대인 모터 배선이나 인버터 장치 입력배선의 배선 길이를 합치기 위해서도 감고 있다. 이에 대하여 그림 2·38은 저압선으로 오픈덕트가 되어 있다. 저압배선은 대부분 모든 케이블이 덕트에 들어 있지 않지만 이것은 전압이 낮으면 방사노이즈는 배선 간의 이격이 서로 가까워도 EMC 노이즈로서 문제가 없기 때문이다.

고압배선덕트

저압배선덕트

저압배선은 오픈덕트

그림 2·38 저압배선 상태   그림 2·39 고압배선과 저압배선의 분리

그림 2·39는 고압배선과 저압배선을 분리함으로써 EMC 대책을 하고 있는 사례를 제시하고 있다. 그 밖의 방법으로 전동기와 외함을 접지함으로써 노이즈 영향을 감소시키는 사례도 있다. 현 시점에서는 트위스트 배선의 정량적인 방호치, 내부 차폐된 전선·케이블의 차폐율 등 전선 측에서의 방호 가능한 수치가 구체적으로 제시되어 있지 않다. 또한 일본철도차량공업회에서 발행한 「배선의장표준」(JRIS R0304 : 2006)에는 배선에 관한 직달 노이즈 대책으로서 다음과 같이 기재되어 있다.

① 배선은 알루미늄 합금 이음매가 없는 관 또는 알루미늄 합금 덕트에 넣는다.

② 전력회로 배선은 트위스트 시켜 교번 자계가 나오지 않도록 한다.

③ 미약 전류회로의 배선은 회전하든가 트위스트 페어선 혹은 실드선을 사용한다. 또 전력용 배선과 평행으로 배선하지 않는다(교번 자계(交番磁界)의 악영향을 최소화하기 위함)

④ 불연속전류가 흐르는 저압의장선은 다른 기기에 대한 노이즈 방지를 위해 단독 배선하는 것이 바람직하다.

⑤ 관에 수납이 불가능한 장소에서는 금속제 지퍼튜브를 사용한다.

2.3.3 의장 후의 노이즈 대책

차량에 기기를 의장한 후, EMC 대책을 세울 필요가 있는 경우가 많다. 코먼모드 노이즈에 관해서 정확한 대책 수법의 제안이 행해져 효과를 올리고 있기 때문에 이하에 소개한다.

코먼모드 노이즈 대책의 흐름을 그림 2·40에 제시한다. 실제 기기의 코먼모드 전류(이하 누설전류) 관측 결과에서 노이즈 성분을 추출하여 노이즈 전달계인 임피던스를 해석하여 노이즈 대책을 수행하는 수법[4]~[8]에 새로 노이즈 필터 재료(연자성 재료)의 비선형(非線型) 모델을 추가하여 간편하고 효율적인 해석이 가능하다. 기본 해석에는 어느 것이나 시판 중인 회로해석 소프트(SPICE)와 수식 처리 소프트(Maple)를 사용하고 연자성(軟磁性) 재료 코어 해석에는 자기 포화치와 고주파 손실치를 수식화해서 사용하여 일련의 해석 연산회로를 연이어 처리하여 연자성 재료 코어 선정을 한다.

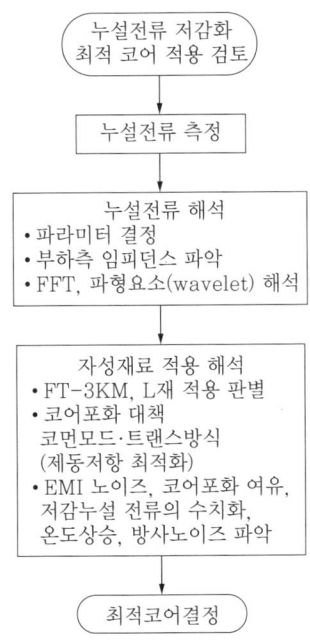

그림 2·40 코먼모드 노이즈 대책의 흐름

[1] 해석 대상과 누설전류

그림 2·41에 제시하는 PWM 인버터에 코먼모드 초크를 사용한 모터 구동계(驅動系)를 여기서 해석 대상으로 삼았다.

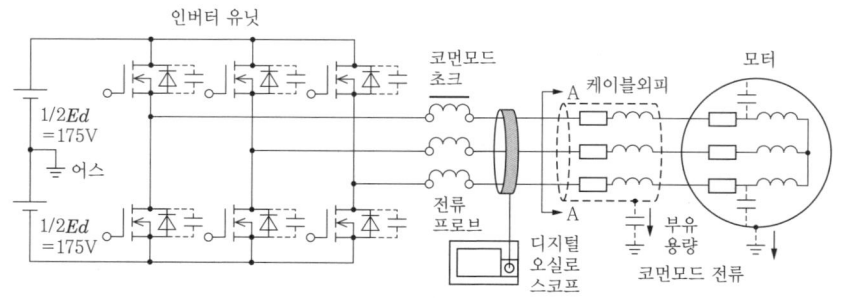

그림 2·41 모터 구동계 회로 구성

그림 2·41에는 케이블외피-어스 간의 부유용량, 모터의 권선-프레임 간의 부유용량, 모터와 케이블의 부유 인덕턴스나 등가저항도 기록한다. 전류 프로브로 누설전류를 측정하여 디지털 오실로스코프에 데이터를 받아들인다. 3상 전압형 인버터의 1상이 스위칭할 때, $E_d = 350V$ 경우의 코먼모드 전압은 스텝 모양으로 변화하여 $E_d/3 = 117V$가 된다[5].

그림 2·41의 A-A′에서 살펴본 동적부하(動的負荷) 임피던스는 코먼모드 전압/누설전류가 된다.

[2] 누설전류 생성회로 시뮬레이션

먼저 앞서 기록한 누설전류의 실측 데이터를 수식화하여 동적 수학 모델을 작성하였다. 수식의 도출에는 시판 중인 수식처리 소프트(Maple)를 이용하였다. 이 소프트는 실측 데이터를 소정의 수식으로 대입하여 최소 2승법(乘法)으로 계수를 구한다. 얻어진 식을 라플라스(Laplace) 변환함으로써 누설전류 파형을 재생하는 것이다. 이리하여 얻어진 파형의 식에서 전류 파형의 전달함수를 구하여 기본적인 등가회로의 각 회로정수를 결정한다.

다음에 시판 중인 회로해석 소프트 ICAP/4(Intusoft사)를 이용하여 회로 해석을 한다.

앞의 기록에서 구한 전달함수와 회로 시뮬레이터의 라플라스(Laplace) 블럭 및 전압제어 전류원을 조합하여 등가회로를 구성하였다. 이 등가회로의 실용성을 확인하기 위해 시간 도메인, 주파수 도메인에서의 역해석(연산)을 하여 실측치와 생성 결과를 비교하여 앞으로 있을 검토에 도움이 되도록 하였다.

3상 모터의 누설전류를 전류 프로브(그림 2·41)로 측정하여 그림 2·42 (a), (b)의 코먼모드 전류파형을 얻었다. 그림 (b)의 코먼모드 전압이 인가된 과도 기간의 전류 최대치와 진동 주파수에 주목하여 이 파형을 수식화 한다.

구하는 수식 *model*(*t*)의 형식을 식 (2·26)에 제시한다.

$$\text{model}(t) = a_1 \cdot e^{(-b_1 \cdot t)} \cdot \sin(c_1 \cdot t) + d \cdot e^{(-b_3 \cdot t)} + a_2 \cdot e^{(-b_3 \cdot t)} \cdot \sin(c_2 \cdot t)$$

$$(2 \cdot 26)$$

여기서 t는 시간, a_1, b_1, c_1, a_2, b_2, c_2, b_3, d는 계수이다.

이 8개의 계수는 Maple의 fitting함수이다. "nonlinfit 함수"에 대입함으로써 fitting하고, 식 (2·26)에 대입하여 얻은 파형(波形)을 실측파형과 비교하여 그림 2·43에 제시한다.

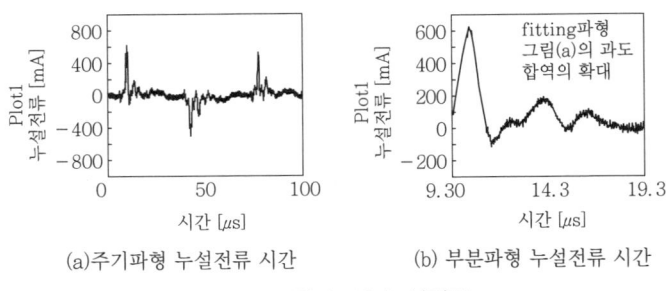

(a)주기파형 누설전류 시간 　　　(b) 부분파형 누설전류 시간

그림 2·42 누설전류

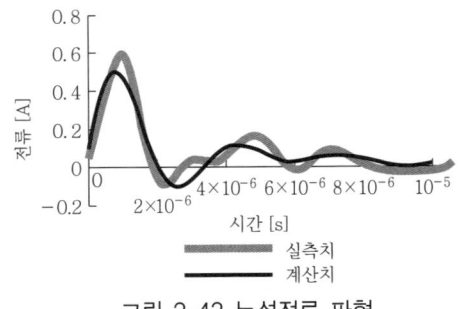

그림 2·43 누설전류 파형

　다음에 누설전류 생성회로를 만든다. 전달함수로 표현한 누설전류 생성회로를 그림 2·44에 제시한다. 회로해석으로 과도해석·주파수 해석에 적용할 수 있는 Laplace 블록 A_1의 출력전류를 저항 $R_{mon}(1\Omega)$에 흘려보내 저항 R_{mon} 양단(兩端)에 발생하는 전압을 전압제어 전원 G_1에서 전류로 변환하고 있다. 변환계수는 $1/V_p$배(倍)이고 V_p는 코먼모드 전압을 나타내고 정수를 수시로 입력함으로써 해석조건을 변경할 수 있다.

　저항 R_4는 반복하여 연산에 의한 해(解)의 발산(發散)을 회피할 목적으로 회로에 영향을 주지 않는 범위의 큰 값으로 한다. 전압원 V_{m2}는 전류관측용의 0V 전압원 소자이다.

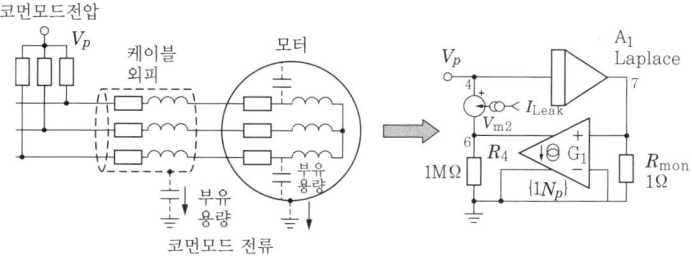

그림 2·44 코먼모드 전류생성회로

그림 2·44의 누설전류 생성회로 Laplace 블록 A_1에 대입하는 계수를 구하기 위해 식 (2·26)을 Laplace 변환하여 식 (2·27)을 얻었다. 여기에 식 (2·26)의 계수 각각의 값은 fitting으로 얻은 값을 이용한다.

$$model(s) = (0.265 \times 10^4 s^4 + 0.277 \times 10^{11} s^3 + 0.203 \times 10^{17} s^2$$
$$+ 0.446 \times 10^{23} s + 0.184 \times 10^{29}) / (0.250 \times 10^5 s^5$$
$$+ 0.275 \times 10^{11} s^4 + 0.127 \times 10^{18} s^3 + 0.578 \times 10^{23} s^2$$
$$+ 0.131 \times 10^{30} s + 0.161 \times 10^{35}) \qquad (2·27)$$

식 (2·27)의 s 다항식은 코먼모드 전압을 인가한 스텝응답이 되고 누설전류의 전달함수를 구하는 데는 식 (2·27)에 s를 곱한 다항식으로 할 필요가 있다. 그림 2·44의 Laplace 블록에는 식 (2·27)에 s를 곱한 분자, 분모의 다항식 계수를 대입하면 누설전류 생성회로가 완성된다.

[3] 누설전류 억제효과의 해석

그림 2·42(a)의 실측파형 FFT 해석으로는 500kHz 부근에서의 고주파 성분이 크다. 그래서 15kHz~1MHz 대역의 임피던스가 크게 되게끔 재료로 파인매트(히타치 금속사 상표) FT-3KM 재료를 선정하였다. 코어 고주파 히스테리시스 특성 실측치를 그림 2·45에 제시한다.

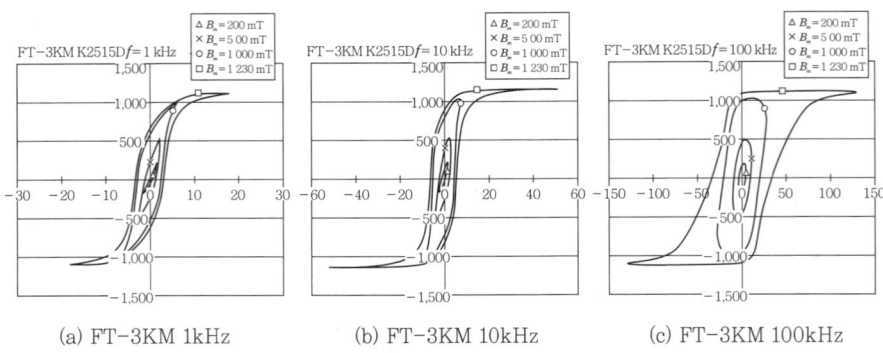

| (a) FT–3KM 1kHz | (b) FT–3KM 10kHz | (c) FT–3KM 100kHz |

그림 2·45 FT–3KM 코어고조파 히스테리시스

그림 2·45의 고주파 히스테리시스 특성을 기초로 코어회로해석모델을 작성한다. 코어회로해석모델(그림 2·46)은 시판 중인 회로해석 소프트 ICAP/4(Intusoft사)의 COREZ model[9]~[11]을 사용하고 세부의 fitting을 반복하여 그림 2·45의 실측치에 근접하도록 조정하였다. 이 모델은 그림 2·47의 누설전류 해석회로의 서브서킷(subcircuit) X_1으로써 이용한다.

처리한 해석 회로를 그림 2·47에 제시한다. 전압원 V_1을 코먼모드 전압의 등가입력으로 하여 전압치(電壓値)를 V_P=117V로 한다. 비선형(非線形) 코어 모델 X_1 서브서킷 COREZ를 누설전류 생성회로에 직렬로 배치한다. 저항 R_1, R_3는 반복 연산 결과의 발산을 회피하기 위해 삽입되어 있다. 또 저항 R_2의 값을 작게 함으로써 코어를 적용하지 않은 상태의 해석도 가능하도록 하고 있다.

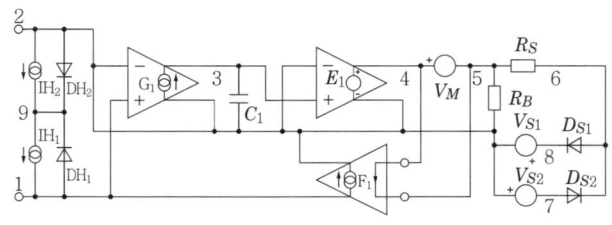

그림 2·46 연자성 코어 자화 특성 해석용 회로 모델

또한 코어의 자속밀도 B와 자계 H를 출력하여 고주파 히스테리시스 특성
을 파악할 수가 있다.

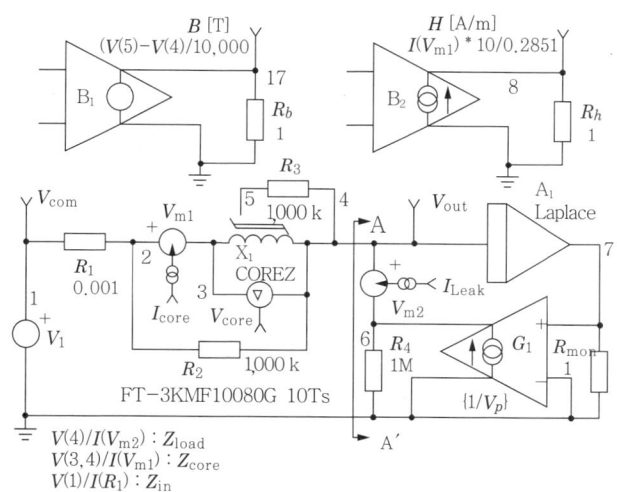

그림 2·47 누설전류 해석회로

주파수 해석에서는 V_1을 AC 1V로 하고 임피던스 Z_{load}, Z_{core}, Z_{in}의 산출은
그림 2·47에 제시한 식으로 해석적으로 구할 수가 있다.

그림 2·42(a)에 제시하는 누설전류 억제효과를 그림 2·47의 X_1에 사용할
코어 FT–3KM F10080G의 각 정수를 입력하여 해석한다.

그림 2·48(a)의 실선은 연자성 재료를 사용했을 때의 누설전류 임피던스
의 특성으로, 50kHz~1MHz 대역에서는 비교적 높은 임피던스가 얻어졌고
그림 (c)의 FFT 해석 결과로도 초기의 억제효과를 확인할 수가 있었다. 그림
(b)의 $B-H$ 특성에 의하면, 재료의 포화자속밀도(飽和磁束密度) 1.2T에 대하
여 여유가 있으므로 코일을 더 감아서 누설전류의 피크치를 억제하는 것은
가능하다. 단, 이 방법으로는 에너지 소비는 변하지 않으므로 실효치 개선은
기대할 수 없다.

이와 같은 경우는 코어에 댐핑저항으로 종단한 별도의 권선을 설치하는 코

먼모드 트랜스 방식을 채용하면, 저항치를 조정하므로 누설전류의 실효치 저
감의 최적화가 가능하고 코어포화 억제와 코어손실 경감의 효과도 기대할 수
있다. 코어에 권수 10턴을 하여 시험삼아 만든 결과를 그림 2·49(b)에 제시
한다. 실측 누설전류의 피크치는 코어 적용 전에 비하여 1/100로 억제되
었다.

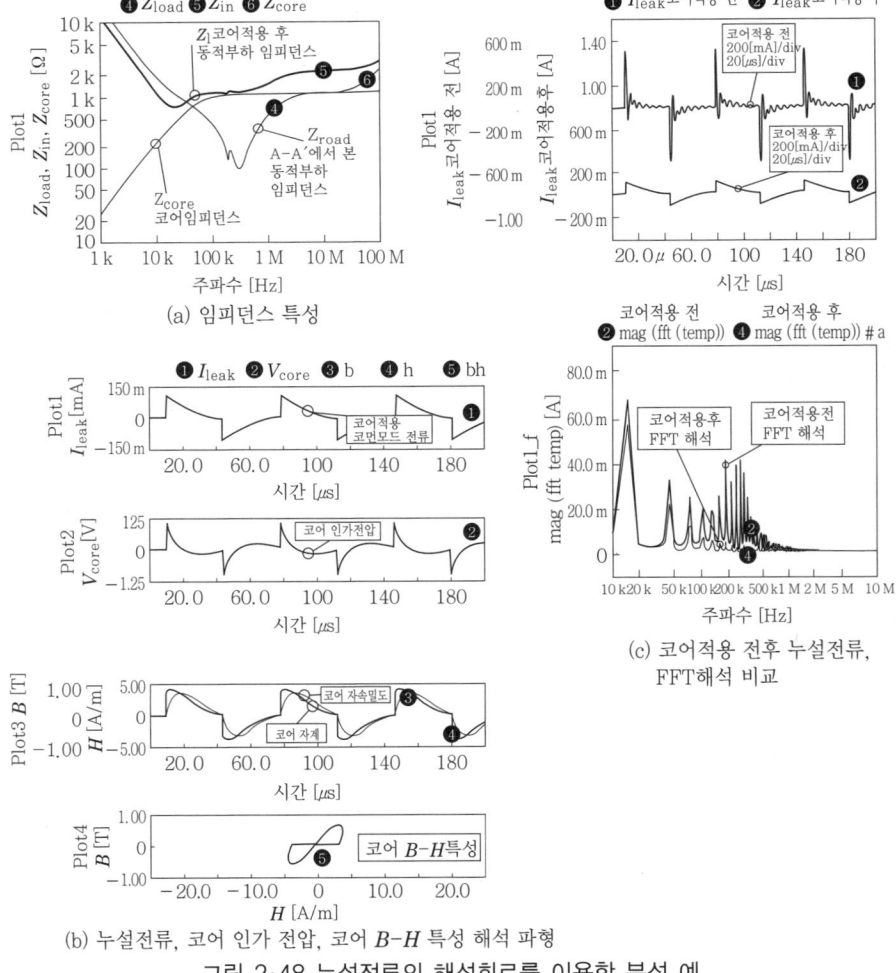

(a) 임피던스 특성

(b) 누설전류, 코어 인가 전압, 코어 $B-H$ 특성 해석 파형

(c) 코어적용 전후 누설전류,
FFT해석 비교

그림 2·48 누설전류의 해석회로를 이용한 분석 예

고주파 특성, 비선형 자기특성을 고려한 해석 모델의 실용성을 실험적으로 확인하였다. 이 해석 방법은 코어의 동작 파악에도 효과가 있으며 또 코어 적용 전후의 누설전류 파형으로 해석적으로 복사노이즈의 상대 비교를 산출할 수도 있다.

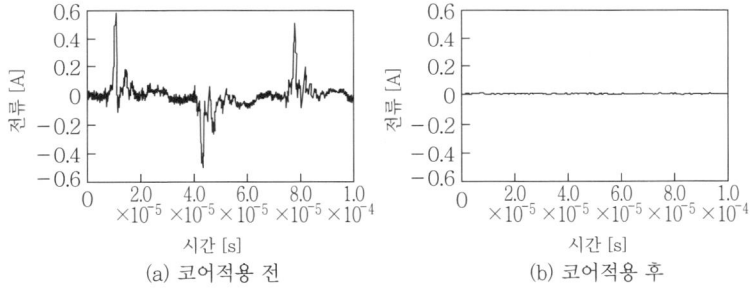

그림 2·49 연자성 재료적용에 의한 실측누설전류 저감효과

2.4 수출차량에 대한 EMC 대책

여기서는 일본의 안건과 제각기 다른 수출차량의 EMC 대책에 관해서 언급하고자 한다. 수출차량의 EMC 대책 설계는 먼저 사업자의 사양서(仕樣書)에 정해진 요구를 충족시키기 위한 계획에서부터 시작된다. 사양서에는 각종 규격 및 수법, 수순, 기준치 등이 제시된다. 그러한 것들을 기본으로 한 계획이 책정되면, 그러한 것들을 서면으로 하여 사업자에게 승인을 구하고 동의를 얻은 다음에 실제의 설계, 시공으로 진척된다.

여기서는 미국 안건과 아시아 안건의 사업자 요구 내용 및 그 중의 아시아 안건에서 실시한 예를 소개하고자 한다.

2.4.1 미국 안건에서의 사업자 요구사항

사업자의 EMC에 대한 설계 요구사항을 다음에 제시한다.

[1] 일반

EMC 계획은 차량 설계의 최초 단계에서 중요한 사항이다. 계약자는 EMC 컨트롤과 시험 계획서를 제출해야 한다. EMC 계획은 차량에 탑재된 기기, 궤도연선의 지상기기 및 그 기기들이 고장났을 경우의 대책에 따라 행동하는 것이다.

다음의 요구사항이 EMC 계획에 포함되어야 한다.

전자변(電磁弁), 릴레이, 컨덕터 코일, 기타 코일 디바이스는 다이오드나 바리스터에 의해 서지를 흡수시켜야 한다.

기기설계, 배선설계, 외함은 그 외함으로부터 3,460mm 내에서 트랜시버의 사용에 의해 발생하는 영향으로부터 기기를 보호해야 한다.

기기설계, 배선설계, 외함은 차량 내 역홈을 포함하여 휴대전화 사용에 의한 영향으로부터 기기를 보호해야 한다.

기기설계, 배선설계, 외함은 차체와 그 시스템이 외부의 기기나 시스템(특히 신호와 통신 시스템에 대하여)에 바람직하지 않은 영향을 발생시키는 것을 방지하도록 시스템을 차폐해야 한다.

[2] 방법

계약자는 내부 소스에 의해 발생되는 간섭이 차체와 외부 시스템의 올바른 조작에 영향을 미치는 것을 방지하기 위한 설계수법, 구조 수단, 기기의 요구 사항을 이용해야 한다. 주파수, EMI 레벨, 감수성 레벨 조정에 더하여 계약자는 필요한 차체접지, 평형회로, 필터, 차폐, 변조기술, 배선 분리화, 간섭의 바람직하지 않은 영향을 감소시키는 것을 실시해야 한다. 정전기 및 자기 실드 방법은 상호접속 케이블 상의 미주신호나 과도전압의 영향을 최소화해야 한다.

상호접속 전력케이블과 신호케이블은 물리적으로 분리되어야 한다. 인통선은 주회로, 보조전원, 가선 접촉계에서의 전류과도에 의한 인통선회로의 전압유도를 최소화하도록 위치, 배치해야 한다.

[3] 이미션(emission, 放射(방사)) 제한치(制限値)

차량에 탑재된 보조시스템에 의해 발생되는 외부기기와 다른 궤도를 따라가는 설비에 대한 바람직하지 않은 영향을 피하기 위해, 다음과 같은 전자적 이미션 제한치를 각 차량에서 초과하지 않아야 한다.

이러한 것들의 이미션 제한치에 적합한 것은 차량과 그 대상이 되는 주변과 인터페이스를 규정하는 제1레벨이다. 수주자(受注者)는 이미션을 제한치 이하로 줄이는 것에 책임을 진다.

각 이미션 제한치에 관해서 다음에 소개한다.

방사 이미션은, "Radiated Interference in Rapid Transit Systems, Vol.2 suggested Test Procedures, UMTA-MA-06-0153-85-11"의 수

순에 따라서 측정된다.

0.01~30MHz : MIL-STD-461A의 Figure22로 주어진 값에서 20dB을 초과하지 않아야 한다.

30~88MHz : 1대역폭에서 58dB을 초과하지 않아야 한다.

88~1,000MHz : 1대역폭에서 68dB을 초과하지 않아야 한다.

전도 이미션은 "Conductive Interference in Rapid Transit Signaling Systems, Vol Ⅱ: Suggested Test Procedures, UMTA-MA-06-0153-85-6, Method RT/CE02A, Conductive Emission Test, Vehicle"의 수순에 따라서 측정된다.

0~80Hz : $10A_{rms}$를 초과하지 않아야 한다.

80~120Hz : $1A_{rms}$를 초과하지 않아야 한다.

120~320Hz : $10A_{rms}$를 초과하지 않아야 한다.

320~1,000Hz : 320Hz에서 $10A_{rms}$, 1,000Hz에서 $0.03A_{rms}$로 하여 그 사이는 비례로 감소한다.

1,000Hz~20,000Hz : $0.03A_{rms}$를 초과하지 않아야 한다.

유도 이미션은 "Inductive Interference in Rapid Transit Signaling Systems, Vol Ⅱ: Suggested Test Procedures, UMTA-MA-06-0153-85-8, method RT/IEO1A" 수순에 따라 측정된다.

0~1,000Hz : 20mV를 초과하지 않아야 한다.

1,000~20,000Hz : 10mV를 초과하지 않아야 한다.

2.4.2 아시아 안건에서의 사업자 요구사항

사업자의 EMC에 대한 설계 요구사항을 뒤이어 제시한다.

[1] 일반

수주자는 충분한 대책을 갖고 열차 편성 상의 모든 기기에 관해서 다음에 기술한 것부터 EMI를 방지하는 것을 보증해야 한다.

① 다른 수주자의 기기

② 지상 설비

③ 승객에 의해 반입된 기기

각 편성은 이미션이 EN 50121-3-1의 레벨을 초과하지 않아야 한다. 수주자는 객실, 통로, 운전실에서의 전자환경은 전기공급시스템에서 승객의 소지품(페이스메이커 포함)에 대한 간섭을 피하기 위해 0.1mT(1Gauss)를 초과하지 않을 것을 보증해야 한다.

수주자는 전원공급시스템 상의 열차에 의해 발생되는 평가잡음전류는 CCITT의 요구에 적합하다는 것을 보증해야 한다.

[2] 전력조정장치

유도소자는 이 사양서에 규정되어 있는 EMC 요구사항에 일치하며 궤도기기나 차량상의 자계와 유도의 영향을 최소화 하도록 부착 및 차폐해야 한다.

[3] 전자기기

전자기기는 80MHz~2GHz 주파수 범위를 커버하도록 일부 변경한 EN 50121-3-2의 Table 9에 따라 무선주파수 인터페이스와 EMC에 대하여 요구사항에 적합해야 한다.

전자기기는 EN 50121-3-2와 IEC 1000-4-8의 저주파 전자계에 대한 요구사항에 따라야 한다.

전자기기는 RIA18과 RIA22의 EMC와 RFI의 요구사항에 적합해야 한다.

2.4.3 아시아 안건에 대한 실제 차량 시공 예

시공에 관해서는 일본 안건과 동일한 대책을 해야 할 것이 많지만 이번에 예를 들어 설명하는 사항은 대단히 세부적으로 관련된 계획을 하고 있기 때문에 예로써 참고가 될 점이 많을 것으로 사료된다.

[1] 접지 시공

차체에 부착되는 모든 도전성 금속부품은 차체에 접지선을 부착하거나 금속접촉으로 한다.

'모든 도전성 금속부품'이라는 것에 대하여 파악하는 방법이지만, 접지에 관해서는 매우 철저히 시공하고 있다. 이를테면, 단독으로 리밋 스위치 등이 탑재되는 곳 등은 스위치 하우징이 금속 제품 등을 사용하여, 금속면에 직접 접촉하거나 부착된 나사부 등에 접지선 시공 등을 해야 한다.

모든 접지 시공 목표는 분배된 기기끼리의 기준전압을 동일하게 해야 하는 것이다.

접지 접속은 넓은 접지면에서 가능한 짧게 한다. 각 기기의 접지는 개별적으로 각각 접지된다(예를 들어 무선기와 형광등 등등).

전선덕트나 금속배관 접속부는 서로 전기적으로 접속한다. 또 가능한 많은 지점에서 차체와 접지하도록 한다.

기기 상자 등의 접지선의 길이는 다음을 기준으로 한다.

$6mm^2$: 0.05m 이하

$10mm^2$: 0.1m 이하

$35mm^2$: 0.2m 이하

가장 중요한 접지는 다음과 같이 한다.

차체 간을 건너가는 접지선 : $50mm^2$, 케이블 길이 1m 이하

절연된 접지판과 차체와의 접지선 : $35mm^2$

주전동기의 프레임과 접지 브러시 접속선 : $35mm^2$

접지판끼리의 접속선 : $35mm^2$

또 전류가 돌아 흐르는 것을 피하기 위해 각 절연 접지판과 접지 브러시까지의 길이는 똑같이 한다.

모든 실드선은 해당하는 기기의 한쪽 끝에만 접속한다 .

[2] 배선 구분

차체상의 배선은 표 2·10처럼 카테고리 분류를 한다. 용량성 결합과 유도성의 결합을 피하기 위해 서로 다른 케이블 카테고리에 대하여 충분한 공간을 확보해서 배선한다.

표 2·10 배선 카테고리 분류와 대응하는 신호 레벨 정의

카테고리	대응전압	참고기기	전선 형태(예)
1.영향은 받지 않지만 대단히 강하게 영향을 준다	1,000V 이상의 AC 및 DC	집전장치 배선 및 귀선	배관 안으로 통과시킨다
		주전동기 배선, 주제어장치 입력배선, 보조전원장치 입력선	전선덕트 또는 배관 속에 트위스트선을 통과시킨다
2.영향은 받지 않지만 강하게 영향을 준다	10~1,000V의 DC 220V/380V AC, 50, 60,400Hz	전원선 (조명배선, 보조전원장치 출력배선, 배터리충전장치배선 등)	원칙적으로는 배선실드선(전력용)을 사용한다. 실드선을 사용하지 않는 경우, 차폐덕트, 배관 속에 배선한다
3.조금 영향은 받지만 주는 영향도 적다	0.1~115V	전화회선, 제어배선(릴레이제어 등)	트위스트선, 실드선
4.영향을 받지만 주는 영향은 적다	0.1~15V	방송·영화회로(디지털, 아날로그)	트위스트선, 실드선, 동축케이블 등
5.대단히 영향을 받지만 주는 영향은 적다	0.1~500mV	무선·TV신호	동축케이블

[3] 케이블 카테고리 간의 거리

다른 것과 평행하도록 설치되는 각 케이블 카테고리에 대해서는 가능한 한 표 2·11처럼 되도록 한다.

표 2·11 배선의 최소 이격거리(단위 [m])

카테고리	1	2	3	4	5
1	0	0.1	0.5	0.8	1.0
2	0.1	0	0.2	0.2	1.0
3	0.5	0.2	0	0.1	0.1
4	0.8	0.2	0.1	0	0.1
5	1.0	1.0	0.1	0.1	0

카테고리 1과 다른 케이블과의 평행설치에 관해서는 적극적으로 피한다.

서로 다른 케이블 카테고리끼리 서로 가로지르는 경우, 이들의 장소에서 케이블 카테고리 간의 거리는 표 2·11 거리의 절반을 최소화한다. 시스템 기기의 입력 케이블과 그 출력 케이블은 용량성, 유도성의 결합을 줄이기 위해 평행으로 설치하지 않도록 한다. 주전동기로의 케이블은 고압선(그 귀선도 포함)과 평행으로 설치하지 않는다. 변압기의 출력선은 그 입력선과 평행으로 설치하지 않는다(기기내부의 배선에 관해서는 이러한 것의 규정을 적용하지 않는다).

[4] 접지판과의 거리

접지판 및 마이너스선에 대한 각 카테고리 선과의 거리에 관해서 표 2·12에 제시한다.

표 2·12 접지판 및 마이너스선에 대한 거리(단위 [m])

카테고리	마이너스선	접지판
1	0.5	0.5
2	0.5	0.5
3	0.5	0.2
4	0.5	0.2
5	0.5	0.2

표 2·12를 충족시키는 것이 불가능한 경우는 각 카테고리마다 금속 배관 안으로 전선을 통과시킨다.

[5] 케이블 차폐

전력 케이블은 가능한 한 금속배관 안에 넣는다. 통신 케이블 등의 케이블 은 알루미늄박(箔)이 부착된 실드선을 사용한다.

[6] 배관 및 덕트에 관하여

실드선을 사용하는 경우, 차량 내측에서는 금속 배관이나 덕트를 필요로 하지 않는다.

주전동기의 하우징은 대차(臺車)에서 절연된다. 그 이유는 용량성, 유도성 결합의 영향을 줄이기 위함이다. 또 대차는 베어링을 통한 전류누설을 피하 기 위해 차체에서 절연된다. 이것은 접지 브러시에만 규정 전류가 흐른다는 것을 확실히 하기 위해 대차의 절연 치수는 10년 간의 신칸센에서 실적이 있 는 것으로 한다.

[7] 기기 배치에 관해서

주회로나 전원관계기기와 EMI에 과민한 기기에 관해서는 가능한 한 이격 해서 설치한다. 또 무선 안테나 주변의 기기 배치는 무선 안테나로 열차 무선 의 올바른 신호수신을 확실히 하는 데 중요하다.

무선 안테나는 운전실 옥상에 설치한다. 수신신호를 저해하는 안테나 부근 의 주요한 기기는 행선지 표시기이다. 경험 상 그것은 안테나로부터 1m 이상 이격해서 설치하면 문제는 발생하지 않는다.

[8] 주파수 계획

다음은 열차 상에서 사용되는 주파수 구분을 제시한다. 실제로는 주파수마 다 103항목으로 세분화되어 있지만 주파수는 생략하고 기기분류만 제시한다.

이 분류에 각 주파수가 할당되어 있고 그 계획에 따라 기기를 제작한다.

열차무선, 경찰무선, 소방무선, 휴대전화, MTRC(타 철도 사업자선) 열차간 통신 시스템, APC(자동 파워컨트롤), 보조전원, ATP, 차축검지기, ATO, 공조인버터, 공조제어 CPU의 clock 주파수, 공조제어기용 전원 스위칭 주파수, 주제어기의 컨버터·인버터 주파수, 보조전원의 인버터 주파수, SIV의 CPU clock 주파수, DC/DC 컨버터 주파수, TMS의 CPU 주파수, TMS의 통신주파수, 정보표시기 화면용 스위칭 전원 주파수, 정보표시제어기 CPU clock 주파수, 정보표시기 화면용 액정백라이트의 인버터 주파수, CCTV 카메라용 전원 스위칭 주파수, 도어제어기 CPU의 clock 주파수, 도어구동 유닛전원 스위칭주파수, 행선지표시기·열차번호 표시기의 CPU clock 주파수, 동(同)전원 스위칭 주파수, 브레이크 장치 전원 스위칭 주파수, 동(同)제어기 CPU clock 주파수, 형광등 인버터의 스위칭 주파수, 배터리 충전기의 DC/DC 컨버터 스위칭 주파수이다.

[9] 승객 보호

아시아 안건의 사양서에서 객실 내, 관통로, 운전실에서의 자계는 전원기기로부터 승객 소지품에 대한 간섭을 피하도록 0.1mT(1Gauss)를 초과하지 않도록 한다고 정의되어 있다.

각 차량의 객실 내부 전체와 운전실 중앙 바닥면으로부터 1m 위에서 측정을 실행한다(사람의 심장은 약 1m의 높이이기 때문).

단, 정보로서 바닥면에서의 자속밀도를 부가적으로 측정한다.

EN50061 : 1998/A1 : 1995는 페이스 메이커에 대하여 적용되는 시험에 관해서 규정하고 있다. 하지만 제한치가 주어지지 않고 있다. DIN V VDE V(0848-4/A3) : 1995-07은 자계에 대한 제한치가 30kHz 이하로 정의되어 있다.

자계 대책으로는 열차 내를 통과하는 전류를 최소화하고 배터리 마이너스선을 차체에 접속하고 주변압기로 가는 케이블 길이를 짧게 함으로써 자계의 저감을 꾀한다. 더욱이 주전동기 배선은 트위스트하고, 고압전력 케이블은 강관(鋼管) 내부를 통과시킨다. 그것은 고압전력 케이블을 흐르는 전류에 의해 발생되는 낮은 주파수로 방사된 자계를 저감한다. 이 강관에 의한 감쇠량은 30kHz 이하에서 약 30dB일 것이다(강관은, 경험상 약 2mm 두께). 강관은 팬터그래프에서 시작되어 대차상을 통과하여 배치된다.

변압기 등을 포함하여 모든 전력기기, 보조전원, 주전원, 주전동기, 배터리 충전기는 실적이 있는 것을 사용한다.

[10] 차상 기기의 보호

차상 기기의 보호대책으로 다음의 것을 한다.

기기가 고장난 경우라도 기기의 이미션이 1m 거리에서 1V/m 미만이 되도록 한다.

정전기 방전에 관한 이뮤니티는 시험으로 검증받는다. 또 열차상의 기기는 모두 접지되고 기기 커버 내부에 접촉되는 일이 불가능하도록 해야 한다.

자계에 대한 이뮤니티의 영향력이 있는 주파수는 50Hz이다. 거기에 민감한 기기는 시험해 체크한다.

🍲 2.4.4 차량 시공도 소개

실제 차량 시공의 예로서 천장 내부의 배선 카테고리 간 이격에 의한 시공 상태를 제시한다. 더욱이 바닥 아래 배선에 관해서는 공간제약 상 이격이 불충분하기 때문에 금속관 내 배선에 의한 대체 대책으로 하고 있다.

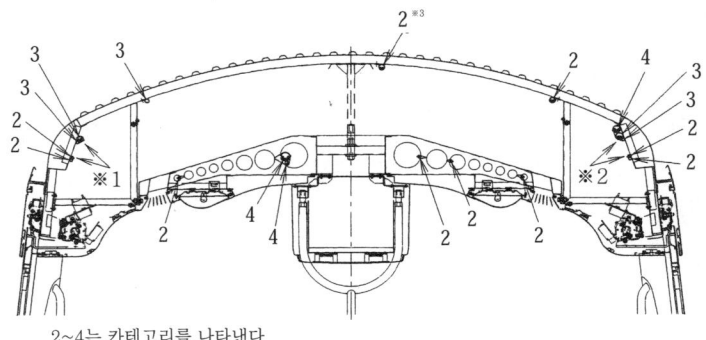

2~4는 카테고리를 나타낸다.

그림 2·50 천장배선 예(차체 단면)

배선은 모두 수지 배관을 사용하고 있다. 표 2·11에 근거하여 각 카테고리 별로 이격시켜 배선하고 있다.

그림 2·50에서 존재하는 카테고리는 2~4이고 이격은 카테고리 3과 4의 0.1m 및 카테고리 2와 3, 4의 0.2m가 된다. 그러나 차체 구조물의 제약상, 실제로는 그림 속의 ※1, ※2의 곳에서 기준치수를 밑돌고 있다. 그러나 이 중에서 카테고리 2의 DC선에 관해서는 약전기기용 DC선일 수도 있고 영향 도가 작다고 판단해서 시공하고 있다. 또 ※3의 곳은 공조용 380V 3상선이 고 이것에 관해서는 영향도가 크다고 해서 특별히 타선으로부터 이격시켜 놓 았다.

2·5 유럽에서의 EMC 대책

유럽에서는 1989년에 EU(European Union, 유럽연합)로부터 EMC (Electromagnetic Compatibility, 전자양립성) 지령 89/336/EEC를 받아 EMC 규격에 근거하여 제품을 제작·판매하는 것이 의무화되어 있다. 철도에서는 EN 50121 시리즈가 적용된다.

그리고 이것은 국제규격 IEC 62236시리즈의 토대가 된 규격이다. 유럽의 철도차량에서는 다양한 전자관계의 트러블을 겪고 2000년대 초에 새로운 EMC 대책이 확립되었다.

2.5.1 철도차량의 전자양립성에 대한 요구사항

철도차량용 전기기기의 전자양립성에 관해 다음과 같은 요구사항이 있다.

① 철도차량의 모든 기기가 방해를 받는 일없이 기능해야 한다.
② 철도차량이 그 철도 고유 혹은 철도와 관련이 없는 주변환경과 방해를 받는 일없이 협조하여 동작할 수 있어야 한다.
③ 철도사업자의 전자양립성에 관한 요구사항을 충족시켜야 한다.
④ 법적인 이뮤니티와 이미션의 규격을 충족시켜야 한다.
⑤ 인체에 위험하지 않아야 한다.

유럽에서는 자동제어기술에서 오랜 세월에 걸친 경험을 토대로, 또 철도에 대한 특별한 요구사항을 고려하여 전자양립성의 기본적인 사고방식이 개발되었다. 이것은 차량 제어부와 주회로부에서 다음의 관점에 영향을 미친다.
① 접지, 그라운드

② 차폐

③ 신호전송

④ 기기 배려

⑤ 배선

이제까지 철도차량에서는, '일점(点) 그라운드와 차폐 사고방식'이 이용되어 왔다.

1990년대 초부터 유럽의 메이커는 서서히 이 사고방식을 바꾸어갔다. 그때까지의 전류회로(轉流回路)를 이용하는 인버터 대신 GTO 사이리스터를 이용한 인버터가 도입됨으로써 인버터가 간단히 구성될 수 있게 된 반면, 반도체 스위칭 시의 전자노이즈가 커져 대책이 필요하게 되었다. 또 열차 내 LAN이 사용되었고 더구나 유럽에서는 열차 내 통신에 ±5V레벨 전압이 사용되는 일이 많았으므로 상황은 일본에 비하여 훨씬 까다로웠다. 전파 무향실(無響室)에서 기기와 배선 대책안을 하나하나 확인하고 철도차량의 EMC 대책이 작성되었다.

제어부에 있어서는 '접촉면을 넓게 확보한 그라운드와 차폐 사고방식'이, 주회로부에 있어서는 '접촉면을 넓게 확보한 차폐 사고방식'이 기본이 되었다. 독일어로 안전을 위해 대지에 접속할 때는 "Erdung" 차체와 같은 기준 전위면에 접속할 때는 "Massung"이라는 말을 사용하였다. 여기서는 전자를 '접지', 후자를 적절하게도 '그라운드' 또는 '접지'라고 부른다.

'접촉면을 넓게 확보한 차폐 사고방식'을 이용함으로서 저주파수의 자계와 고주파수의 전계와 전자계에 대해서도 효과적으로 차폐할 수 있다. 제어기기에서 '접촉면을 넓게 확보한 그라운드 사고방식'과 병용하여 제어기기와 축전지와의 전위분리(절연) 및 각각의 제어기기 간의 전위분리에 의해서 전자기기 전위를 주변환경과 차폐와 동일하게 할 수가 있고 그렇게 함으로써 외계의 방해원과의 결합을 대폭 감소시킨다.

차량의 모든 도전 부분은 서로 전기적으로 연결되어 있다. 이것은 차체 어스로써 넓은 기준 전위면을 형성한다. 모든 기기 및 부품의 외함은 이것도 저임피던스이고 즉, 저인덕턴스 또한 저저항이며 바꾸어 말하면, 가능한 넓은 접촉면을 확보하여 여러 곳에서 이 기준 전위면과 접속된다. 모든 차폐는 적어도 양단에 접지한다. 이것은 저임피던스이며 더구나 넓은 접촉면을 확보하여 도전성 기기 외함이나 차체 어스로 접속한다.

제어기기 전자 부품에는 절연형 DC/DC 컨버터를 매개체로 하여 급전시키고, 2차측의 전자 부분은 외함을 제어기기의 차폐덮개로 하며 그곳에서 저임피던스로 내부에서 접속한다. 어떤 기기를 차폐한다면, 그 기기의 모든 측면에서 차폐하지 않으면 안 된다. 차폐에 유효한 모든 부분은 저임피던스로 서로 차체 어스와 접속한다.

제어기기 간의 각각의 전송은 서로 전기절연하여 모든 디지털 입출력부도 축전지와 전기절연한다. 이러한 조치를 하는 목적은, 전자기기와 차폐 간의 전위차를 가능한 한 작게 해야 하고 또 이뮤니티를 높여 이미션을 줄이기 위하여 하나의 닫혀진 차폐덮개를 형성하는 것이다. 서로 다른 부착 위치의 컴포넌트 간에 도전성 결합이 생기는 것을 피해야 한다.

'그라운드 사고방식'에 근거하여 모든 제어기기에는 축전지 측에 고주파 입력 필터를 부착한다.

이 필터는 20kHz부터 100MHz의 주파수 영역에서 충분한 감쇠성능을 갖는다. 필터 케이스는 기기 외함과 전기적 도통을 유지하면서 가능한 넓은 접촉면을 확보하여 접속한다. 신호통신 케이블에서는 희망신호와 불필요한 신호로 주파수 영역이 겹치기 때문에 필터를 삽입하는 것이 불가능할 수 있다.

모든 계전기코일, 보호동작 코일, 전자밸브 등에는 기계적 개폐에 의해 생기는 과전압을 제한하기 위한 바리스터(varistor)를 접속한다. 필터의 설치 목적은 모든 전도 방해에 대하여 이뮤니티를 강화하고 전도성 이미션을 줄이는 것이다.

모든 고속 데이터 전송률의 데이터베이스 전송 시스템은 부유전위 상태에서 차체 어스에 대한 임피던스가 평형이 되도록 구성하고 직류 스위칭에 기인하는 방해전압에 대한 감수성을 낮게 한다. 그림 2·51에 제어기기에 대한 그라운드(GND)와 차폐 사고방식을 제시한다.

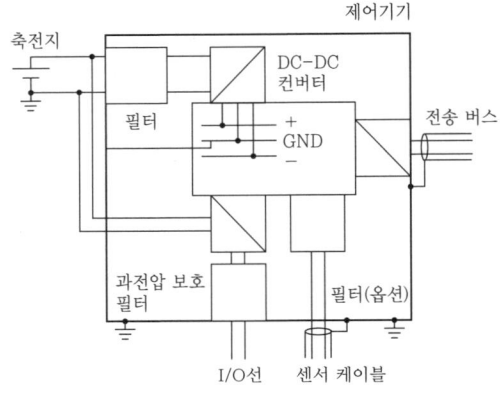

그림 2·51 제어기기 그라운드와 차폐

일반적으로 아날로그 또는 디지털 데이터 처리는 필요로 하는 속도로 처리하지 않으면 안 된다. 아날로그 컴포넌트는 기능상 필요한 주파수 대역에서 제한받는다는 것이다. 디지털 신호처리는 기본적으로 동기를 취해서 동작하며 응답시간은 기기의 온도 정수, 디스플레이 표시의 최대 변화속도, 커패시터의 충·방전 등으로 조정할 수 있다. 이와 같은 조치에 의해서 감시용 표시등의 오표시와 진단 시스템의 본의 아닌 고장 표시를 줄일 수 있다. 고장 시의 자동 리셋 등에서도 실효적인 다운 시간을 단축할 수 있다.

2.5.2 철도차량의 EMC 대책

전자양립성을 달성하기 위하여 철도차량의 EMC 계획을 작성한다. 이 중에서 철도차량의 전자양립성이 확보되도록 각 전기기기의 이미션과 이뮤니티 목표치 등을 정한다. 그리고 EMC 계획에 근거하여 설계의 각 단계에서 대책을 세운다.

아래에 차량, 기기, 부품 및 배선에 대한 각각의 조치에 관해 언급한다.

[1] 케이블 종별

EMC 계획에 맞추면, 서로 다른 회로와 기능 유닛의 배선 간에 결합이 생기므로 전력회로 배선에 특별한 주의를 기울여야 한다. 이 경우 전기적으로 접속된 전도성 결합 뿐만 아니라 용량성과 유도성 결합에 유의해야 한다. 철도차량의 경우는 배선을 위한 공간이 제약을 받으므로 모든 도체에 관해 최소의 이격을 확보하는 것은 어렵다. 이 때문에 도체를 세 종류로 나누어 고려한다. 동일한 정도의 방해가능성을 갖고 동일한 정도의 감수성을 갖는 도체를 종합하여 다른 도체와 이격시켜 배선한다. 표 2·13에 배선을 위한 케이블 종별을 제시한다. 케이블끼리 결합이 충분히 작아지도록 표 2·14에서 제시하는 케이블 종별 간의 최소한의 이격을 유지한다.

표 2·13 케이블 종별

종별		케이블
A	A1	가선으로부터 전력공급선, 열차전원모선
	A2	주전동기 배선, 브레이크 저항기 배선 입력필터 배선 배선400V, 230V
B		축전지 배선, 제어 배선
C		(항상 차폐됨) 전송버스 케이블, 센서 케이블 안테나케이블, 방송·영상회로 케이블

표 2·14 최소 이격(단위 [m])

케이블 종별	A1	A2	B	C
A1	–	0.1	0.1	0.2
A2	0.1	–	0.1	0.2
B	0.1	0.1	–	0.1
C	0.2	0.2	0.1	–

(주) 이것들 도체는 방사가 많을 가능성이 있어 특별한 요구사항이 있다.

케이블 종별 구분은 기본적으로 유럽 규격 원안 prEN 50343에 따르고 있다. 차량 내의 도체와 가선도체 혹은 팬터그래프 또는 귀선도체 간의 결합을 피하기 위해서는 종별 A를 A_1과 A_2로 구분하는 것이 의의가 있다. EMC를 고려한 도체의 배치는 전자양립성을 달성하기 위한 기본적인 방법이다. 더욱이 이 방법은 나중에 영업운전에 들어간 후, EMC를 위한 조정작업이 불필요하다는 커다란 장점이 있다. 그래서 표 2·15에 차량 내부 및 기기 내부의 배선 규칙을 정리하여 제시한다.

표 2·15 차량내부 및 기기내부 배선 규칙

① 케이블 종별 간의 배선은 표 2·14의 최소한의 이격 거리를 확보한다.
② 특히 주전동기 배선 등의 주회로 도체인 경우, 귀선과 함께 서로 가능한 가까이 배선한다.
③ 차체 어스와 도전접속한 금속제 케이블 덕트, 금속관 등을 이용하는 등 차체 어스에 가까이 도체를 배선한다. 이것은 도전성 표면 즉, 경상효과에 의한 감쇠효과를 이용하기 위함이고 도체에서 발생하는 방사와 도체의 코먼모드 결합을 상당히 저감시킬 수가 있다. 단, 주전동기 케이블의 경우, 교번자계에 의해 노이즈가 발생하므로 자성금속 시트로부터 일정한 이격을 유지한다.
④ 서로 다른 케이블 종별 간에서 특히 종별 C에 대하여 최소한의 이격을 유지할 수 없을 때, 이러한 것들을 전자기적으로 떼어놓기 위하여 차체 어스와 도전에 접속한 금속관, 금속판, 덕트, flexible 실드튜브 등을 사용한다.
⑤ 축전지 펄스가 제어되는 부하를 가진 기기에 급전할 때는 가능한 한 배선을 다른 기기와 구분한다. 배선은 가능한 한 축전지 근처에서 분기한다.
예외 규칙
① 깊이 1m 미만의 도체 배선 일반 : 종별 A와 B 및 종별 B와 C는 함께 배선해도 되지만 종별 A와 C로 해서는 안 된다.
② 교차부와 곡선부 및 단자부에서는 최소 이격을 유지하지 않아도 된다.
③ 차폐 편조(編組), 차폐링 혹은 차폐관이 사용될 때 길이가 1m 미만인 경우 차체 어스와 편측(片側) 접속으로 충분하다.

[2] 차폐

EMC를 고려한 도체 배치와 함께 도체, 기기함, 컴포넌트 등의 차폐는 철도차량의 EMC를 달성하기 위한 또 하나의 중요한 수단이다. 어떤 차폐든지 그 효과에 관해서 전계(電界)와 자계(磁界)는 구별되어야 한다.

이상적인 도전성 피복상에서 전계는 등전위면을 형성하므로 피복 내부에 전계는 전혀 존재하지 않는다. 피복은 실제로는 유한하고 주파수와 함께 증대하는 저항을 갖고 있으므로 전계에 대한 차폐효과는 주파수가 증가하면 저감한다.

폐쇄된 전도성 피복에 있어서 교번자계는 와전류를 유기하고 이것은 피복 내부의 자계 변화를 방해하는 쪽으로 작용한다. 유기되는 와전류는 주파수와 함께 증가하므로 자계에 대한 차폐효과는 주파수가 증가하면 증대된다. 낮은 주파수 영역에서 차폐효과는 피복의 전기 전도도 영향으로 작아진다.

전계 및 자계에 대하여 충분한 차폐효과를 얻기 위해서는 차폐상을 전류가 방해받는 일이 없이 흐르도록 해야 한다.

① 예를들면 편단접지된 도체차폐 등의 완전히 폐쇄되어 있지 않은 차폐피복은 정전계와 저주파수의 전자계에 대해서만 효과가 있다.

② 전계, 자계 및 전자계의 차폐를 위해서 차폐피복은 전면이 폐쇄되어 있어야 한다. 따라서 도체의 차폐는 양단접지해야 한다.

도체의 차폐를 양단접지하거나 기기함을 차체 어스에 넓은 접촉면을 확보하여 접속한다는 규칙에 따라 이를테면 귀선전류가 흐르는 윤축에 부착된 회전속도 센서 도체는 양단접지로 한다. 그러나 오디오·비디오 시스템에서 차폐는 편단접지로 하고 있다.

도체 차폐에 관해서는 다음 사항에 주의해야 한다.

① 차폐는 저저항 또한 저인덕턴스 접속이 되도록 평탄하고 , 둥글게 둘러싸도록 기기와 컴포넌트 차폐와 접속되도록 해야 한다.

② 차폐 접속을 위하여 가로지르는 선을 이용하는 것은 피해야 한다. 그림 2·52는 도선 대신 대금을 이용하여 저저항으로 외함에 접속하고 있다.

그림 2·52 커넥터에서 대금을 이용한 차폐처리

③ 케이블의 차폐는 차폐를 흐르는 노이즈 전류가 내부로 들어가지 않도록 기기함으로 들어가는 입력부, 예를들면 글랜드(1장 1.1.6항의 그림 1·2)에서 기기함에 접속해야 한다.

[3] 기기 제어 및 주회로부에 대한 대책

차량에 있어 탑재된 상태에서 이뮤니티를 향상시키고 이미션을 저감시키기 위해서는 기기나 부품에 대하여 접지나 차폐 등의 EMC 대책이 필요하다.

EMS의 관점에서 보면, 일반적으로 기기는 차체에 고정함으로써 차체 어스와 접속해 있다. 기기가 탄성체를 삽입하여 완충되거나 기기 내부의 구성 요소가 되고 있기 때문에 기기를 차체 어스로 직접 접속할 수 없을 때는 특별한 접지가 필요하다.

기기 접지의 한 가지는 인체를 보호하기 위함이지만 접속된 도체의 차폐효과와 기기함의 차폐능력, 삽입된 EMC 필터의 감쇠 특성에도 영향을 준다. 접지가 이러한 것들의 상호 관점을 커버하도록 표 2·16에 제시한 것처럼 차량에서의 케이블 차폐 처리 기준이 도입되었다.

표 2·16 완성 차량에서의 케이블 차폐 처리

① 기기 메이커로부터 달리 요청이 없는 경우는 모든 케이블(신호·제어용 차폐전선, 데이터 전송선, 주전동기 전선 등)의 차폐는 각 차량 내부 및 차량 간에 있어서 적어도 양단접지로 한다.

② 차량 간에 있어서, 차폐에 허용할 수 없는 큰 보상전류가 흐르는 일이 없도록 차량 간에 균압선(均壓線)을 설치하면 좋다. 그 단면은 모든 동작 전류가 흘러도 괜찮도록 치수를 정한다.

③ 두 열차 간(멀티풀 견인)에서 케이블 차폐는 연결기가 있는 곳에서 단말처리한다. 균압 접속은 하지 않는다.

④ 모든 통풍 개구부는 펀칭메탈(구멍의 크기 10mm 각 이하, 브릿지 폭 2mm 이상)로 덮는다.

⑤ 차폐부재는 30mm의 간격으로 차체 어스와 접촉면을 넓게 확보하여 접속한다.

⑥ 3상 교류 주전동기 케이블은 세 가닥을 묶어서 송수신기(이를테면, 대차에 부착된 안테나)로부터 최소한 1m를 띄워서 설치해야 한다.

⑦ 케이블 차폐는 다음과 같은 커버율로 해야 한다.
신호·제어 케이블 ≧ 75% 데이터 전송 버스 케이블 ≧ 90% 주전동기 케이블 외 75%

⑧ 케이블 덕트가 차체에 용접되어 있지 않은 경우, 이 케이블 덕트는 2,000mm 내지 2,500mm의 간격으로 양측에서 저저항·저인덕턴스로 차체에 접속되어야 한다. 대단히 짧은 폐쇄된 케이블도 양측에서 차체에 대하여 적어도 두 군데, 양호한 EMC 접속(저저항·저인덕턴스 접속)을 한다.

⑨ 주변환장치, 보조전원장치, 기기함 등의 커다란 기기에 대해서는 통상적으로 둥글게 꼰 선으로 단면형상이 케이블 클리트 및 접지 대금과 합치해야 한다. 접지선의 길이는 통상적으로는 300~350mm, 예외적인 경우는 500mm까지 괜찮지만 가능한 짧게 해야 한다. 이를테면, 단면 40mm×65mm의 크고 긴 동대금의 경우는 주름을 만들어 케이블 클리트에 적절한 압력을 가해 사용한다.

⑩ 차폐부재(遮蔽部材)와 전자기기 선반은 특히 케이블 차폐를 처리하지 않으면 안되는 MVB (Multifunction Vehicle Bus : IEC 61375-1 열차정보 전송계에 정해져 있는 차량 버스)와 접속할 경우 등 접촉좌금을 삽입하여 몇 번이고 차체와 본딩한다. 이 처리가 불가능할 때는 특히 길이 200mm 미만의 접지대금의 경우 적어도 2회, 긴 차폐부재의 경우 300mm마다 차체와 본딩한다.

모든 지정된 요구사항으로 표 2·17에서 제시하는 차량에 탑재된 기기의 EMC 대책이 도입된다.

표 2·17 기기의 EMC 대책

주변환장치

① 밀폐된 금속 외함을 사용하고 필요에 따라 모든 문과 덮개에 EMC 밀폐 처리를 한다.

② 필요에 따라 입력 필터를 설치한다.

③ 용기는 적어도 네 군데 저저항 접지한다.

④ 케이블 종별 간에는 최소 이격 거리를 확보한다.

⑤ 차폐 케이블은 차폐 접속 처리를 한다.

⑥ 모든 통풍 개구부는 메탈메시(구멍의 크기 10mm 각 이하, 브릿지 폭 2mm 이상)로 덮는다.

⑦ 주전동기 케이블은 외함과 나사로 조인 글랜드로 차폐 접속한다.

브레이크 저항기

① 밀폐된 박판강판 이를테면, 각이 진 구멍 치수 20mm 이하, 브릿지 폭 2mm 이상의 메탈메시 외함을 사용한다.

② 외함은 적어도 네 군데 저저항 접지한다.

③ 누출 자계가 최소가 되도록 구성한다.

④ 왕복 도체를 근접시켜 배치한다.

⑤ 저항체끼리 서로 자속을 없애도록 커다란 루프가 생기지 않게 배치한다.

⑥ 브레이크 저항기까지 도체는 금속관에 넣어 설치한다.

⑦ 케이블 덕트는 여러 곳에서 저저항 도전 접지로 차체와 접속한다.

보조전원 인버터

① 밀폐된 금속 외함을 사용하여 필요에 따라 모든 덮개 부분에 EMC 밀폐 처리를 한다.

② 광체는 적어도 두 군데 대각선으로 저저항 접지한다.

③ 케이블 종별 간에는 최소 이격 거리를 확보한다.

④ 차폐 케이블은 차폐 접지 처리를 한다.

⑤ 모든 통풍 개구부는 메탈메시(구멍의 크기 10mm 각 이하, 브릿지 폭 2mm 이상)로 덮는다.

전자기기 선반

① 밀폐된 금속 선반을 사용하여 필요에 따라 EMC 밀폐 처리를 한다.

② 기기 선반은 적어도 네 군데 저저항 접지한다.

③ 케이블 종별 간에는 최소 이격 거리를 확보한다.

④ 차폐 케이블은 차폐 접속 처리를 한다.

⑤ 모든 통풍 개구부는 메탈메시(구멍의 크기 10mm 각 이하, 브릿지 폭 2mm 이상)로 덮는다.

⑥ 절연하여 부착이 불가능한 기기는 가대(架臺)와 넓은 접촉면을 확보하여 접지한다.

⑦ 선반의 모든 도어는 두 군데에서 가대와 저저항 접속한다.

⑧ 절연되어 있지 않은 디바이스는 차체 어스와 접촉면을 넓게 확보하여 접속한다.

⑨ 감수성이 있는 전자부품은 선반 내에 금속 칸막이로 방해원(妨害源)과 격리한다.

2·6 국제규격과의 관련

　여기서는 전기차가 관여하는 고조파 문제를 EMC 국제규격과의 관련에 대해서 언급하고자 한다. 여기서 말하는 고조파 문제는 전기차에서 발생하는 고조파가 차량 외부에 주는 영향과 차량에 탑재된 기기 상호 간에 미치는 영향을 다룬다. 철도 시스템의 EMC 측정·시험 국제규격으로서 EN 50121에 근거한 IEC 62236이 제정되어 있다. 이 규격은 이미션 측정에 CISPR 11, 이뮤니티 시험에 IEC 61000 시리즈를 기본 규격으로 인용하고 있지만 개별적으로 한도치, 시험 조건, 판정 기준을 정하고 있다. 각 파트의 구성은 다음과 같다.

　파트 1 일반

　파트 2 철도 시스템 전체에서 발생하는 외계(外界)에 대한 이미션

　파트 3-1 철도차량-열차 및 차량

　파트 3-2 철도차량-기기

　파트 4 신호·통신기기의 이미션 및 이뮤니티

　파트 5 고정 전원설비 및 기기의 이미션 및 이뮤니티

　아래는 파트 3-2에 관해서 먼저 국제규격에 준거한 시험 내용과 그 실시 예를 소개하고, 이어서 시험할 때 실시된 대책 예를 언급하고자 한다.

2.6.1 국제규격 등에 준거한 시험

　위에서 언급한 IEC 규격으로 규정된 시험의 구체적인 내용과 실제 차량에 대한 적용 예를 소개한다.

　IEC 62236-3-2 (Ed.2)[16]에서는 철도차량에 탑재되는 기기에 관해서 다음의 EMC 측정·시험 방법이 규정되어 있다.

① 잡음 단자 전압측정(전도 이미션)

② 방사 전자계 측정(방사 이미션)

③ 정전기 방전 이뮤니티

④ 방사 무선주파수 전자계 이뮤니티

⑤ 전기적 퍼스트 트랜전트/버스트 이뮤니티

⑥ 서지 이뮤니티

⑦ 전도 무선주파수 전자계 이뮤니티

IEC 62236-3-2(Ed.2)에 대한 EMC 시험은 피시험 기기(EUT)의 부착 상태나 대상이 될 포트(에너지나 신호가 입출력되는 위치점)에 따라 시험 항목을 선택하여 행해진다. EMC 시험은 외부나 EUT로부터의 영향을 배제하고 전계의 균일성과 시험의 재현성을 높이기 위한 환경이 정해져 있고 방사 이미션의 측정·시험은 오픈 사이트에서 행해지지만 기후와 대지의 영향을 받기 때문에 전자파 반사를 억제한 전파 암실이 사용된다.

또 전도 이미션 측정은 외부로부터 전자기적으로 차폐된 실드룸이라고 불리는 실내에서 행해진다.

또한 이뮤니티 시험의 경우, EUT의 합격·불합격 판단 레벨 및 관찰 방법을 정해두는 것이 필요하다. 이를테면, 방사 무선주파수 전자계 이뮤니티 시험에서는 TV 카메라 등으로 EUT 동작을 감시하는 등 측정 환경을 만들 필요가 있다.

[1] 잡음단자전압 측정(전도이미션)

잡음단자전압 측정은 EUT의 AC 또는 DC 보조전원포트, 배터리 기준포트, 프로세스 계측·제어포트에 적용된다. 이 측정은 EUT의 전원 입력부에서 발생하는 노이즈 전압을 LISN 전원선 임피던스 안정화 회로망으로 결합시켜 전계강도계 또는 스펙트럼 애널라이저로 주파수와 전압 측정을 한다.

LISN는 EUT의 전원 입력부에서 본 전원 라인의 임피던스를 규정된 값으로 함과 동시에 전원에서 유입되는 노이즈 영향을 억제하는 것이며 측정하는 규격(표 2·18)에 따라 결정된 것을 사용한다.

표 2·18 IEC 62236-3-2(Ed.2)에 대한 잡음단자전압 한도치

주파수 범위	잡음 단자 전압
9~150kHz	무제한
150~500kHz	99dBμV 준피크치
500kHz~30MHz	93dBμV 준피크치

측정은 실드룸에서 행해지지만 실드룸의 실내 벽에서 EUT까지의 거리, LISN에서 EUT까지의 거리, 그라운드의 면적, 바닥에서 EUT까지의 높이 등은 EUT의 종류에 따라 결정된 수치를 사용할 필요가 있다(그림 2·53).

측정·시험 거리는 다음에서 언급하는 기타 측정과 시험에 있어서도 마찬가지다.

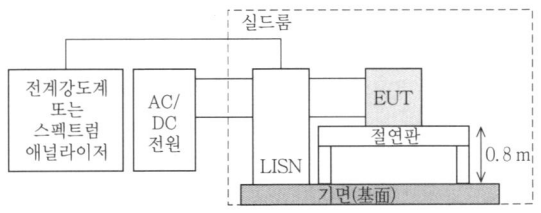

그림 2·53 잡음단자전압 측정 기기 배치도

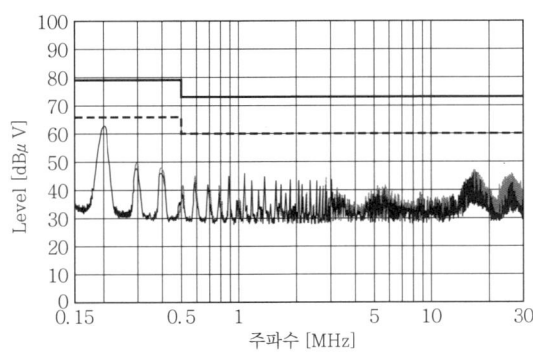

그림 2·54 잡음단자전압 측정 결과(그래프 속의 한도치는 CISPR 11의 값을 나타낸다)

이 측정에서의 한도치는 방송전파보호를 목적으로 한 CISPR 11보다도 20dB 완화된 값으로 되어 있다(그림 2·54).

[2] 방사전자계 측정(방사 이미션)

방사전자계 측정은 외함포트 : EUT의 인클로저(enclosure)에 대하여 적용된다. IEC 62236-3-2(Ed.2)에서는 구동용 전력변환장치 및 50kVA를 초과하는 보조전원장치에 대한 구성품에서의 방사전자계 측정을 제외하고 있다. 이러한 장치에서 방사되는 전자계는 IEC 62236-3-1(Ed.2)에 의해 차량으로 평가한다(표 2·19).

표 2·19 IEC 62236-3-2(Ed.2)에 대한 방사전자계
측정 한도치(거리 10m)

주파수 범위	방사전자계 강도
30~230MHz	40dBμ V/m 준피크치
230MHz~1GHz	47dBμ V/m 준피크치

이 측정은 EUT에서 방사되는 누설전자파를 안테나로 수신하여 전계강도계 또는 스펙트럼 애널라이저로 주파수와 전압을 측정한다(그림 2·55). 측정하는 주파수에 따라 측정치가 최대가 되도록 안테나 높이를 1~4m 범위로 변화시켜 EUT도 360° 회전시킨다.

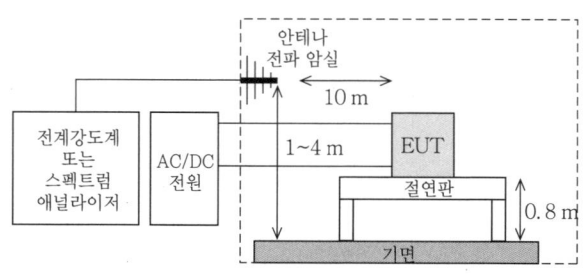

그림 2·55 방사전자계 측정 기기 배치도

안테나는 다이폴 안테나가 사용되지만 좋은 상관을 얻을 수 있다는 전제로 바이코니칼(30~300MHz), 로그페리오딕(200MHz~1GHz)이라는 광역대 안테나가 사용된다.

측정은 전파 암실에서 행해지며 안테나와 EUT의 측정 거리는 10m로 하고 있지만 10m에서의 측정이 불가능한 경우는 3m에서 측정하고 한도치에 +10dB을 가산하여 평가한다(그림 2·56).

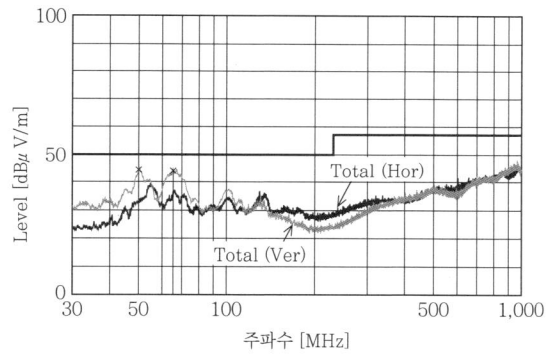

그림 2·56 방사전자계 측정 결과(그래프 속 한도치는 3m 측정에서의 값을 나타낸다)

[3] 정전기 방전 이뮤니티

정전기 방전 이뮤니티 시험은 EUT의 외함 포트에 적용된다. 이 그림 2·57에 나타낸 전압 파형을 이용하여, EUT에 대하여 인체에서 정전기를 방전했을 때의 내성을 시뮬레이션해서 평가한다. 시험에는 EUT와 정전기 방전 건(gun)과의 사이에 알루미늄판(결합판)을 세우고 그 알루미늄판에 대하여 방전을 하는 간접방전, 정전기 방전 건을 EUT에 접촉시킨 상태에서 하는 직접방전, 정전기를 인가한 전극을 방전이 발생할 때까지 접근시키는 기중방전의 세 종류가 있다(그림 2·58).

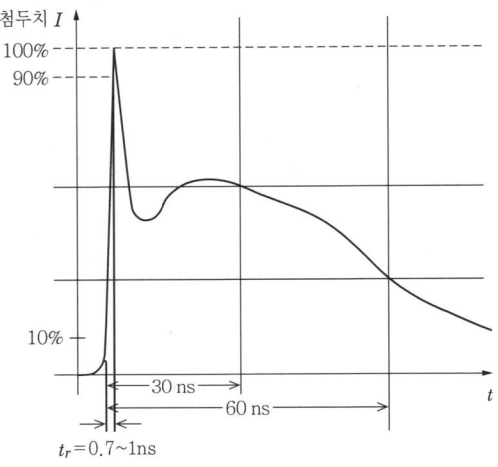

그림 2·57 정전기 방전 이뮤니티 시험에 사용하는 전압 파형

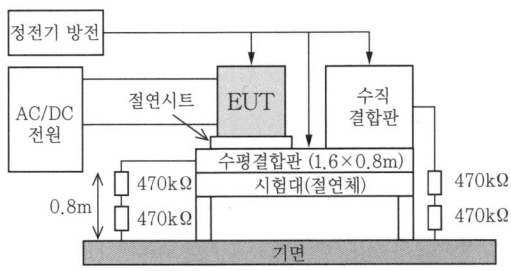

그림 2·58 정전기 방전 이뮤니티 시험 기기 배치도

IEC 62236-3-2(Ed.2)에서는 기본 규격으로서 IEC 61000-4-2를 인용하여 시험 대상을 사람(승객 및 승무원)이 접근할 가능성이 있는 장치에 한정하고 있다(표 2·20).

표 2·20 IEC 62236-3-2(Ed.2)에 대한 정전기 방전 이뮤니티 시험 사양

항목	사양
간접방전	없음
접촉방전	±6kV
기중방전	±8kV
판정기준	B : 시험 후, 장치는 사용자 개입 없이 의도하는 동작을 계속해야 한다(시험 도중에 성능이 떨어지는 것은 용인된다. 그러나 동작상태의 변화 또는 축적한 데이터 변화는 용인되지 않는다).

[4] 방사 무선주파수 전자계 이뮤니티

방사 무선주파수 전자계 이뮤니티 시험은 EUT의 외함 포트에 적용된다.

이 시험은 그림 2·59에 제시하는 신호 파형을 이용하여 EUT가 외부에서 발생하는 전자파에 노출되었을 때의 내성을 평가한다. 시험은 전파 암실이 자주 이용되지만(그림 2·60) 소형 장치인 경우, TEM 셀이라고 불리는 상자 안에 수용하여 시험하는 방법도 있다.

TEM 셀은 방형상 단면을 갖고 시험용 공간과 테이퍼(taper) 모양의 전송

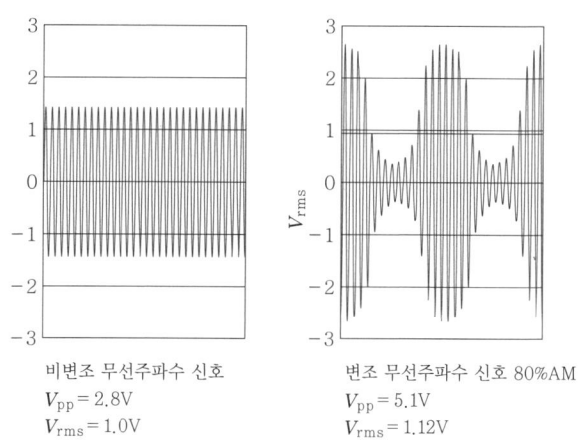

비변조 무선주파수 신호
$V_{pp} = 2.8V$
$V_{rms} = 1.0V$

변조 무선주파수 신호 80%AM
$V_{pp} = 5.1V$
$V_{rms} = 1.12V$

그림 2·59 방사 무선 주파수 전자계 이뮤니티 시험에 사용하는 신호파형(시험 전계 강도 1V/m)

선부로 구성되어 있다. 전파 암실과 TEM 셀이 사용되는 경우는 균일한 전계를 얻을 수 있다는 것을 검증하지 않으면 안 된다.

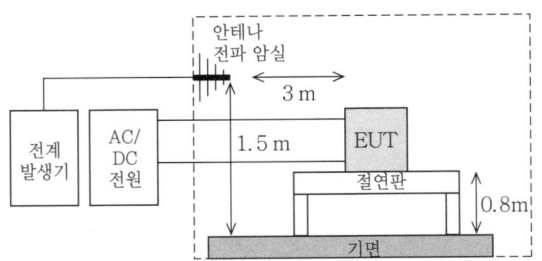

그림 2·60 방사 무선 주파수 전자계 이뮤니티 시험 기기 배치도

IEC 62236-3-2(Ed.2)에서는 기본 규격으로 IEC 61000-4-3을 인용하고 있다. 디지털 휴대전화의 보급에 따라 시험 주파수 대역이 2GHz 이상까지 확대되었다(표 2·21). 또 구동용 변환기 등의 대형 장치에 대해서는 장치 전체에서의 구성품 시험이 아니고 감수성이 높은 부분(제어장치 등)에 대상을 한정하여 시험하는 것도 인정되고 있다.

표 2·21 IEC 62236-3-2 (Ed.2)에 대한 방사 무선 주파수 전자계
이뮤니티 시험 사양

항목	사양
전계 강도	20V/m[주1]
주파수 범위	80MHz~1GHz[주2]
변조	1kHz, 80%, AM
판정 기준	A: 사용자가 개입하는 경우 없이 장치가 의도하는 동작을 계속해야 한다

(주1) : 이 엄격한 레벨은 운전 실내 또는 차량 외측(옥상 위, 바닥 아래)에 적용된다. 그 밖의 기기에 관해서는 10V/m의 엄격한 레벨을 사용한다.
(주2) : 디지털 휴대전화에서 발생하는 방사전자계를 대상으로 하는 경우는 이하에 따른다.
　　　• 800MHz~1GHz 20V/m　• 1.4GHz~2.1GHz 10V/m
　　　• 2.1GHz~2.4GHz 5V/m

[5] 전기적 퍼스트 트랜전트/버스트 이뮤니티

전기적 퍼스트 트랜전트/버스트(EFT/B) 이뮤니티 시험은 EUT의 배터리 기준 포트, 400V_{rms} 이하의 보조 AC 전원포트, 신호·통신, 프로세스 계측·제어포트에 적용된다.

이 시험은 EUT의 전원 라인, 통신선, 주변기기와의 접속용 배선을 경유하여(그림 2·61) 그림 2·62에 제시한 것처럼 반복적으로 빠르게 과도적인 노이즈가 침입해온 경우의 내성을 평가한다. 이 노이즈는 릴레이나 유도부하에 의한 노이즈를 상정하고 있다.

IEC 62236-3-2(Ed.2)에서는 기본 규격으로 IEC 61000-4-4를 인용하고 있다(표 2·22). 직접 결합(배터리 기준, 보조 AC 전원), 용량성 결합(신호·통신·프로세스 계측·제어), 5kHz에서의 반복되는 파형을 지정하고 있다.

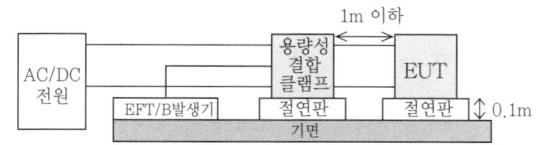

그림 2·61 EFT/B 이뮤니티 시험 기기 배치도(용량성 결합)

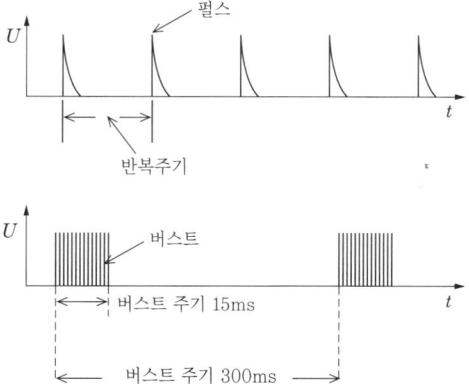

그림 2·62 EFT/B 이뮤니티 시험에 사용하는 전압 파형

표 2·22 IEC 62236-3-2(Ed.2)에서의 EFT/B 시험 사양

항목	사양
시험 전압	±2kV
펄스 폭	5/50ns
버스트	15ms
버스트 주기	300ms
판정 기준	A : 사용자가 개입하는 경우 없이 장치가 의도하는 동작을 계속해야 할 것

[6] 서지(serge) 이뮤니티

서지 이뮤니티 시험은 EUT의 배터리 기준 포트, 400Vrms 이하의 보조 AC 전원포트에 적용된다.

이 시험은 EUT의 전원 라인, 통신선, 주변기기와의 접속용 배선에 높은 에너지를 가진 서지 전압이 인가되었을 때의 내성을 평가한다(그림 2·63). 여전히 뇌(雷)의 직격은 고려되고 있지 않다.

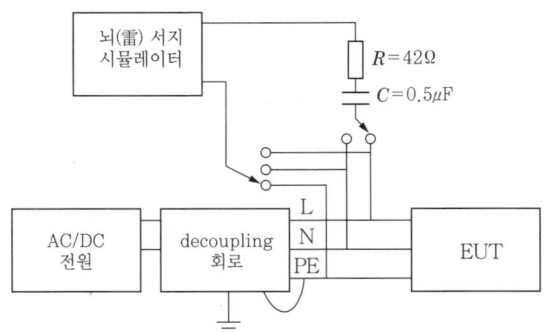

그림 2· 63 서지 이뮤니티 시험 기기 배치도

표 2·23 IEC 61000-4-5에 대한 서지 이뮤니티 시험 사양

항목	사양
서지 파형	1.2/50πs
개회로전압	입력극 간 : ±1.0kV 입력-FG 단자 간 : ±2.0kV
인가 개소	입력극 간, 입력-FG 단자 간
인가 극성	정(+),부(−)
반복 간격	1분간격 각 극성 5회
판정기준	B : 테스트 실시 후 통전시험을 하여, 전기적 특성에 이상이 없어야 할 것

IEC 62236-3-2의 Ed.1(2003)에서는 기본 규격으로 IEC 60571을 인용하고 있었지만 서지파형이 프런트 시간 $5\mu s$/반치(半値)시간 $50\mu s$로 특수했던 점에서 개정판 Ed.2에서는 IEC 61000-4-5가 적용된다(표 2·23).

IEC 61000-4-5에 의한 서지시험은 그림 2·64(a)에 제시한 개방단 조건에서 관측되는 프런트 시간 $1.2\mu s$/반치시간 $50\mu s$가 되는 전압 서지 파형과 그림 2.64(b)에 제시한 것처럼 단락 조건에서 관측되는 프런트 시간 $8\mu s$/반치시간 $20\mu s$가 되는 전압 서지 파형을 얻을 수 있는 시험기를 이용해 실시된다.

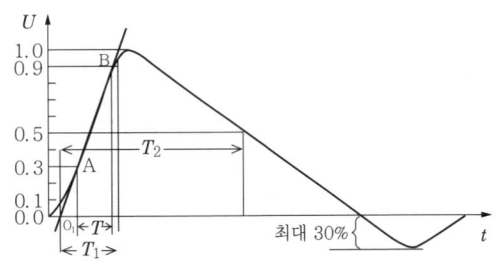

프런트 시간 $T_1 = 1.67 \times T = 1.2\mu s \pm 30\%$
반치까지의 시간 $T_2 = 50\mu s \pm 20\%$

(a) 서지 이뮤니티 시험에 사용하는 전압 파형(1.2/50μs)

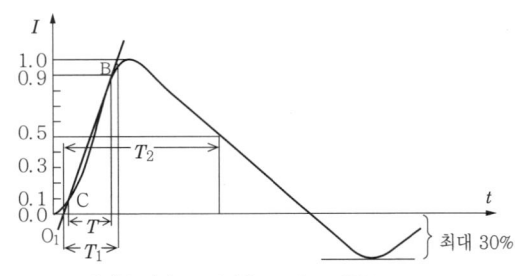

프런트 시간 $T_1 = 1.25 \times T = 8\mu s \pm 20\%$
반치까지의 시간 $T_2 = 20\mu s \pm 20\%$

(b) 서지 이뮤니티 시험에 사용하는 전류 파형(8/20μs)

그림 2·64

[7] 전도무선주파수 전자계 이뮤니티

전도무선주파수 전자계 이뮤니티 시험은 EUT의 배터리 기준 포트, $400V_{rms}$ 이하의 보조 AC 전원포트, 신호·통신·프로세스 계측·제어 포트에 적용된다(그림 2·65).

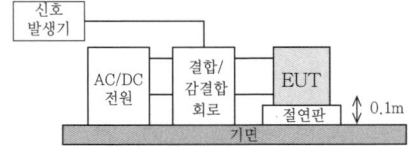

그림 2·65 전도무선주파수 전자계 이뮤니티 시험 기기 배치도(CDN에 의한 주입)

이 시험는 EUT의 전원 라인, 통신선, 주변기기와의 접속용 배선에 그림 2·66에 제시한 전자파를 주입했을 때의 내성을 평가한다. 전자파를 주입하는 방법으로는 CDN, 클램프(clamp), 직접주입 방법이 있어 적절한 선택을 할 필요가 있다.

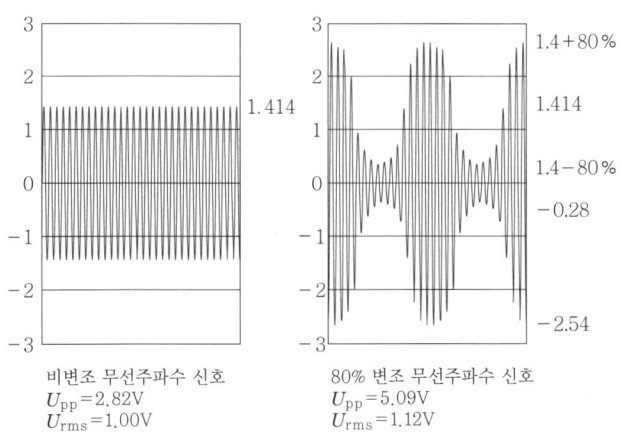

비변조 무선주파수 신호
$U_{pp}=2.82V$
$U_{rms}=1.00V$

80% 변조 무선주파수 신호
$U_{pp}=5.09V$
$U_{rms}=1.12V$

그림 2·66 전도무선주파수 전자계 이뮤니티 시험에 사용하는
신호 파형(전압 레벨 U_0=1V에 대한 기전력)

IEC 62236-3-2(Ed.2)에서는 기본 규격으로 IEC 61000-4-6을 인용하고 있다(표 2·24).

표 2·24 IEC 62236-3-2(Ed.2)에 대한 전도무선주파수
전자계 이뮤니티 시험 사양

항목	사양
주파수 범위	0.15~80MHz
시험 전압	$10V_{rms}$
변조	1kHz, 80%, AM
판정 기준	A : 사용자가 개입하는 경우 없이 장치가 의도하는 동작을 계속해야 할 것

[8] 구체적인 적용 예

아래에서는 차량에 탑재되는 기기의 예로서 VVVF 인버터 장치(그림 2·67)를 다루며 각종 포트에 대하여 실시해야 할 시험 항목을 정리하여 표 2·25에 제시한다. 또한 표에 나타난 시험 종별 E, I는 제각기 이미션 측정, 이뮤니티 시험을 제시한다.

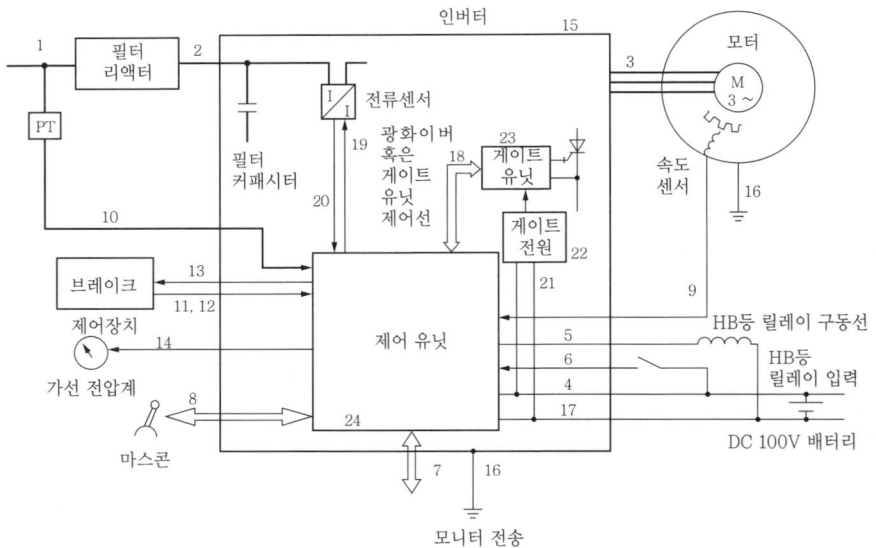

그림 2·67 철도차량 VVVF 인버터 장치 출입력 포트 예

표 2·25 필요한 시험 항목(VVVF 인버터 장치 예)

포트 명칭	시험개소	번호	종별	내용	IEC62236-3-2	주파수	비고
			필요한 시험				
직류 주회로 포트	DC 1,500V 라인 (필터 전단)	1	E / E	전도 / 전도	Table 2 / Table 2	신호·통신 사용 9k~30M	IEC 62236-3-1을 참조
	DC 1,500V 라인 (기기 입구)	2					
	모터 배선	3					
베터리 기준 포트(저압 보조전원 포트)	제어전원(DC100V)	4	E	전도	Table 4	9k~30M	이뮤니티는 전원선만 이미션은 모든 선
	HB등 릴레이 구동선 (DC100V출력)	5	I / I / I	전도무선 / EFT/B / 서지	Table 7 / Table 7 / Table 7	150k~80M / – / –	
	릴레이입력(접점입력)	6					
신호·통신 모드	모니터 전송(보수용)	7	I	전도무선	Table 8	150k~80M	
	제어 전송	8	I	EFT/B	Table 8	–	
계측·제어 포트	속도센서 신호선 (아날로그 입력)	9	E / I / I	전도 / 전도무선 / EFT/B	Table 5 / Table 8 / Table 8	9k~30M / 150k~80M / –	이뮤니티는 전원선만 이미션은 모든 선
	PT선(아날로그 입력)	10					
	역행응하중 (아날로그 입력)	11					
	브레이크 패턴 (아날로그 입력)	12					
	회생 피드백 (아날로그 출력)	13					
	운전대 표시(가선전압계등)(아날로그)	14					
외함포트	외함	15	E / I / I	방사 / 방사전자계 / 정전기 방전	Table 6 / Table 9 / Table 9	3M~1G / 80M~2.4G / –	50kVA 이상 기기의 대상외 거리는 10m 또는 3m 승객·승무원이 접근가능한 기기만
접지포트	외함 어스	16					시험 요구 없음
	제어 유닛 접지선	17					
기기내부 배선	게이트 유닛 제어선	18					시험 요구 없음
	CT전원선	19					
	CT신호선	20					
	게이트전원 접지선	21					
	게이트전원 외함	22	I	방사전자계	Table 9	80M~2.4G	기기단체로 외함 포트 시험이 불가능한 경우에 적용
	게이트 유닛 외함	23					
	제어 유닛 외함	24					

(注) 종별 E, I는 각각 이미션 측정, 이뮤니터 시험을 제시한다.

🚃 2.6.2 EMC 시험 시의 대책 추진 방법

EMC 대책은 설계 단계에서 사전에 대책을 실시해둘 필요가 있지만 현실적으로는 측정·시험 단계에서 규제치를 만족시키지 못하는데에 대한 대책을 실시하는 경우도 많이 있다.

전자적인 노이즈는 다양한 요인에 의해 발생되고 있으며, 수kHz~수GHz의 광범위한 주파수 대역을 갖는다. 이 때문에 하나의 대책으로 모든 주파수 대역을 해결하는 것은 곤란하며 주파수 대역에 따른 적절한 대책이 필요하다.

[1] 이미션 대책

전자기기에서는 표 2·26에 제시한 소자와 회로의 급격한 전류 또는 전압의 변화(di/dt, dv/dt)에 의해 전자 이미션이 발생하기 때문에 기본적으로는 이들의 발생을 억제하는 것이 대책이 된다.

표 2·26 주요한 전자 이미션 발생원

No	분류	발생원
1	스위칭소자	트랜지스터, FET,GTO 사이리스터, IGBT, 다이오드
2	전자스위치	사이리스터, 고체 회로 계전기(SSR)
3	고조파회로	스퓨리어스
4	clock발진기	수정발진, CR발진
5	디지털회로	펄스전압·전류변화
6	모터기기	정류자·브러시, 코일에서의 누설전자계
7	스위치, 접촉기	유도부하 ON/OFF 시에 노이즈가 발생

전자기기에 사용되는 스위칭 전원에서는 스위칭 소자(FET, 트랜지스터, IGBT 등)의 턴온/턴오프 동작, 고속정류 다이오드의 리커버리 동작이 전자이미션의 발생원이 된다.

또 직접적인 전자 이미션은 아니지만 전자기기의 교류전원 입력회로에 부품을 실제로 부착되어 있는 커패시터에 의한 평활화도 전원입력 측에 고조파 왜형을 발생시키는 요인이 된다.

전자 이미션 발생을 억제하려면 불필요한 전압·전류의 변화를 주지 않는 아이디어가 필요하지만 스위칭 소자의 발열이나 회로 상의 제약으로 인해 실시가 곤란한 경우가 많다. 이 때문에 커패시터, 저항, 코일을 조합한 적절한 스너버(snubber) 회로에 의해 스위칭 소자의 턴온 때 발생하는 급격한 전류 변화를 억제한다. 스너버용 커패시터에는 고주파 특성에 뛰어난 저임피던스, 고리플 내량품을 선정하여 스너버용 저항에는 인덕턴스 성분이 적은 타입이 바람직하다.

[2] 이뮤니티 대책

그림 2·68에 개략도로 제시한 것처럼 전원라인과 신호라인의 전류라인과 동일한 경로로 노이즈 전류가 흐르는 것을 노멀모드 노이즈, 전원라인이나 신호라인과 그라운드 사이에 노이즈 전류가 흐르는 것을 코먼모드 노이즈라고 부른다.

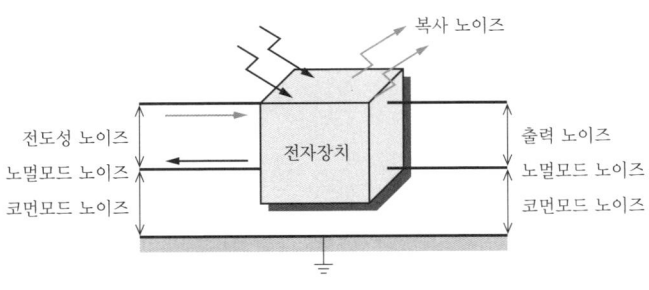

그림 2·68 노이즈 분류

미약한 신호일수록 영향을 받기가 쉬워 가능하면 노이즈가 무시될 수 있도록 신호 레벨을 끌어올린다. 신호기기 등에서는 스위칭 소자의 주파수대역을 피하여 영향을 받지 않는 주파수대역을 사용하는 방법도 효과가 있다.

125

한편, 침입하는 노이즈 레벨을 저감시키기 위한 노이즈 대책 부품으로서, 전원라인이나 통신·신호선(배선)에 실제로 부착하는 필터가 널리 이용되고 있다. 노이즈 필터는 커패시터와 코일을 조합한 것이며, 주파수에 대한 임피던스 특성이 서로 역으로 작용하는 것을 이용하여 불필요한 주파수 성분을 저감한다.

필터용 코일에는 코먼모드 초크코일이 사용된다. 노멀모드(신호) 성분에 대해서는 양측의 권선에서 발생하는 자속이 역극성이 되어 서로 없애기 위한 신호성분의 감쇠가 적고 코먼모드 노이즈에 대해서는 각 권선이 인덕터로 기능하여 감쇠시킨다.

그 밖에 그림 2·69에 제시한 것처럼 노멀모드 노이즈에 대해서는 어크로스더라인 커패시터(또는 X 커패시터) C_x로 노이즈를 흡수하고, 코먼모드 노이즈에 대해서는 숏패스 커패시터(또는 라인바이패스 커패시터, Y 커패시터) C_y를 사용하여 그라운드와 전원·신호라인 간을 교류적으로 단락 상태로 하여 노이즈 전압 발생을 억제할 수도 있다. 단 숏패스 커패시터를 실제로 부착함으로써 노이즈 전파 경로를 형성해버리는 경우도 있다.

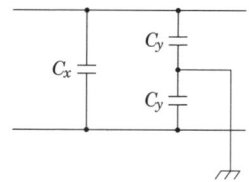

그림 2·69 어크로스더라인 커패시터 C_x와 숏패스 커패시터 C_y

필터는 보호하는 장치 입구에 실제로 부착할 필요가 있다. 장치에서 떨어진 위치에 필터를 부착한 경우는 필터에서 장치까지 배선에서 외래 노이즈가 결합하기 때문에 효과가 없다.

또 필터의 입력선과 출력선은 완전히 분리하여 배선 할 필요가 있다. 평행으로 배선되어 있으면, 입력 측의 노이즈가 출력 측으로 결합되어 전파해버리게 된다.

서지 전압 같은 고에너지는 바리스터나 가스튜브 어레스터(arrestor) 등의 소자에 의해 흡수한다.

[3] 노이즈 전반 경로의 대책

노이즈 발생원에서의 전파 방법에는 직접결합, 공통 임피던스 결합, 정전 결합, 유도 결합이 있다. 또 노이즈 발생원에서 직접적으로 복사되어 전파하는 노이즈를 방사 노이즈, 전원이나 신호라인을 전파하는 노이즈를 전도 노이즈라고 부른다.

노이즈는 주파수 성분이 높을 수도 있어 배선으로 접속되어 있지 않아도 배선 간의 정전용량(정전결합)이나 전자유도(유도결합)로 전파한다. 이 때문에 발생한 노이즈를 외부로 전달하지 않도록 하든가 외부로부터의 노이즈 침입을 방지하기 위하여 실드(전자차폐)가 사용된다. 실드에는 표 2·27에 제시한 종류가 있어서 적절한 방법을 선택해야 한다.

신호를 전달할 때 전자기적인 노이즈 영향을 받지 않도록 하기 위하여 동축케이블이나 실드선이 사용되지만, 동축케이블은 불평형한 전기신호를 전송하기 위한 특성 임피던스가 규정(50Ω, 75Ω)되어 있어 실드선과는 사용 목적이 다르다.

표 2·27 실드 종류

No.	실드 종류	실드 동작 원리
1	정전실드	노이즈원 사이에 그라운드와 동전위도체(알루미늄판 등)를 설치하여 발생한 노이즈를 그라운드 시킴으로써 정전유도를 방지한다.
2	전자실드	노이즈원 사이에 설치된 도체(철판 등)에서 방사된 전자파의 와전류에 의한 반항자속으로 전자파 작용을 없앤다.
3	자기실드	노이즈원 사이에 설치된 투자율이 높은 자성체에 의해 자속을 놓아준다.

[4] 그라운드 채택 방법

그라운드(어스, 접지)의 방법에도 그림 2·70 및 표 2·28에 제시한 것처럼 여러 종류가 있어 적절한 그라운드의 채택 방법이 필요하게 된다.

그라운드까지의 배선은 '굵게·짧게'가 기본이며 배선이 길어지면, 임피던스 증대나 도중 경로에서 노이즈의 영향을 받게 된다.

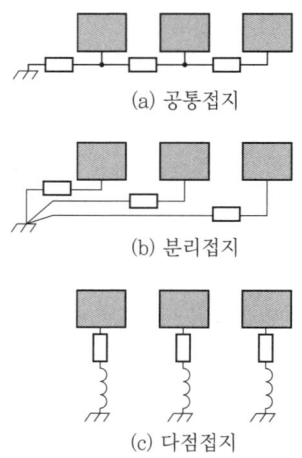

(a) 공통접지

(b) 분리접지

(c) 다점접지

그림 2·70 그라운드의 채택 방법

표 2·28 각종 접지 종류

No.	접지 종류	접지의 특징
1	공통접지	그라운드까지의 공통배선 부분에서 회로 간의 영향을 주기 때문에 오동작하는 경우가 많다. 접지 방법으로 적절하지 않다.
2	분리접지	일반적으로 사용되지만 고주파 대역에서는 접지 도체의 인덕턴스가 임피던스를(1접 접지) 증가시킨다.
3	다점접지	고주파기기에서 그라운드 임피던스가 충분히 적은 경우에 유효하다.

[5] 전자기기용 인버터에 대한 대책 사례

잡음단자전압(이미션) 요구 규격의 한도치를 충족시키도록 주파수 대역에 따라 실시한 대책 사례를 제시한다. 이 대책은 2.6.1항에 나타낸 것처럼 표준적인 시험환경이 아니고 설계 평가를 위해 간이적으로 측정하면서 실시한 것이다. EUT는 입력 DC 100V에서 출력 AC 100V, 500VA를 얻는 소용량의 DC/AC 인버터이다.

150~500kHz 대역에서는 EUT 내부에서의 스위칭 소자에 의한 di/dt, dv/dt에 의해 발생한 노이즈가 전원라인으로 귀환해 있었다. 설계 단계에서는 코먼모드 코일과 노멀모드 코일에 의한 2단 구성으로 하고 있었지만, 임피던스 특성이 다른 코먼모드 코일(5mH+8mH)을 조합하여 입력필터의 커패시터(X커패시터)의 용량을 0.22μF에서 0.22μF×2개로 하여 200~300 kHz 대역의 노이즈를 억제하였다(그림 2·71, 그림 2·72).

500kHz~10MHz 대역에서는 EUT 내부의 배선에서 발생하는 노이즈를 억제하기 위하여 기기 내부의 전원배선에 페라이트 코어를 삽입하여 EUT 출력부의 필터용 코일 인덕턴스를 1mH부터 10mH로 변경하여 4~5MHz 대역의 노이즈를 억제하였다(그림 2·73, 그림 2·74).

10~30MHz 대역에서는 EUT 구조 및 주변의 배치에 크게 의존한다. 이

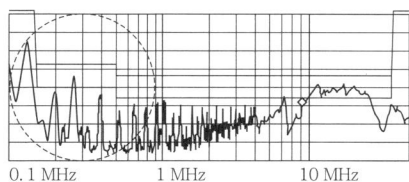

그림 2·71 150~500kHz 대역(대책 전)

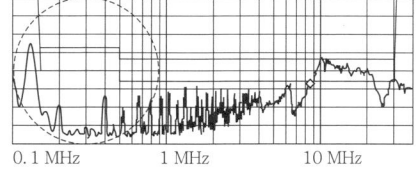

그림 2·72 150~500kHz 대역(대책 후)

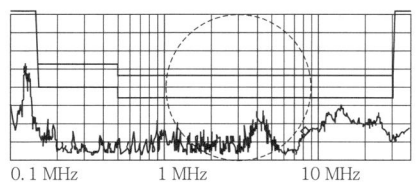

그림 2·73 500kHz~10MHz 대역(대책 전)

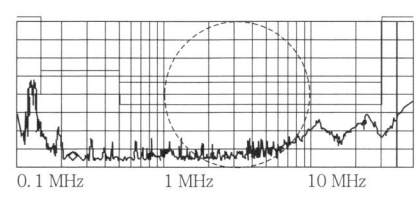

그림 2·74 500kHz~10MHz 대역(대책 후)

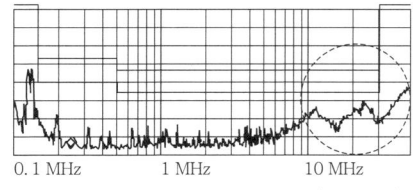

그림 2·75 10~30MHz 대역(대책 전)

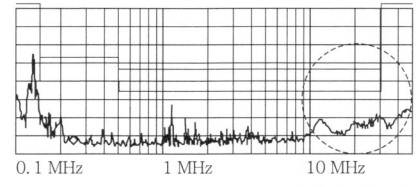

그림 2·76 10~30MHz 대역(대책 후)

때문에 EUT의 외함과 전원라인에 숏패스용의 세라믹 커패시터(2,200pF)를 실제로 부착함으로써 교류적으로 회로를 단락시켜 코먼모드 노이즈 전압의 발생을 억제하고 10~20MHz 대역의 노이즈를 억제하였다(그림 2·75, 그림 2·76).

단, 이 Y커패시터에 의한 대책의 경우, EUT 내전압 시험 때 시험 전압을 인가하면 누설전류가 흐르기 때문에 주의가 필요하다.

[6] 차체 서지 대책 사례

팬터그래프 상승 시 등 고압회로의 전압이 급격히 변화한 경우 차체 서지가 발생한다. 차체 서지 발생 요인은 크게 고압회로와 접지회로로 나뉜다.

고압회로 측의 요인으로서 차량의 고속화를 위하여 팬터그래프 수를 줄이고 고압모선을 끌어다 쓴 결과, 전선의 정전용량이 증대하여 팬터그래프 상승 시에 큰 돌입전류가 흐른다는 것을 예로 들 수 있다. 접지회로 측 요인은 전식 대책으로서 대차와 차체 간 절연을 강화한 결과, 차체와 레일 간의 임피던스가 증대하여 차체의 전위가 불안정해져 있다.

이러한 일로 인해 고압회로 측과 접지 측에서 대책을 마련하지만 여기서는 실제로 신칸센 차량을 사용하여 접지 측에서 효과가 있었던 사례를 제시한다(표 2·29).

대책에 사용한 커패시터는 고주파 특성이 우수한 필름 커패시터로 용량은 1μF(0.5μF로는 효과가 없다), 내전압 5,000V, 질량 약 1kg[17], [18]이다. 탄화규소(SiC)에 의한 접지저항기(그림 2·77)의 질량은 약 1kg이고 종래의 접지저항기 18.5kg[19]과 비교하여 경량이며 고주파 특성도 좋다.

표 2·29에 제시하는 대책에 있어서 양쪽 방식 모두 현재의 상황과 비교하여 50% 서지 저감효과를 인정받고 있다. 이러한 대책에 공통되는 것은 접지 임피던스를 낮추는 데 있다. 또 모형 실험에 있어서는 2호차(M)의 접지가 불완전했던 경우, 1호차(T_c)에 커다란 서지가 발생하여 서지전압은 접지 임피던스에 의존한다는 것도 판명되었다.

130

이것에 더하여 레일에 발생하는 전위구배를 낮추는 것도 효과가 있는 수단이라는 것을 알게 되었다. 즉, 선두차량을 충분히 낮은 임피던스로 접지하면 비접지인 중간차량의 서지는 감소한다. 그러나 선두차량이 비접지상태에서 중간차량의 접지 임피던스만 저감한 경우 선두차량의 서지는 증대하는 경향이 있다.

표 2·29 차체서지 대책 방법

대책 방법	선두차가 비접지인 경우의 대책도
1μF 커패시터 차체와 대차 간을 접속	
탄화규소(SiC) 접지저항기로 차체와 대차 간을 접속	

＊신칸센 M차의 대차와 차체 간에는 접지저항기(0.5Ω) 있음

그림 2·77 SiC 접지 저항기

또한 커패시터와 접지저항을 이용한 대책은 주파수에 대한 인덕턴스가 다르다. 각 대책을 실시한 경우 차체에 흐르는 전류 예측을 표 2·30에 제시한다.

대책의 주의할 점으로

① 접지할 대차는 선두 대차로 하면 효과가 올라간다.

② 접지선은 가능한 한 짧게 한다.

와 같은 점을 열거할 수 있다. 또 다른 기기에 대한 영향을 고려하여 표 2·31 에 제시한 대책의 단점과 장점을 잘 고려한 다음 실시할 필요가 있다.

표 2·30 차체 서지 대책 시에 차체에 흐르는 전류

대책 수법	서지 전류	주회로 전류	신호 전류	임피던스 특성
커패시터	흐름	거의 흐르지 않음	거의 흐르지 않음	주파수에 반비례
접지저항기(SiC)	흐름	흐름	흐름	주파수에 무관(일정함)

표 2·31 차체 서지 대책의 장점·단점

대책 수법	접지 브러시	전식 가능성	유도장애 가능성	고장 모드
커패시터	불필요(주행 시는 검증 필요함)	현상유지	현상유지	개방
접지저항기(SiC)	필요	거의 현상유지	확인 필요	개방
차체와 대차 간의 단락	필요	가능성이 큼	확인 필요	개방

2·7 전기차의 고조파 문제에 대한 제언

인버터 제어차를 새로 제작하였을 때, 귀선전류 등에 의한 신호설비에 대한 유도장애 대책에 많은 노력을 허비하는 일이 많다. 이런 현재의 상황을 개선하고 전기철도에 대한 차량·신호 시스템 등의 전체 비용을 저감하는 관점에서 차량 사이트에서 제시한 미래의 신호설비를 경신할 때, 고려될 것을 기대하는 사항에 관해 현 시점에서의 고찰을 아래에 제시한다. 앞으로 이러한 것들에 관해서 차량·신호 쌍방 간 더 활발한 논의가 이루어져 앞서 언급한 목적의 전진을 꾀할 수 있음을 기대하고 싶다.

2.7.1 지상설비 사용 주파수와의 협조

지상설비는 고밀도 운전, 신뢰성 향상에 대응하여 다양한 장치가 사용되고 있다. 그림 2·78은 일본의 주요 신호기기 사용 주파수와 허용치의 관계를 제시한 그림이다. 저주파에서 고주파에 걸쳐 대부분의 주파수대에 사용한 예를 볼 수 있다.

이 그림과 차량이 발생시키는 전자 노이즈의 스펙트럼을 서로 겹치게 하면, 스위칭에 수반되는 고조파 스펙트럼과 신호 사용 주파수와의 관계를 알 수 있다. 그래서 스위칭에 수반되는 고조파와 신호 사용 주파수가 중복되지 않도록 배치하는 노력이 행해지고 있다.

최근에는 인버터 제어차에 대응하려고 허용치가 큰 신호장치가 출현하고 있다. 그러나 인버터 제어차를 전제로 하지 않은 시대의 신호기기도 여전히 남아 있으며 유도장애 시험에서 재시험이 요구될 확률이 높은 기기가 몇 개 존재한다.

그와 같은 현재의 상황으로 신규건설 노선에서 차량과 신호에서 주파수 공

존을 한 예가 있다(그림 2·79). 이 예에서는 귀선전류를 시뮬레이션으로 사
전에 예측하여 ATC, 열차 검지(TD) 주파수를 차량과 공존하고 있다.

이것은 해당 선구의 신호설비의 일부에 불과하지만 공존하고 있다는 사실
은 중요하다. 이와 같은 공존을 모든 차량·모든 지상장치에 관해서 영속적으
로 함으로써 안전에 대한 여유를 확보하면서 유도장애 문제에 들어가는 비용
을 최소로 하는 것이 가능할 것이다.

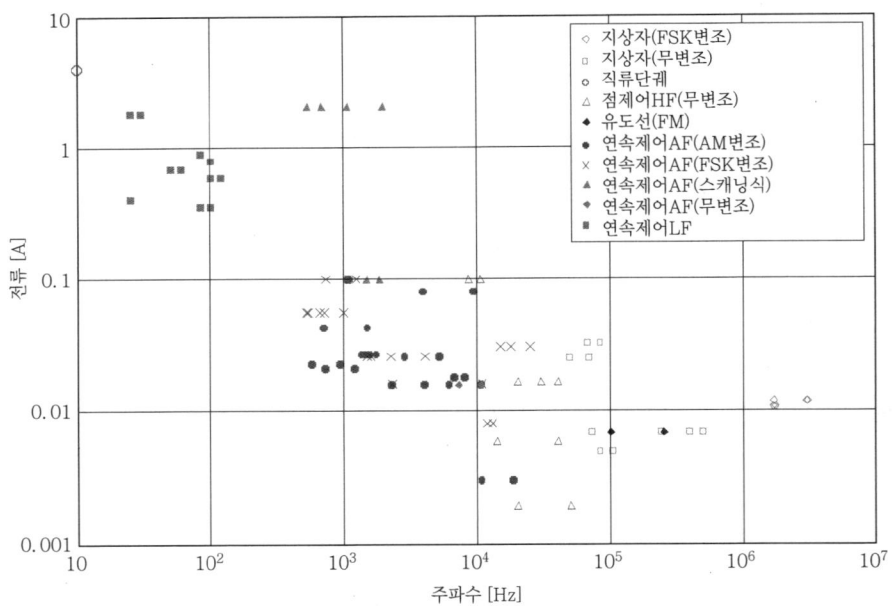

그림 2·78 일본의 주요 신호기기 사용 주파수와 허용치와의 관계

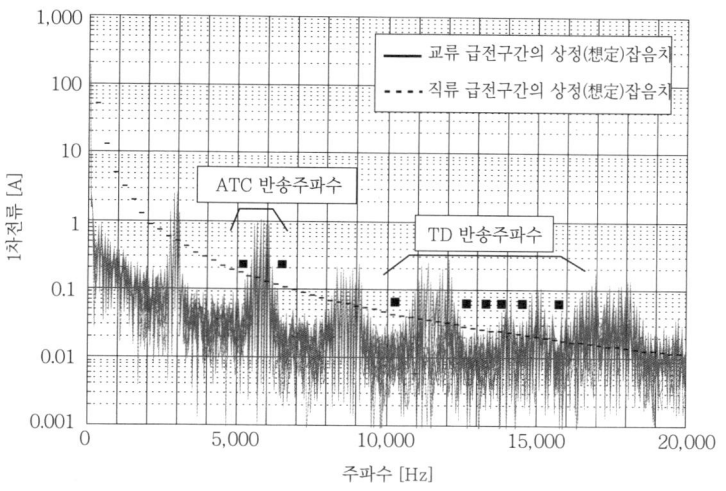

그림 2·79 협조 예[(28), (29)]

2.7.2 유도장애 사전 예측

사전 예측 수법으로서는

① 시뮬레이션 　　　　　② 공장에서 측정한다.

의 두 종류가 있다. 그러나 아직 확립에는 이르지 않았다. 이유로 다음과 같은 과제가 있다.

① 급전회로 정수 : 급전회로 속의 차량 위치에 따라 급전회로 주파수 특성이 크게 변화한다.

② 의장 배선·차체 : 경로가 불분명한 누설전류가 있다.

③ 주행에 대한 외란 : 공전제어, 이선 등, 불규칙적으로 발생하는 외란이 있다.

이러한 과제들을 극복함으로써 사전 확인 기술이 확립된다면, 설계 단계나 공장의 제작 단계에서 대책을 마련하는 것이 가능해진다. 이렇게 함으로써 실제 차량에서의 유도장애 시험에 단 번에 합격하는 것을 기대할 수 있다. 또 신호설비 경신, 상호직통으로 가는 곳의 설비, 차량의 배치전환이나 양도할 때도 확인이 가능해진다는 점이 기대된다.

🚃 2.7.3 차량 측의 전자 노이즈 대책 문제점과 미래의 과제

차량이 완성된 후 노이즈에 의한 장애가 발생한 경우, 어느 한 곳의 노이즈 저감대책이 어렵기 때문에 더 광범위한 시스템을 포함한 대책이 필요해진다. 대책의 어려운 부분이 많은 것은 차량 보수와 관계되는 부분이 많기 때문에 이것을 고려하는 것이 중요하다.

EMC의 노이즈 대책을 시행하는 경우, 영향을 받는 신호기기의 정격(定格)이나 차상에서 발생하는 고조파 전류, 그 전달경로 등을 사전에 알 수 없는 경우가 많으며 설계 단계에서 이러한 것들의 대책을 실시해두면, 유도장애 문제는 발생하지 않는다고 말할 수 없는 것이 현 실정이다. 그 때문에 차량이 완성된 후 확인 시험을 해야 비로소 문제점이 밝혀지는 경우도 있어 문제가 발생한 후의 대책에 많은 시간과 노력이 요구된다. 문제가 조기에 해결되지 않는 경우는 차량이 예정대로 운용 개시가 불가능해진다.

EMC 문제는 관련된 부분이 다방면에 걸쳐 있다고 생각되므로 발생한 후의 해결은 쉽지 않다. 설계 단계에서의 충분한 대책에 대한 준비가 중요하다.

🚃 2.7.4 귀선전류 관련

첫 번째는 인버터 제어차가 본격적으로 보급됨에 따라 한산한 선구에서도 이 차량이 운용되는 예를 볼 수 있다. 이와 같은 열차밀도가 낮은 역 간의 긴 선구(線區)에 CTC(Centralized Traffic Control, 열차집중제어) 장치를 도입할 목적으로 장대궤도회로가 이용되고 있다(신호전류 주파수로서 상용주파수의 1/2인 25Hz, 30Hz를 사용).

이 궤도회로의 긴 구간은 제어할 수 있다는 이점을 갖고 있지만 귀선전류는 저주파일수록 노이즈가 증대하는 경향이 있고 이와 같은 주파수 영역에서 이 궤도회로의 위험측 동작 허용치 이하로 방해전류를 억제하는 데 몹시 고민하고 있는 것이 현실이다. 그 때문에 설비 경신 시 이러한 전기차 전류의 영향을 잘 받지 않는 궤도회로로 변경하는 것이 요망된다.

그러나 방해내량이 높은 궤도회로는 비용이 증가하고 궤도회로의 변경이 어려운 선구도 있다고 여겨진다. 그 경우 변조방식이나 코드부 방식 등 흘려보내는 신호전류를 방해내량이 더 높은 것으로 하는 수단도 하나의 방책으로 생각할 수 있다.

두 번째는 복수 주파수에 편승하는 일 없이 어떤 특정 주파수에 관해서만 지속시간이 짧은 펄스 모양으로 방해허용치를 초과하는 경우가 있다. 이 경우에 관해서는 OK 판정이 내려지는 수가 있다. 지속시간에 의한 OK/NG 평가 기준이 있는 것이라면, 사양(仕樣)에 명시하는 편이 차량에 대한 유도장애 대책에 필요로 하는 시간의 저감에 관련되리라 여겨진다.

이 점에 관해서는 허용치를 초과하고 있어도 레벨이 허용치와 동등한 정도이고 지속시간이 궤도 계전기의 동작 복구시간보다 충분히 짧다면, 예를들어 최소 동작시간의 1/2 정도라면, 오동작 할 가능성이 낮기 때문에 OK이다. 단 허용치를 대폭 초과하는 정상동작 입력 레벨 정도의 경우는 NG이다.

세 번째는 허용치에 대역폭을 설정하고 그 주파수대에 대한 피크치가 방해허용치를 초과하는 일이 없는지 평가하는 일이 행해지고 있지만 대역폭에 관해서는 실제 기기의 주파수 특성과 합치는 것이 기본이다. 이 경우 기기의 주파수 특성의 불규칙성을 고려할 필요가 있다.

네 번째는 궤도회로에 대한 영향을 평가하는 시험 방법으로 임피던스 본드 1차 측의 한쪽을 분리해서 레일 파단 시와 동일한 상태를 발생시켜 궤도 계전기 직전의 방해전압을 조사하는 방법과 한쪽을 분리하지 않고 전기차 전류 측정을 실시하여 그 고조파 분석 결과로 최악으로는 어느 정도 궤도회로에 영향이 있는지 가늠하는 방법이 있다.

궤도회로의 종류가 적은 경우는 전자의 방법으로 대응이 가능하지만 최악의 조건을 설정하기 위해 상당히 대규모의 시험이 된다. 후자는 전기차 전류 측정을 지상에서 하는 경우와 차상에서 하는 경우가 있다. 차상에서 측정하는 경우는 귀선전류가 흐르는 케이블에 전류센서를 부착하여 주파수 해석을 한다.

대상이 되는 궤도회로나 시험 규모에 따라서 시험 방법이 다르기 때문에 이전에 효과가 있었던 대책 방법을 차량 측에서 실시함으로써 동일한 효과를 반드시 얻을 수 없는 것이 현실이다. 따라서 앞으로는 통일된 시험 방법으로 영향평가가 가능해져 효율적인 고조파 대책이 실현될 것을 기대한다.

또 계전기가 쏘아올리는 레벨과 낙하하는 레벨이 일반적으로 다르다. 게다가 낙하하는 레벨 쪽이 낮다. 통상적으로는 궤도 계전기가 낙하함으로써 재선검지(在線檢知)를 하고 있다. 따라서 오로지 계전기가 쏘아올리는 레벨 측정만으로는 불충분하고 방해전압이 계전기가 쏘아올리고 있을 때 확실히 낙하하는 레벨 이하라는 평가가 필요하다.

🚃 2.7.5 직달 노이즈 관련

ATS 수신기의 속도 조사용 루프코일이 크고 길기 때문에 직달 노이즈의 영향을 받기 쉽고 방해허용치 이하로 직달 노이즈의 영향을 억제하는 데 역시 많은 노력을 필요로 하는 경우가 많다.

별도의 방해에 강한 시스템으로의 경신이 요구된다.

GTO가 사용되고 있던 당시 트랜스폰더의 허용치는 레벨만으로 규정되어 있었지만 GTO에서 IGTB로 반도체소자의 변화에 따라 단발적인 노이즈에 의해 허용치를 넘어가는 사례가 빈발하였다.

방해허용치에 관해서는 펄스의 진폭, 지속시간, 펄스의 반복 사이클을 고려하여 정해져 있고 현재의 트랜스폰더 설계 조건으로 봐서는 노이즈에 대한 내성 향상은 어려운 상황에 있다.

🚃 2.7.6 차량 측에 대한 미래의 과제

유도장애에 관한 대책은 전력변환기만으로 실시 가능한 것이 아니고 입력단 필터기기(필터 리액터, 주변압기) 등, 시스템 전체로서 최적화를 실시해야 할 필요가 있다. 유도장애 시험은 빈차에 가까운 상태에서 시험하는 경우가 많고 만차 상태 등을 상정한 시험은 일반적으로 행해지지 않는다. 응하중 제어에 기인하여 하중조건에 따라 전차선 전류가 변화하기 때문에 이러한 것들을 고려한 마진을 설정한 판정 기준이 있는 경우도 있다. 이 마진의 적정화를 논하기에는 하중 조건의 차이에 의한 고주파에 대한 영향을 조사할 필요가 있다고 사료된다.

이 밖에 차량 측에 대한 미래의 과제로는 다음의 것이 고려될 수 있다.

① 고조파 진폭을 더욱 억제하는 방책 검토
② 코먼모드 노이즈의 대폭적인 저감책 검토
③ 미래에 발생할 수 있는 고조파 주파수대 전망
④ 전력용 실드케이블, 커넥터 등의 차폐성능 향상

≪참고 문헌≫

(1) 飯田秀樹，加我敦：インバータ制御電車概論，電気車研究会（2003）．
(2) 塩谷昌弘：インバータ車と誘導ノイズ，鉄道車両と技術，5，pp.12 ～ 18（1998）．
(3) 上園恵一，牧島信吾：電力変換装置の制御装置，平成 18 年電気学会全国大会 S21-4（2006）．
(4) 小川知行，若尾真治，Jat Taufiq，近藤圭一郎，寺内伸雄：鉄道車両駆動用インバータにおける直流側電流の側帯高調波の理論解析，電気学会論文誌，126-D，7，p.1049（2006）．
(5) 小川知行，若尾真治，奥谷民雄，廿日出悟，渡邉朝紀：交流鉄道車両用コンバータによる帰線電流高調波の理論計算手法の検討，電気学会 交通・電気鉄道研究会資料，TER-07-20，pp.33 ～ 40（2007）．
(6) 伊藤大介，道場俊文：鉄道車両側から見た信号設備との EMC，平成 17 年電気学会産業応用部門大会（JIASC05）講演論文集，3-S2-2（2005）．
(7) 小笠原悟司，藤田英明，赤木泰文：電圧形 PWM インバータが発生する高周波漏れ電流のモデリングと理論解析，電気学会論文誌，115-D，1，pp.77 ～ 83（1995）．
(8) 綾野秀樹，小笠原，赤木泰文：コモンモードトランスの高周波漏れ電流抑制効果と設計法，平成 7 年電気学会産業応用部門全国大会，93（1995）．
(9) 小笠原悟司，綾野秀樹，赤木泰文：PWM インバータを用いた交流電動機駆動システムが発生する EMI の測定とその低減法，電気学会論文誌，116-D，12，pp.1211 ～ 1219（1996）．
(10) 小笠原悟司，綾野秀樹，赤木泰文：電圧形 PWM インバータが発生するコモンモード電圧のアクティブキャンセレーション，電気学会論文誌，117-D，5，pp.565 ～ 571（1997）．
(11) 小笠原悟司：可変速 AC ドライバの漏れ電流・サージ電圧・軸電圧とその抑制法，電気学会論文誌，118-D，9，pp. 975 ～ 980（1998）．
(12) Saturable Reactor Model, IsSpice User's Guide pp.329 ～ 337, Intusoft（1994）．
(13) Steven M. Sandler ： SMPS Simulation with SPICE 3, McGraw-Hill（1997）．
(14) Christophe P. Basso ： Switch-Mode Power Supply SPICE Cookbook, McGraw-Hill（2001）．
(15) JIS C 0161 EMC に関する IEV 用語，日本規格協会（1997）．
(16) 段畑和哉，西田輝幸：鉄道車両の EMC 対策・輸出車両，電気学会 交通・電気鉄道/半導体電力変換合同研究会資料，TER-06-38/SPC-06-85（2006）．

(17) Catalogue, Technical Information TI-EMC 8.16.3/GB, Pfitsch.

(18) 坂巻佳壽美：見てわかるノイズの試験法と対策，日本工業調査会（1996）.

(19) IEC 62236-3-2 Ed.2： Railway applications-Electromagnetic compatibility （EMC）-Part 3-2: Rolling stock-Apparatus.

(20) 廿日出悟，前田孝，渡邉朝紀：鉄道車両における車体サージ抑制のための諸方策，平成16年鉄道技術連合シンポジウム（J-RAIL '04）， S1-1-2（2004）.

(21) 廿日出悟：サージ・電食対策技術，鉄道総研車両技術交流会資料（2007）

(22) 東義行，渡邉朝紀：低誘導型接地抵抗器の開発，鉄道総研報告，6，13，pp.37 ～ 42（1999）.

(23) L. A. Frasco, （Frasco & Associates USA）：EMC Commissioning & Safety Certification of AC Rail Transit Vehicles-U.S. Experience, International Conference on Developments in Mass Transit Systems, pp.20 ～ 23, April （1998），Conference Publication 543, IEEE（1998）.

(24) 交流電気鉄道用車両の高調波対策協同研究委員会：交流電気鉄道用車両の高調波対策，電気学会技術報告，676（1998）.

(25) 渡辺郁夫，市川和男：VVVF制御車の高調波が信号設備へ与える影響，鉄道と電気技術，6，12，pp.29 ～ 37（1995）.

(26) 飯田秀樹，加我敦：VVVFインバータ制御電車概論，7章，鉄道車両と技術，pp.28 ～ 41（1999）.

(27) 伊藤大介，道場俊文：鉄道車両側から見た信号設備とのEMC，平成17年電気学会産業応用部門大会，pp.Ⅲ-9 ～Ⅲ-12（2005）.

(28) 奥谷民雄：つくばエクスプレス線でのEMC対策事例紹介，平成17年電気学会産業応用部門大会，pp.Ⅲ-23 ～Ⅲ-26（2005）.

(29) 奥谷民雄，中村信幸，荒木尚人，入江章二，長宏樹，佐野実，池田圭吾，小澤寛之：高速・高密度・通勤線区用ATC装置の開発，電気学会論文誌，127-D，10，pp.1033 ～ 1042（2007）.

3장

급전(給電) 분야

이 장에서 다루는 주파수 범위는 직류·상용 주파수부터 고조파라고 불리는 수kHz 정도까지이며 전파영역, 통신유도대책 및 저주파 전자계에 관해서는 6장 이후에 기술되어 있다. 또 급전회로 섬락 등의 서지 문제에 관해서는 레일 전위관련(電位關聯)으로 간단히 언급하였고 회로보호 및 절연협조, 뇌격 대책 등은 아쉽지만 생략하였다.

전기철도의 급전회로는 변전소에서 생성된 전력을 전기차에 공급하는 것이 사명이며 귀선로로서는 흔히 레일을 이용하고 있다. 이 사실로 보아 급전회로는 고전압과 대전류를 다루는 일에 수반되는 전자 현상에 의해서 신호·통신 등 철도시스템을 구성하는 각 설비와 상호영향을 주는 존재이다. 또 가선과 귀선로의 물리적 거리가 떨어져 있는 것과 레일 대지 절연을 양호하게 유지하기가 어렵다는 사실로 인해 통신 유도나 전식 등 철도연선의 전자환경에 대해서도 영향을 준다.

통근수송의 주류가 되고 있는 직류 급전방식은 일본에서는 1895년 교토시전(京都市電)이 그 시초이다. 시작 당시의 직류 전원 발생은 회전 변류기가 주체이고 특별한 고조파 대책은 없었다. 그 후, 1920년대의 수은 정류기(整流器)를 도입할 때부터 정류에 수반되는 고조파 대책이 필요하게 되자 변전소에 수동 필터가 설치되었다.

1950년대 말에 실리콘 다이오드 정류기가 개발되어 1960년대 이후 대부분의 정류기는 실리콘 정류기가 되었다. 그 동안 당시의 국철에서는 변전소에 표준형 LC 필터를 설비하여 오늘에 이르렀다.

한편, 신칸센 등에서 이용되고 있는 교류 급전방식에서는 1950년대 개발 당시부터 철도연선 및 철도설비에 대한 유도장애가 기술과제였다. 그래서 레일 귀선전류를 가능한 한정하는 것을 목적으로 한 흡상변압기(BT)를 비롯하여 회로 상의 연구가 진행되었다. 또 급전거리가 길어진 경우의 고조파 공진 대책으로서는 CR 장치를 회로말단에 설비하는 대책이 보급되었다. 더욱이 단상부하에 수반되는 3상 불평형 문제는 1964년의 홋카이도 신칸센 개업으로 현실화되었고 전력회사 측과의 협조가 필요하게 되자 전기설비기술기준 규정이 만들어졌다.

그 후에도 신칸센의 연장과 전원설비를 증강할 때는 단락 용량이 큰 초고압 수전을 하는 파워일렉트로닉스를 도입하는 등 3상 불평형 대책에 부심(腐心)해 왔다[1]~[3].

1995년의 「고조파 억제 대책 기술지침(고조파 가이드라인)」 발행에 따라 지금까지 제각기 다루어져왔던 고조파 대책에 대한 체계적인 대처가 요구되었다. 이와 더불어 직류 급전방식에서는 12상(相) 정류기 도입 등이 추진되고 있다.

1990년대 이후는 IEC·EN 등 국제규격과 전자환경(EMC)을 보는 관점이 추가되어 더욱 복잡한 양상을 보여주고 있다.

3·1 직류 급전방식과 EMC

일본의 수도권(首都圈)·관서권(關西圈)·나고야권(名古屋圈)의 JR, 민간철도 및 지하철의 거의 모두와 재래식 토카이도(東海道)·산요(山陽)·츄오선(中央線) 등 간선구간이 많은 곳에서는 직류 급전방식을 채택하고 있다.

직류급전에 관계되는 EMC는 변전소에서의 정류(整流)에 수반되는 고조파 대책이 주체이다. 넓은 의미의 EMC로서는 전식문제, 지자기(地磁氣)에 대한 영향 등이 있다.

3.1.1 직류 급전회로의 개요

직류 급전회로의 구성은 그림 3·1과 같고 인접한 변전소의 수전 측 변압기는 △-△ 결선(結線), △-Y 결선을 번갈아 엇갈리게 배치하여 송전선 고조파를 경감하고 있다.

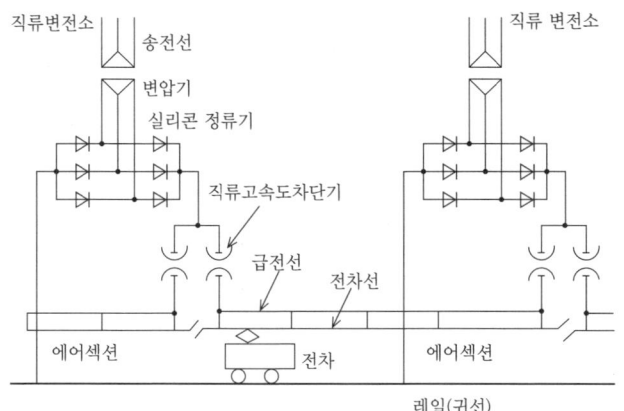

그림 3·1 직류 급전 구간 기본 구성

변전소 간격은 급전방식, 선로조건, 전기차 출력, 운전조건, 전원 사정 등에 따라 다르며 도시권의 간선에서 5km 정도, 아칸선에서 10km 정도이다.

3.1.2 직류 급전회로의 고조파

직류 전기철도에서는 급전용 변전소에서 전력계통부터 3상교류를 전파 정류하여 직류를 급전하고 있다. 3상 전파 정류 고조파는 표 3·1에 제시되어 있듯이 교류 입력 측과 직류 출력 측에서 다르다.

즉, 교류 측은 상용주파수의 $6m \pm 1$배의 홀수차 전류원(電流源)이 되고 교류 전력계통에 대한 고조파 전류의 유출이 문제가 되어 나중에 언급하는 12펄스화나 교류 필터에 의한 대책이 이루어진다. 이에 대하여 직류 측은 $6m$배의 홀수차 전압원으로 부하의 주행에 수반하는 급전전류에 맥류분(脈流分)으로서 중첩되어 평행 통신선에 대한 유도장애가 문제가 되자 정류기 2차 급전회로에 직류 필터를 설치하여 대책이 이루어지고 있다[9].

표 3·1 3상 정류기(6펄스)의 입출력 파형

	입력 측	출력 측
회로도	3상 교류계통 R S T, I_R, 직렬 리액터, V_A, A B I_d, V_B 부하	V_B에는 직류 리액터와 부하 인덕턴스로 분압된 고조파 전압이 중첩된다
전압·전류 파형	V_R V_S V_T, a, 1사이클, I_R I_d $\frac{2}{3}\pi$ I_d	V_A, a, 1사이클, I_d I_d
발생고조파	발생차수 : $n=6m \pm I$ ($m=1, 2, 3, \cdots$) 발생량 : $I_n = I_1/n$ (I_1=기본파 전류)	발생차수 : $n=6m$ ($m=1, 2, 3, \cdots$) 발생전압 : a 및 중복각에 의해 대폭 변화

🚊 3.1.3 급전(직류) 측 고조파와 그 대책

[1] 직류 측 고조파 전압

그림 3·2는 직류 측 인덕턴스＝∞, 교류 측 임피던스＝0에서의 이상파형을 제시하지만 실제로는 동시에 2개의 정류소자에 전류가 흘러 전원을 단락하는 기간을 만든다. 이것을 정현파 각도로 표현한 것을 전류중복각(轉流重複角) u라고 부르고 부하전류가 클수록 u는 커지지만 0~30°의 사이에 있다. a는 제어지연각(制御遲遲角)이라고 불리며 다이오드 정류기에서 $a=0$이다.

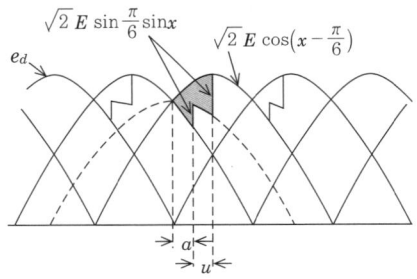

그림 3·2 펄스정류기 직류 전압 파형

전압고조파 함유율(含有率)은 그림 3·2의 파형을 푸리에(Fourier) 전개하여 구하는 것이 가능하고 다이오드 정류기의 함유율 P_n은 대략 다음과 같은 식으로 구할 수 있으며 그 계산 결과를 표 3·2에 제시한다.

$$u=0° \text{ 일 때 } P_n \fallingdotseq \frac{\sqrt{2}}{(6m)^2-1}$$

$$u=30° \text{ 일 때 } P_n \fallingdotseq \frac{3}{\sqrt{2}} \times \frac{m}{(6m)^2-1}$$

단

$$P_n = \frac{\text{제}n\text{차 조파 실효치 } V_n}{\text{직류 전압 평균치 } E_d} \tag{3·1}$$

표 3·2 6펄스 정류기의 직류 측 고조파 전압

고조파 차수	주파수[Hz]		고조파 실효 전압 [V]	
	50	60	$u=0°$	$u=30°$
6	300	360	60.6	90.9
12	600	720	14.8	44.5
18	900	1,080	6.57	29.6
24	1,200	1,440	3.69	22.1
30	1,500	1,800	2.36	17.7
36	1,800	2,160	1.64	14.7

[2] 직류 필터

직류 측으로 유출되는 고조파 전류는 정류기를 전압원으로서 부하(인덕턴스)에 따라 고조파 전류를 흐르게 하기 때문에 출력 측 고조파 전압을 저감시키는 것이 가장 우선시되어야 한다. 이 때문에 JR에서는 그림 3·3에 제시되어 있는 직류 필터(S형)가 1961년 구(舊)JRS(국철 규격)로 표준화된 이래 사용되고 있다.

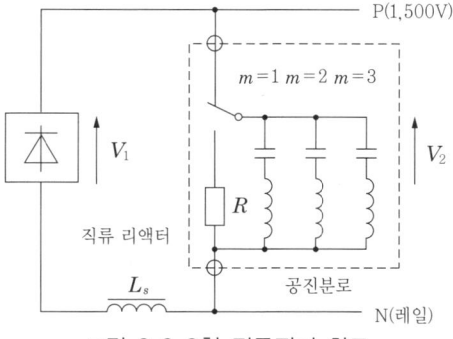

그림 3·3 S형 직류필터 회로

공진분로는 6펄스 정류기의 발생량이 많고 유도 주파수 감도가 높은 $n=$ 6, 12, 18차로 구성되어 각각 제1, 제2, 제3분로(分路 $m=1$, 2, 3)라고 칭하고 있다.

직렬 리액터 L_s는 공진 주파수에서 저임피던스가 되는 공진분로로 유입되는 유입전류를 억제하고 필터 효과를 크게 하기 위하여 설치되는 것으로 정격전류에 대하여 1.1mH 이상, 정격전류의 150%에 대하여 1.0mH 이상으로 규정하고 있다. 정격전류로는 정류기 용량에 걸맞게 1,200~7,000A의 여러 종류의 것이 있지만, 공진분로는 L_s를 일정치로 선정하였기 때문에 표 3·3의 정격이 공통적으로 사용되고 있다.

직류 필터의 효과는 식 (3·2)의 조파저감율 η_m으로 정의되었고 거의 $\eta_m =$ 30~80, V_2은 V_1에 대하여 1/30~1/80으로 저감된다.

표 3·3 공진분로의 회로정수

| 구성
분로
m | 공진
차수
n | 공진 리액터
인덕턴스 [mH] | | 커패시터
용량
$[\mu F]$ | 실효
저항
$[\Omega]$ | 정격
전류
[A] |
		50Hz용	60Hz용			
제1분로	6	1.2	0.82	240	0.07 이하	80
제2분로	12	0.40	0.27	180	0.10 이하	20
제3분로	18	0.25	0.18	120	0.15 이하	20

$$\eta_m = \frac{\text{필터 입구의 } m\text{차 조파전압 } (V_1)}{\text{필터 출구의 } m\text{차 조파전압 } (V_2)} \fallingdotseq \frac{L_s}{R_m \sqrt{L_m \times C_m}} \qquad (3·2)$$

더욱이 최근의 통신선 케이블화, 수화기의 평형도 향상 등에 의해 직류 측 고조파에 의한 장애는 전체적으로 격감하는 한편, 필터 개방 시에 장애를 발생시킨 예도 보고되어 있다[4]. 또한 도심의 직류 변전소에서는 공진분로를 설치하지 않은 곳이 많고 직류 차단기의 di/dt 대책으로 직렬 리액터만 설치한 곳도 있다. 또 JR 서일본(서일본여객철도)에서는 직렬 리액터 생략과 공진분로의 정수 변경에 의해 필터의 소형화를 추진하고 있다[5], [6].

[3] PWM 정류기

이바라키현(茨城縣) 이시오카시(石岡市) 가키오카(柿岡)에는 기상청 지자기 관측소가 있고 홋카이도(北海道) 메맘베츠(女滿別)·가고시마현(鹿兒島縣) 카노야시(鹿屋市)에는 동(同) 출장소가 있다. 전기설비기술기준 제43조에서

는 직류전기 철도가 지구자기 관측소에 대하여 관측상의 장애를 일으키지 않
도록 규정하고 있다. 이것도 초저주파 EMC 문제이다. 메맘베츠 및 카노야
(鹿屋) 주변에는 직류전기 철도는 없지만 가키오카 주변의 직류전기 철도는
대책을 필요로 하고 있다.

2005년에 개업한 수도권 신도시 교통 (주)츠쿠바 익스프레스선은 지자기
관측소와 거리가 35km권으로 가깝기 때문에 지자기 요란(擾亂)을 적극적으
로 작게 하도록 PWM 전환기가 채택되었다. 이것은 가선 전압을 고정밀도(정
격의 0.5%)로 일정하게 유지하는 제어에 의해 직류 귀선전류의 경로를 최단으
로 억제하는 방식이다. PWM 변환기의 주회로(그림 3·4)는 6다중 IGTB 소자
3상 브릿지 구성이며 필터 없이 고조파 가이드라인을 달성하고 있다.

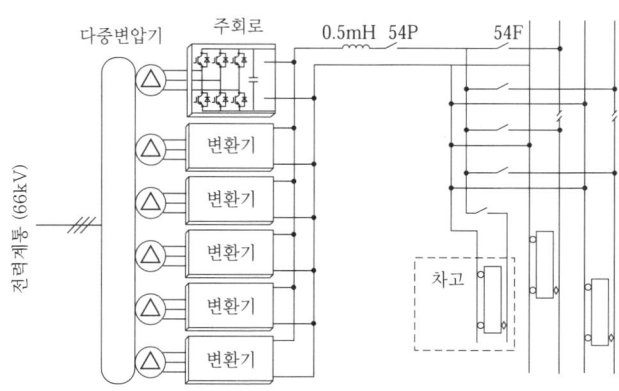

그림 3·4 PWM 정류기

3·2 교류 궤전방식과 EMC

모든 신칸센과 호쿠리쿠(北陸)·규슈(九州)·동경(東北)·홋카이도(北海道) 등의 재래선은 대전력(大電力)·장거리 급전에 적합한 교류 급전방식을 채택하고 있다. 교류 급전방식의 EMC 문제로써 연선(沿線) 통신선에 대한 유도 잡음대책이 1950년대 개발 당시부터 행해졌고 급전 거리가 늘어난 경우, 고조파 공진대책으로 CR 장치가 채택되었다. 또 넓은 의미의 EMC 문제로써 단상 부하변동에 대하여 3상 전원 품질을 유지하기 위한 대책이 이루어졌다.

3.2.1 교류 급전방식의 변천

[1] 센야마선(仙山線 1955년)

프랑스에서의 상용주파수 교류 급전방식의 성공을 받아들여 일본에서의 교류 전화를 하기 위한 시험선으로 센야마선에서 각 분야에 걸친 검토와 실험이 행해졌다(그림 3·5). 프랑스, 스웨덴 등 모든 외국의 교류 급전방식을 많이 참고하면서도 기본적인 요소는 일본에서 모두 고안되고 제작되었다. 특히 통신 유도문제에 관해서는 시초부터 대단히 염려되고 있었기 때문에 대지 도전 비율 측정과 각종 유도 대책의 실시 등 광범위한 대처가 이루어졌다.

한편, 교류 전기기관차로는 직접식(교류 정류자 전동기)과 수은정류식 두 종류의 방식이 시험용으로 제작되어 시험에 이바지하였다[9].

(a) 변전설비의 특징 일본 환경에 적합한 교류 급전방식을 찾아내기 위하여 프랑스의 표준방식인 직접급전·부급전선의 적용, 스웨덴의 저주파 교류 급전구간에서 실용화된 흡상변압기(Booster Transformer : BT)의 적용 및 그 간격의 검토 등 다양한 급전방식이 시행되었다. 급전전압은 터널 안의 이격 거리와 당시 전력회사 송전선 표준전압을 고려하여 표준 20kV(송출전압

22kV)로 하였다. 또 사쿠나미(作垃)역 구내에서는 교류·직류의 접속 시험이 이루어져 시초부터 직류 급전방식과의 병용을 고려하고 있었다는 점을 알 수 있다.

(b) 통신설비의 특징 통신유도 대책으로 5종류의 급전방식을 검토하였다. 즉 직접급전, NF(Negative Feeder) 부 직접급전, NF 무 BT, NF 부 BT 여러 대의 흡상선을 설치, NF 부 BT 1대(臺)뿐이다. 실제 측정한 결과, NF 부 BT 여러 대의 흡상선을 설치한 BT 급전방식이 성적이 가장 좋았다. 통신선 측 유도 대책으로는 특수 케이블, 나(裸)+차폐선륜(遮蔽線輪)·배류(排流)중계선륜(中繼線輪)·중화선륜(中和線輪) 등이 시행되었다.

시초에 통신 유도대책의 주안점은 기본파의 전자유도전압 대책이었다. 그러나 수은정류기형 전기기관차의 역행(力行)전류가 현저히 고조파를 포함하고 있었기 때문에 잡음전압 대책을 중시하는 방향이 되었다. 직접형 전기기관차(교류 정류자형 전동기)에서는 잡음문제가 없었다. 일련의 시험 결과, n차 고조파 전류 In과 부하(기본파) 전류 I_L과의 사이에 다음의 경험식(經驗式)이 도입되었다.

$$I_n = \frac{3I_L}{n_2} \tag{3·3}$$

교류 전화공사(電化工事)와 동시에 당시의 국철부 내 나(裸)통신선은 케이블화하여 통신 유도대책을 하기로 하였다. BT는 주로 부외대책(주로 당시의 電電公社)으로써 설비하기로 하였다.

[2] 호쿠리쿠선(北陸線) 츠루가(敦賀) 전화(電化 1957년)

센야마선(仙山線)에서의 현장 시험 성적이 좋았기 때문에 갑자기 호쿠리쿠선(北陸線)의 마이바라(米原)~츠루가(敦賀) 간에서 교류 급전방식으로서 전화공사가 이루어져 1957년 일본 최초의 교류전화 영업선이 되었다[9]. 교류 전기기관차로서는 센야마선(仙山線)의 시험 결과, 점착(粘着)성능이 좋고 보수가 간단한 수은정류기 방식이 채택되었다. 그 결과 고조파에 기인하는 통신 유도 잡음이 크고 다양하게 영향을 주었다.

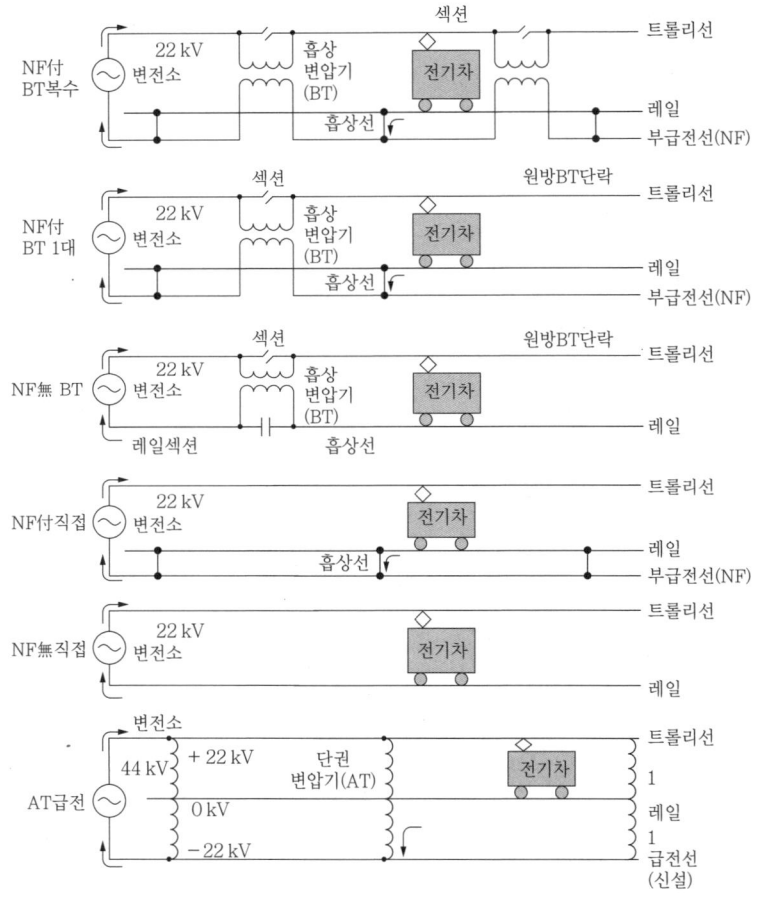

그림 3·5 센야마선(仙山線)에서 시험한 각종 급전회로와 AT급전회로

(a) **변전설비의 특징**　센야마선에서의 유도측정 실적에 근거하여 NF부 흡상선을 설치한 BT 급전방식을 표준으로 하였다. 상용주파수에 대한 BT 급전방식의 영업은 세계 최초였다. 사전 계산에 의해 36kVA 용량의 BT를 4km 간격으로 설비하였다. 시초의 BT 설치 목적은 상용주파의 유도위험 전압방지였지만 호쿠리쿠선(北陸線)에서는 전전공사에서 제기한 전화회선 품질 불만에 근거하여 가청주파수 대역에서의 잡음방지도 중시하기로 하였다.

(b) 통신설비의 특징 부내 통신선의 전자유도전압으로서 평상시 60V, 사고 시 300V를 목표로 설계하였다. 통신선 유도전류는 12km 당 2μA를 목표로 하였다. 이러한 값은 현재도 사용되고 있다.

BT 급전방식 채택을 전제로 하여 통신기기는 절연 선륜(coil)을 각 위치에 설치해 두면서 직류용 기기를 사용하였다. 예로 직류에서도 사용하고 있던 연피강대(鉛皮鋼帶) 케이블을 채택하였다. 또 각각의 역에 차폐용 접지(5Ω 이하)를 설치하여 케이블을 1m로 매설하고 시스(sheath)를 접지하였다. 터널 안에서는 케이블 차폐 및 시스 접지가 곤란했기 때문에 양쪽 출구에서 접지하였다. 또 터널 안(타무라~츠루가 간 최장 1.7km)에서는 BT 설비가 물리적으로 곤란했다. 이 일로 인해 전화구간 연장 때 장대한 호쿠리쿠 터널에서는 BT·NF를 생략한 직접 급전방식을 채택하였다.

타무라~츠루가 간 전화공사에서 최종 통신 개량비는 전전화 비용(전기설비분)의 20%에 달했다고 여겨진다. 이것을 반성의 계기로 삼아 필요에 따른 충분한 설비가 모색되었다. 더구나 호쿠리쿠선인 타무라~츠루가 간은 2006년 직류급전방식으로 변경되어 교류급전의 역사를 마감했다.

[3] 토카이도(東海道) 신칸센(1964년)

토카이도 신칸센 개업 시는 재래선에서의 실적을 근거로 하여 표준 급전전압 25kV·60Hz(송출전압 30kV)의 교류 BT 급전방식이 채택되었다. BT 간격은 도시부에서는 1.5km, 그외 지역은 3km로 하였다. 또 후지가와(富士川) 동쪽편에서는 50Hz 3상 수전하여 60Hz의 3상 발전을 하는 주파수 변환기가 설치되었다. 개통 후, 대용량과 직류 급전구간 병행노선에 기인하는 다양한 문제가 발생하였기 때문에 각각에 대한 대책을 마련했다[1], [11]~[13].

개통 시는 지락사고 시의 보호선택감도 증대와 대지전위 상승억제를 위해 변전소 및 급전구분소에서 NF(레일)을 직접 접지하였다(간격 10km). 개통 후 병행하는 재래선 직류전류에 의한 영향이나 전위경도에 의한 사람과 가축에 대한 영향, 유도 등의 문제가 속출하였기 때문에 대용량의 지락보호용방전기(GP)를 개발하여 갭(gap) 접지 방식으로 개량하였다. 한편, 역 구내 레일 전위억제를 위한 RPCD(Rail Potential Control Device) 장치가 개발되어 각 역에 추가되었다.

또 개통 후에는 단상 신칸센 부하에 수반하는 3상 전원 계통의 전압변동이 문제가 되었다. 그 때문에 전기설비 기술기준이 규정되고 전원계통이 강화되었다.

그 후, 수송력 증강을 위해 1980년대 후반부터 AT급전방식으로 개량공사가 이루어져 1991년 모든 선로에서 AT화가 달성되었다.

[4] 산요 신칸센(1972년)

산요(山陽) 신칸센에서는 홋카이도 신칸센의 실적을 토대로 하여 더욱 더 대용량 대응설비가 갖추어졌다[9], [11], [14], [15]. 대용량 급전에 적합한 AT급전방식을 전체적으로 채택하였다. AT를 설비하는 변전 포스트 간격은 BT급전과 동일한 정도의 통신유도장애를 억제하면서 경제화를 꾀하기 위하여 재래선에서는 표준 10km, 신칸센에서는 표준 8km로 하였다. 실제로는 최장 15km 정도가 있다. 또 3상 불평형 문제에 대응하여 강력한 직접 접지계 초고압 전원에서 수전하는 것으로 하여 변전소에서는 수전계와 급전계를 공통 접지로 하였다(그림 3·6). 통신기기와의 절연 협조가 규정되고(그림 3·7) 레일은 변전소 및 급전구분소에서 방전기 접지(방전개시전압 5kV)로 하였다.

[5] 토호쿠(東北)·죠에츠(上越) 신칸센(1982년)

산요 신칸센의 실적을 수용하여 수정이 가해져 현행의 신칸센 표준방식이 거의 확립되었다.

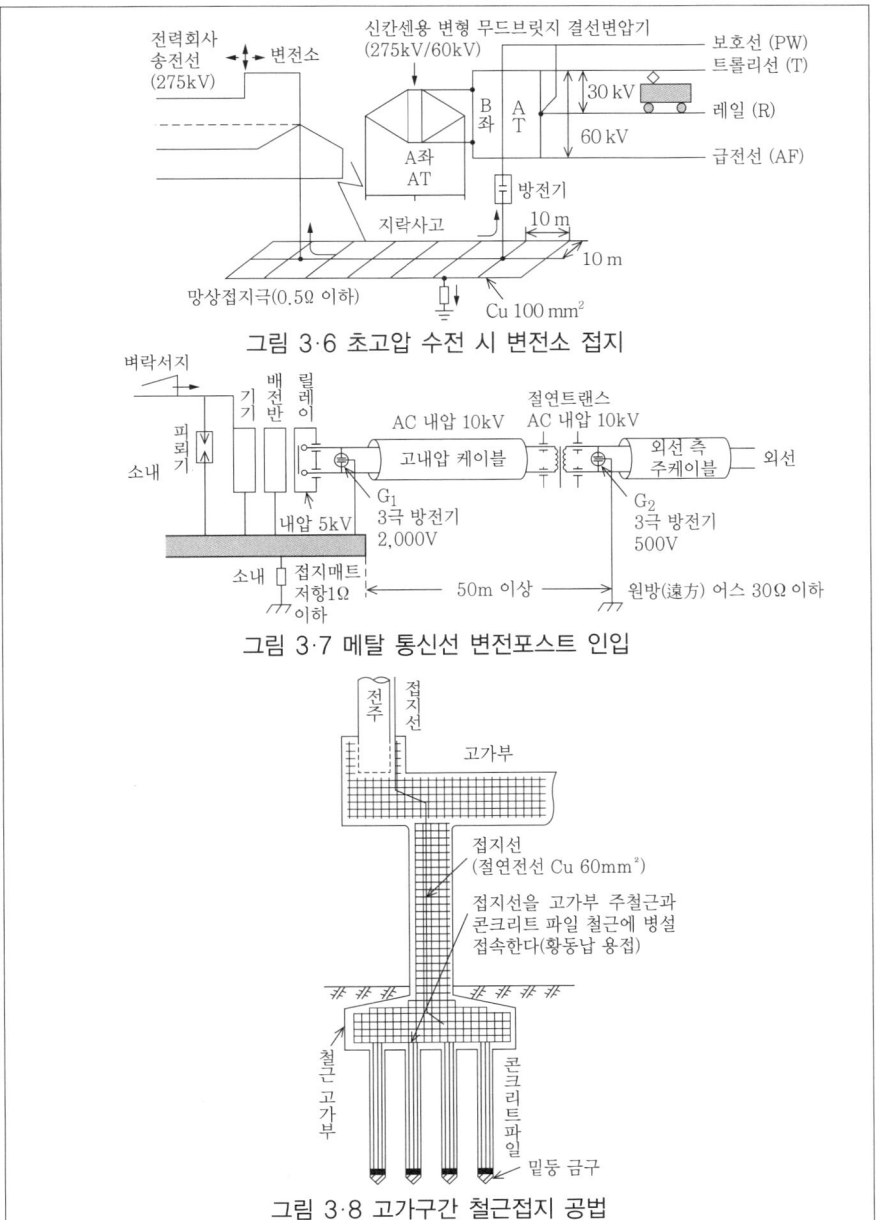

그림 3·6 초고압 수전 시 변전소 접지

그림 3·7 메탈 통신선 변전포스트 인입

그림 3·8 고가구간 철근접지 공법

(a) **변전설비의 특징** 가로등 구간이 많은 곳을 차지하는 고가구간에서는 구조물 철근이 저접지 저항인 점을 이용하여 전력용 접지를 고가철근에 접속하는 것을 원칙으로 하였다(그림 3·8).

(b) **통신설비의 특징** 전력기기가 가공지선(架空地線) 및 변전기기의 접지를 고가 철근에 접속한 것을 받아들여 이 구성에서의 사고 시 전위구배를 검토하였다. 그 결과 전력관계 접지한 곳과 인근의 통신 관계과 접지한 곳과의 간섭은 벗어날 수가 없다는 견지에서 고가 아래 통신 헤드 등의 접지는 강전관계와 별도인 단독접지로 하였다. 이를테면, 열차 무선중계기는 고가로부터 약 1.5m 떨어진 옆길 바깥쪽 끝에 접지 시공하였다.

역 및 중간 기기실 관련 접지는 고가(육교) 교각에서 발생하는 전위구배를 확인하고 적당히 거리가 떨어진 강시판을 이용하기로 하였다.

터널 안에서는 통신기기 외함용·통신 보안 장치용·측정용 보조인 세 종류의 접지공사를 시공하는 것으로 하여 신호기기와 통신기기에서 적절히 공용 접지 방식으로 하였다.

[6] 호쿠리쿠(北陸) 나가노(長野) 신칸센(1997년)

제대로 시설이 잘 갖추어진 신칸센으로서 경제성이 강력히 요구된 결과, 종래의 신칸센과 비교하여 설비의 간소화가 시도되었고 또 다양한 범용(汎用) 기술이 도입되었다[19].

통신설비는 기간(基幹) 전송로를 광PCM전송방식으로 구성하였다. 변전소로 끌어들이는 광화이버 케이블은 비금속으로 절연헤드를 필요로 하지 않았다(그림 3·9).

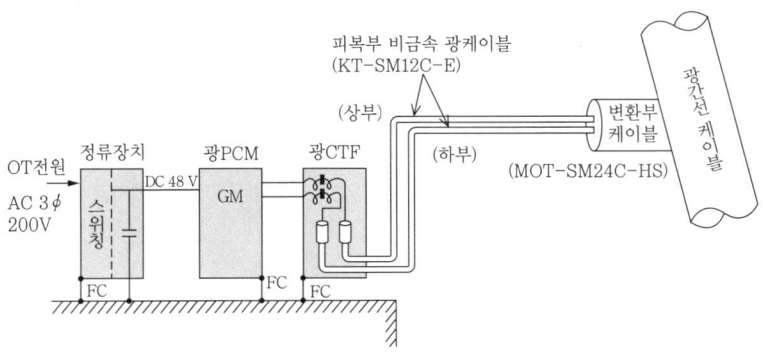

그림 3·9 비금속 광화이버 변전소 인입

3.2.2 교류 전기차의 종류와 고조파 발생

사이리스터(thyristor) 위상제어차·탭(tap) 제어차 등의 타려식 교류전기차는 단상교류전력을 정류기에 의해 직류로 변환하여 직류전동기를 구동하는 것이며 변환 시 제3조파를 주체로 하는 홀수차의 저차 고조파를 발생시킨다. 보통 기본파에 대한 n차 고조파 함유율은 다음 식으로 되어 있다.

$$\frac{I_n}{I_l} = \frac{(1\sim2)\times100}{n^2}\,[\%] \qquad\qquad (3\cdot4)$$

한편, 1990년대 이후 주류(主流)인 자려(自勵)식 전기차(PWM 제어차)는 PWM 컨버터로 교류를 직류로 전환하여 VVVF 인버터에 의해 유도 전동기를 구동한다. PWM 컨버터에 의해 1차 측 전류 파형은 정현파에 가까운 역률 1제어가 행해지기 때문에 저차 고조파는 적지만 컨버터의 변조 주파수에 기인하는 고차 고조파를 발생시킨다.

[1] 탭(tap) 제어차

초기 신칸센 0계 차량 및 재래선 ED 75형, ED 76형 전기기관차 등에서 이용되고 있는 탭 제어차에서는 기본파 전류에 대한 고조파 전류의 함유율은 전류의 크기에 관계없이 거의 일정하다. 그림 3·10(a)에 교류 측 파형의 예를 제시한다.

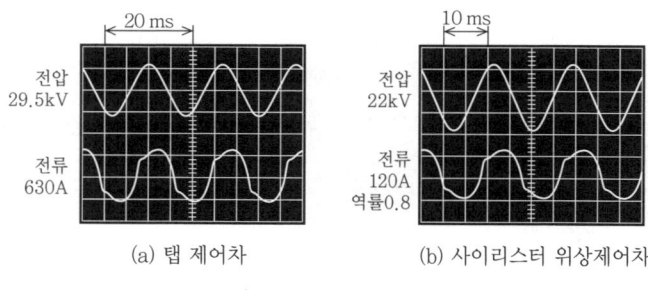

(a) 탭 제어차   (b) 사이리스터 위상제어차

그림 3·10 교류전기차 파형 예

[2] 사이리스터 제어차

사이리스터 위상제어차의 전류파형은 위상제어에 따라 변화하며 고조파 함유율은 탭 제어차보다 약간 크다. 다이오드·사이리스터 혼합 브릿지 차(車)의 경우, 제어위상각·제어유닛에 의해 전류파형은 항상 변화한다. 사이리스터 순브릿지 차의 경우, 역행 시에는 혼합 브릿지 제어와 동일하게 전류파형이 위상제어각과 함께 변화한다. 회생 시에는 사이리스터 전류 때문에 전류 여유각 γ을 필요로 하며, 제어진각 β로 사이리스터를 온(on)해야 하므로 역행 시보다 전류파형이 찌그러지고 고조파 전류의 증가와 역률의 저하가 발생한다. 그림 3·10(b)에 교류 측 파형 예를 제시한다.

[3] PWM 제어차

PWM 제어차의 1차 측 전류파형은 정현파(正弦波)에 가깝기 때문에 저차 고조파 전류는 적지만 컨버터의 변조주파수에 기인하는 고차 고조파가 발생한다. 이 때문에 이를테면 GTO 사이리스터를 이용한 실제 전기차에서는 가선 측 변환기를 4상(相)으로 하여 반송파 위상을 약간 움직여 의사(擬似) 8상(相) 변환하는 대책을 하고 있고 이 경우, 고조파가 1,500Hz 이상 고차(高次)로 옮겨간다. 더욱이 동일 편성 내의 유닛마다($\pi/2$) 유닛수만큼 컨버터 반송파 위상을 약간 움직임으로써 고조파를 적게 하고 있다. 그림 3·11에 각 차량의 고조파 함유율의 비교 예를 제시한다.

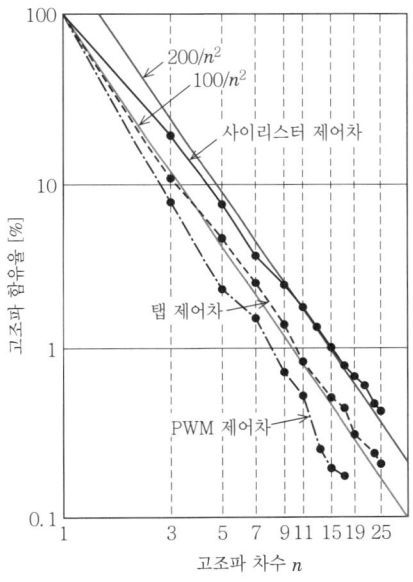

그림 3·11 고조파 함유율 비교 예

[4] 변전소에서의 저차 고조파 함유율

전부터 지금까지 차가 발생시키는 저차 고조파는 다음에 언급하는 것처럼 급전회로 내부에서 문제가 되는 점이 적어 전원계통으로의 유출을 억제하는 것이 목적으로 되어 있다. 이 경우 변전소의 고조파 발생량을 차량 자체만에서의 고조파 함유율을 베이스로 고려하면, 병렬 커패시터 등 지상 측 설비가 과대화 될 우려가 있다. 즉 여러대의 열차가 경합하는 경우, 각 전기차가 발생시키는 고조파는 변전소 바로 아래에 있는 위상 시프트 등에 의해 함유율이 저하되는 경향을 보여준다.

고조파 전류는 부하전류의 평방근에서 저감하는 경향이 있고 최대부하에 대한 함유율은 $1.1{\sim}1.3/n^2$ 정도로 저감하고 있다.

🚂 3.2.3 교류 급전회로의 전원 대책

일본의 교류 전기철도 급전방식은 단상교류식이기 때문에 일반의 3상 전력계통으로부터 전력을 얻을 때, 3상 계통의 전압·전류불평형 및 전압변동을 고려할 필요가 있다. 교류 전기철도에서는 전기설비기술기준 제55조 및 해석 제260조에서 연속 2시간의 평균부하에서 전압불평형률을 3% 이하로 하도록 규정되어 있다. 또 단상(單相) 철도 부하에 기인하는 3상 전력계통의 전압불평형은 실제로는 몇 초에서 몇 분인 짧은 시간의 3상 전압변동형태로 나타난다. 그래서 철도회사가 전력회사로부터 수전할 때, 전기설비기술기준과는 별도의 개별계약을 조건으로 하여 3상의 각 상 간의 전압변동률을 일정 이하로 억제할 것을 요구받는 예가 증가하고 있다. 이 문제도 폭넓은 의미의 EMC로서 해설한다.

일반적으로는 변전소에서 3상(三相)을 2상(二相) 변환을 하여 2조(組)의 단상교류를 각 방면 별로 이상(異相) 급전을 하는 외에 가능한 한 신뢰성이 높은 전원에서 수전함으로써 3상 불평형을 경감하고 있다. 1990년대 접어들어 수송량 증가·속도 향상에 의해 전원 증강이 필요한 선구가 생겨났다. 또 교류회생 브레이크 기능을 갖는 차량 도입도 있어 3상 계통의 전압·전류불평형 및 전압변동의 증가가 예측되었다. 이 근본적인 대책으로서 변전소 증설은 송전선 건설에 막대한 비용과 많은 세월을 필요로 하여 곤란한 상황이다. 또 시설이 제대로 잘 갖추어진 신칸센 등, 앞으로 건설될 교류전기 철도에 있어서는 철도연선에 단락 용량이 큰 전원을 얻을 수 없는 경우도 생각할 수 있다.

이와 같은 3상 전원의 불평형 및 전압변동 대책에 관해서는 다음에 제시한 것처럼 파워일렉트로닉스 기술을 응용한 적극적인 보상장치 적용이 유리하게 되는 경우도 있어 다음처럼 실용화되어 있다.

또한 홋카이도 신칸센의 후지가와(富士川) 동부에서는 앞서 언급한 것처럼 주파수 변환을 하고 있다. 이 경우 급전하는 60Hz 측에 3상 불평형이 있더라도 수전(受電)하는 50Hz 측에 영향은 미치지 않는다.

[1] 3상(三相)의 2상(二相) 변환에 의한 전압·전류불평형

(a) **전류불평형** 그림 3·12의 3상 2상 변환회로에 있어서 3상 측의 정상(正相)전류 I_1 및 역상(逆相)전류 I_2는 다음 식으로 나타낼 수 있다.

$$I_1 = \sqrt{I_T^2 + I_M^2 + 2I_T I_M \cos(\theta_T - \theta_M)} / \sqrt{3}$$
$$I_2 = \sqrt{I_T^2 + I_M^2 - 2I_T I_M \cos(\theta_T - \theta_M)} / \sqrt{3} \qquad (3·5)$$

전류불평형은 $K_I = I_2/I_1$로 나타내며 I_T와 I_M이 똑같은 경우 불평형은 없다.

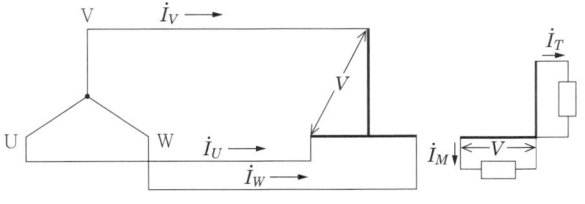

그림 3·12 3상의 2상 변환 결선

(b) **전압불평형** 전압불평형은 역상전압의 정상전압에 대한 비율이며 전원 임피던스를 X_0, 이를테면 부하전류를 $I_T = I$, $I_M = nI$으로 두고 기준부하 I의 역상전력을 W, 전원 단락용량을 P_s라고 한다면, 전압불평형률은 다음 식으로 나타낼 수 있다.

M좌와 T좌의 부하 역률각의 차 $\Delta\theta$에 대한 정상·역상전류 및 전압불평형률의 관계를 그림 3·13에 제시한다.

$$K_V = X_0 \cdot I_2 / V_1$$
$$= (W/P_s) \sqrt{I + n^2 - 2n \cdot \cos(\theta_T - \theta_M)} \qquad (3·6)$$

M좌와 T좌의 부하가 역행인 경우 $\Delta\theta ≒ 0$이고, K_V는 최대 1이다. 그러나 양좌의 부하가 사이리스터 위상제어차에 의한 역행(역률각 $40°$)과 회생(역률 각 $120°$)의 경우는 $\Delta\theta ≒ 80°$이며 예를들어 $n = 0.25$로 하면, $K_V ≒ 1$이 되어 양좌에 부하가 있는데도 전압불균형은 경감되지 않는다.

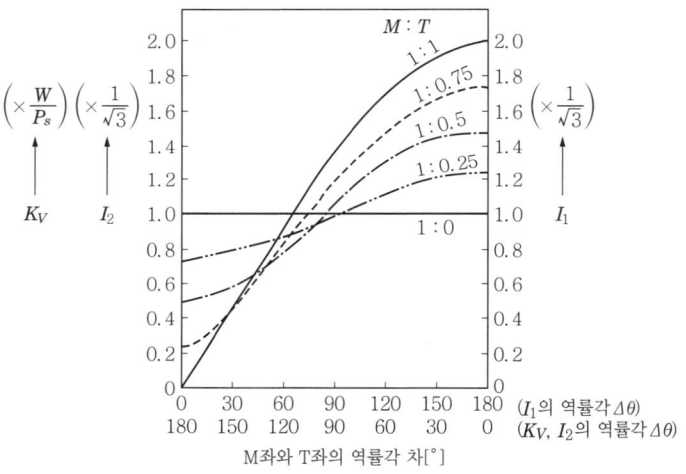

그림 3·13 부하역률각 차와 정상·역상전류 및 전압불균형

또 양좌부하가 PWM 제어차(즉 교류 VVVF차)에 의한 역행(역률각 $0°$)과 회생(역률각 $180°$)의 경우 $\Delta\theta = 180°$이며, 예를들어 $n = 0.5$로 하면, $K_V = 1.5$배가 되어 역상전류 및 전압불균형은 증가한다. 그러나 역률(力率) 1제어를 위해 전류가 지금까지의 차량보다는 작아지므로 K_V의 증가는 1.5배보다는 작다고 여겨진다.

[2] 3상(三相)을 2상(二相)으로 변환에 의한 전압변동

3상을 2상으로 변환에 따른 3상 측 전압변동률은 송전선의 임피던스를 Z_0 $\angle\gamma$, 스코트 결선변압기의 M좌 부하전력을 W_M, T좌 부하전력을 W_T, 부하위상각을 제각기 θ_{LM}, θ_{LT}로 하면, 전원단락용량을 $P_s = V^2/Z$로 하여 다음 식으로 나타낼 수 있다.

$$\Delta V_{UV} = \frac{1}{P_S}\left\{\sqrt{3}W_T \sin\left(\theta_{LT} - \gamma + \frac{\pi}{3}\right) - W_M\sin\left(\theta_{LM} - \gamma - \frac{\pi}{6}\right)\right\}$$

$$\Delta V_{VW} = \frac{1}{P_S}\left\{-\sqrt{3}W_T \sin\left(\theta_{LT} - \gamma - \frac{\pi}{3}\right) + W_M\sin\left(\theta_{LM} - \gamma + \frac{\pi}{6}\right)\right\}$$

$$\Delta V_{WU} = \frac{1}{P_S}2W_M \sin\left(\theta_{LM} - \gamma + \frac{\pi}{2}\right) \tag{3·7}$$

전원 저항분은 리액턴스 분에 비하여 작기 때문에 무시하고 $\gamma = \pi/2$[rad]로 하고 전원 리액턴스를 X, M좌 전류를 I_M, T좌 전류를 I_T로 하면 다음 식이 된다.

$$\left.\begin{array}{l}\Delta V_{UV} = X\{I_M \sin(\theta_M + \pi/3) + \sqrt{3}I_T \sin(\theta_T - \pi/6)\} \\ \Delta V_{VW} = X\{I_M \sin(\theta_M - \pi/3) + \sqrt{3}I_T \sin(\theta_T + \pi/6)\} \\ \Delta V_{WU} = X(2I_M \sin\theta_M)\end{array}\right\} \tag{3·8}$$

예를 들면, 전원의 단락용량 1,000MVA, 부하로서 사이리스터 위상제어차에 의해 역행 10MVA(역률각 40°), 회생 2.5MVA(역률각 120°)를 가정하여 기준전압에 대한 전압변동률을 구하면 표 3·4의 상단처럼 된다. 즉 단상부하인 경우 특정 상간에 전압변동이 생긴다. 전압변동 최대는 역행의 경우는 T좌 부하 시에 VW 상간에 발생한다. 회생이 있는 경우 T좌 역행·M좌 회생시에 VW 상간에 발생하고, 그 값은 역행만의 경우 약 1.1배의 크기다.

마찬가지로 PWM 제어차에 관해서 역행 10MVA(역률각0°), 회생 5MVA (역률각 180°)을 상정하여 전압 변동률을 구하면 표 3·4의 하단처럼 된다. 사이리스터 제어차와 비교하여 전압변동의 최대치는 작아지지만 변동폭은 편좌역행(片座力行)으로 타좌 회생 시에 크다는 것을 알 수 있다.

표 3·4 사이리스터 제어차와 PWM 제어차에 의한 전압변동

부하	좌	역률각 θ [°]	사이리스터 제어차 전압변동률 [%]			PWM 제어차 전압변동률 [%]		
			ΔV_{UV}	ΔV_{VW}	ΔV_{WU}	ΔV_{UV}	ΔV_{VW}	ΔV_{WU}
단독	M	40	0.985	−0.342	1.268	0.866	−0.866	0.0
		120	0.0	0.217	0.433	−0.433	0.433	0.0
	T	40	0.301	1.628	0.0	−0.866	0.866	0.0
		120	0.433	0.217	0.0	0.433	−0.433	0.0
양좌 경합	M/T	40/40	1.268	1.268	1.268	0.0	0.0	0.0
	M/T	40/120	1.418	−0.125	1.268	1.299	−1.299	0.0
	M/T	120/40	0.301	1.845	0.433	−1.299	1.299	0.0

역행 $\theta=40°$, 회생 $\theta=120°$

🚆 3.2.4 파워 일렉트로닉스에 의한 대책

교류 급전방식에서는 앞서 언급한 3상 불평형 등의 문제에 대하여 파워 일렉트로닉스 기기에 의한 대책을 실시하고 있는 예가 있다. 보통 이와 같은 기기는 SVC 또는 STATCOM 등으로 불리고 있다. 그러나 철도에서는 목적에 따라 다양한 기기 구성을 할 수 있기 때문에 각 구성에 명칭을 부여하여 구별하고 있다.

[1] 사이리스터 제어에 의한 보상용량 제어

사이리스터에 의한 보상용량 제어방법은 여러 가지가 있고 철도에서는 보통 다음의 두 종류가 사용되고 있다.

① 사이리스터 개폐 제어 커패시터(Thyristor Switched Capacitor : TSC)

② 사이리스터 제어 리액터(Thyristor Controlled Reactor : TCR)

또한 TCR방식의 리액터 대신 고(高)임피던스 변압기(High Impedance Transformer(HiZ Tr), %Z=30~80%)를 이용하여 2차 전압을 사이리스터의 제어에 적합한 전압으로 강압하여 제어하는 방식(TCT)이 일반적으로 이용되고 있다(그림 3·14).

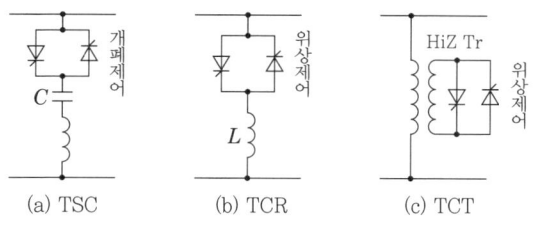

(a) TSC (b) TCR (c) TCT

그림 3·14 보상용량 개폐 제어

무효전력을 제어하려면 고정 리액터와 TSC를 조합한 C제어, 고정 커패시터와 TCT를 조합한 L제어가 철도에서 사용되고 있다.

[2] 단상 SVC

탭(tap) 제어 및 사이리스터 제어에 의한 역행차인 경우, 역률각을 거의 0이 되도록 변전소에서 무효전력을 보상함으로써 부하로서는 PWM 제어차와 등가로 고려할 수가 있다. 앞서 언급한 표 3·4에 있어서 역행차의 칸을 비교하면 PWM 제어차가 전압이 발생하는 상 간은 사이리스터 제어차와 다르지만 최대치는 약 53%로 작아진다. 즉 무효전력 보상에 의해 전압 변동의 최대치가 약 1/2로 억제된다(그림 3·15).

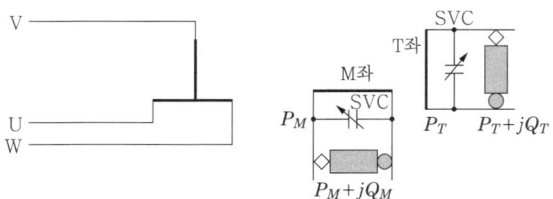

그림 3·15 단상 SVC에 의한 전압 변동 대책

이 방식은 재래선에서는 동경 본선 등, 신칸센에서는 홋카이도 신칸센에서 실용화되어 있다.

신칸센에서는 전원이 다른 구간에 전기차가 진입하는 경우, 역행으로 통과할 수 있도록 변환 섹션 방식을 채택하고 있기 때문에 제2조파를 많이 포함한 차량용 변압기의 무부하여자돌입전류(無負荷勵磁突入電流)가 발생한다. 이 때문에 SVC의 고정 커패시터에 제2조파 필터를 설치함과 동시에 직렬 커패시터에 의해 전압강하 보상을 하고 있는 변전소에서는 분수조파 진동이 계속되지 않도록 SVC 점호(點弧) 제어를 연구하고 있다.

[3] 3상 V결선 SUC

PWM 제어차(자동식 변환차)는 역행 시의 역률 0, 회생 시의 역률 −1을 목표로 하고 있다. 3상 측 각 상 사이의 무효전력은 다음 식이 되어 UW 상 간의 무효전력 보상은 거의 없다.

$$Q_{UV} = \frac{P_M}{\sqrt{3}} - \frac{P_T}{\sqrt{3}}$$
$$Q_{VW} = -\frac{P_M}{\sqrt{3}} + \frac{P_T}{\sqrt{3}}$$

(3·9)

그래서 그림 3·16에 제시하듯이 UV 상 간 및 VW 상 간에 SVC를 접속하고 식 (3·9)에 따라 무효전력 보상을 하면, PWM 제어차에 의해 발생하는 역상전류는 0이 되고 전압불평형 및 전압변동이 개선된다.

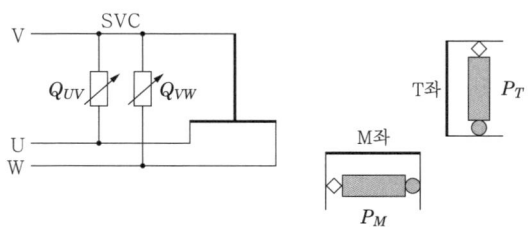

그림 3·16 3상 V결선 SUC

이 방식은 3상 V결선 SUC(Static Unbalanced Power Compensator)라고 불리며 홋카이도 신칸센의 주파수변환 급전구간에 있어서 역상전류를 보상하는 장치로 실용화되어 있다.

[4] 3상 자려식(自勵式) SVC(3상 SVG)

그림 3·17에 제시하듯이 급전용 변압기의 3상 측 각 상에 자려식 전력변환
장치(자려식 SVC)를 접속한다. 여기서 각 상 간의 전력변환장치에 의해 무효
전력을 보상하고 0으로 하여 유효전력을 상 간에서 융통하여 평균화 한다.
이 결과 임의(任意)부하에 대하여 전원 측에서는 역률이 1이고 3상 평형화 할
수가 있다.

이 장치는 3상 SVG(Static Var Generator)라고 불리며 1993년부터 홋카
이도 신칸센에 실용화되어 있다.

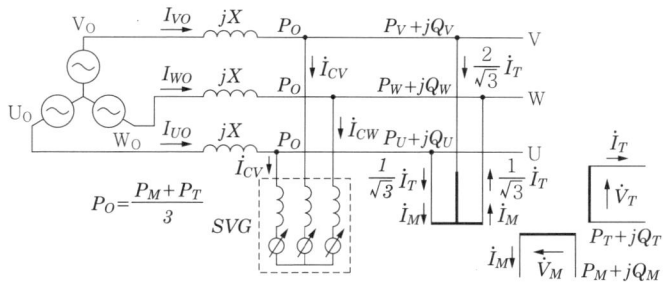

그림 3·17 3상 SVG에 의한 전원전압변동 억제회로

[5] 급전 측 전력 융통방식 전력보상장치(RPC)

스코트 결선 변압기는 M좌와 T좌의 부하가 같으면 3상 측에서 평형화한
다. 그래서 그림 3·18에 제시하듯이 M좌와 T좌 간에 단상 자려식 전력변환
장치를 설치하여 무효전력을 보상함과 동시에 부하전력이 큰 좌에서 작은 좌
를 향해 다음 식의 전력을 융통한다.

$$P = \frac{P_M \sim P_T}{2} \tag{3·10}$$

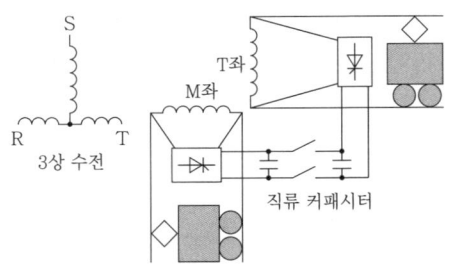

그림 3·18 RPC 기본구성

이 결과 M좌와 T좌의 전력이 같아지고 3상 측에서 평형됨과 동시에 역률 1
이 된다. 이 방식은 RPC(Railway Static Power Conditioner)라고 칭하며
급전 측에서 보상하기 때문에 3상 SVG와 달리 급전용 변압기의 전압강하를
보상할 수 있는 것이 특징이다. 더욱이 해당 변전소가 고장나 급전할 수 없는
경우, 급전 말단 설치의 무효전력 보상장치로 전압강하를 보상할 수 있다. 이
장치는 동경 신칸센에서 실용화되어 홋카이도 신칸센에도 건설 중이다[25].

[6] 불평형보상 단상급전장치(SFC)

스코트 결선 변압기의 M좌와 T좌의 길이를 $1 : \sqrt{3}$으로 하여 사변(斜邊) S
좌에 부하를 접속하고 M좌에 리액터, T좌에 커패시터를 접속하여 전원의 불
평형 보상을 하는 것이 동경(東北)·조에쓰(上越) 신칸센의 차량기지 등에서
행해지고 있다. 이 변압기는 M좌와 T좌의 전압이 다르기 때문에 부등변 스
코트 결선이라고 칭하고 T좌와 S좌가 형성하는 각을 스코트 각 ϕ 이라고 하
고 있다.

여기서 부등변 스코트 결선 변압기를 이용하여 S좌에서 급전하고 M좌와
T좌에 제각기 자려식 전력변환기를 접속하고 직류 커패시터로 연결한 보상
장치를 불평형 보상 단상급전장치(SFC : Single Phase Feeding Power
Conditioner)라고 칭하고 있다.

그림 3·19는 SFC의 기본구성이고 최근 고효율의 PWM 제어차가 주(主)이
기 때문에 스코트 각은 $\pi/8$로 하고 있다. 이 방식에서 S좌에 역률각 θ의 역행

부하가 있는 경우, M좌 및 T좌에서 전력은 다음 식처럼 된다.

$$P_M = V \cos \frac{\pi}{8} \times I \cos \left(\frac{\pi}{8} - \theta \right)$$

$$P_T = V \sin \frac{\pi}{8} \times I \cos \left(\frac{\pi}{8} - \theta \right)$$

$$Q_M = V \cos \frac{\pi}{8} \times I \sin \left(\frac{\pi}{8} - \theta \right) \text{ (진상)}$$

$$Q_T = V \sin \frac{\pi}{8} \times I \sin \left(\frac{\pi}{8} - \theta \right) \text{ (지상)}$$

(3·11)

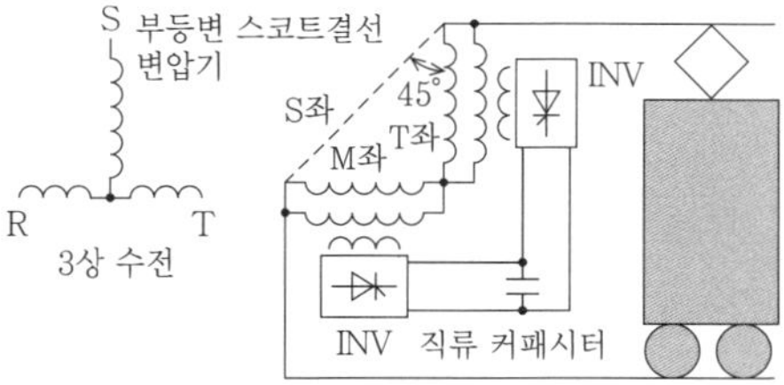

그림 3·19 SFC 기본구성

PWM 제어차가 역행 시에는 역률이 1이기 때문에 S좌 전력은 M좌에서 진상전력, T좌에서 지상전력이 되고 전력변환기(INV)는 M좌에서 부하전력 1/2 유도성 무효전력을, T좌에서 같은 용량의 용량성 무효전력을 공급하여 균일한 직각 성분으로 변환한다. 회생 시는 M좌에서 용량성 무효전력을, T좌에서 유도성 무효전력을 공급한다. 사이리스터 위상 제어차의 경우 역률이 0.8 정도이기 때문에 $P_M > P_T$가 되고 더군다나 전력차의 1/2을 직류 커패시터를 매개체로 하여 T좌에서 공급한다.

SFC는 1997년 호쿠리쿠(北陸) 신칸센에서 실용화되어 있다.

[7] 영불해협 터널의 Balancer

해외의 파워일렉트로닉스를 이용한 전원대책의 예로는 영국의 영불 해협 (英佛海峽) 터널 Sellindge 변전소의 터널 측 및 런던 측의 부하 Balancer

(Load Balancer, 터널 측 25kV·50Hz 직접 급전용 170MVA(1994년 가동), 런던 측 25kV·50Hz·AT 급전용 170MVA(2003년 가동)[26]~[29], Dalby 실험선(實驗線) 단상부하를 급전하는 Asfordby 변전소 Balancer (25kV·50Hz용 20MVA(2002년 가동))[29]~[30], 런던 지하철 직류변전소 3상 측 SVC (37MVA(2003년 가동))[31], 호주 퀸즈랜드주(州) 교류급전 광산철도 연선의 9개소 SVC 설치(25kV·50Hz·AT 급전용계 600MVA초(1987년 가동)[32], 프랑스 TGV의 Evron 변전소 자려식 SVC (25kV·50Hz·AT 급전용 16MVA(2003년 가동)) 등이 있다. 여기서는 영불해협 터널의 Balancer에 관해서 설명한다.

1994년 영업을 시작한 유럽 영불해협 터널은 25kV·50Hz의 직접 급전교류 급전방식이고 영국 측·프랑스 측 양쪽 변전소는 3상 수전·단상급전결선이다. 영국 측에서는 전원 계통의 전력 품질 요구가 엄격하여 3상 역상전류는 1% 밖에 허용되지 않았다.

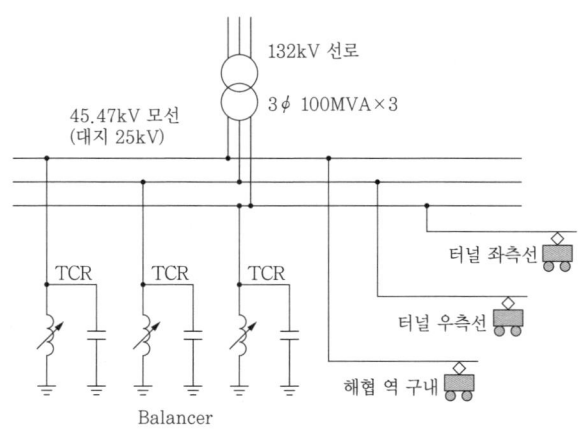

그림 3·20 영불해협 터널 Balancer(영국·해협쪽)

그래서 Sellindge 변전소에 총용량 170MVA의 Balancer(그림 3·20)가 설치되었다. 여기서는 3상 회로에서 1상(一相)씩 꺼내어 세 방향으로 방면별(方面別) 급전회로로 하고 있다. 각 상에는 병렬로 TCR 지상무효전력 공급회로와 고정 커패시터를 접속하여 SVC를 구성하고 있다. 더욱이 프랑스 측에서는 보상장치는 필요로 하지 않는다.

2003년 런던쪽 74km의 연락선 개통으로 인해 런던쪽에도 새로이 Balancer가 설치되었다. 메이커와 급전방식(AT급전)의 차이로 인해 해협쪽과는 주회로 구성이 크게 다르다.

한편, 저주파 급전(16.7Hz 15kV)의 국가들에서는 독자적인 단상 발송전망(發送電網)을 갖고 3상 50Hz·단상 16.7Hz의 주파수 변환을 하고 있다. 이 경우, 3상 50Hz 측에 대한 불평형 문제는 존재하지 않는다.

CHAPTER 3·3 고조파 억제 가이드라인

🚃 3.3.1 가이드라인 개요

1994년 9월, 일본의 통산성(通産省)에서 「고압 또는 특별 고압으로 수전(受電)하는 수요자 및 가전·범용품의 고주파 억제대책 가이드라인의 책정에 관해서」라는 제목의 홍보물이 발행되었다[37]. 이것은 전력이용기반강화 간담회(1987년)에서 제안된 '고조파 환경 목표 레벨'(계통의 종합 전압 왜율 : 6kV 배선계통에서 5%, 특별 고압계통에서 3% 이하)을 2010년 경까지 유지할 목적으로 특정 수용가가 발생시키는 고조파 전류를 1/2로, 가전·범용품에 관해서는 3/4으로 억제하는 것이 필요한 것으로 하여 대책을 마련할 때의 기술적 요건을 언급한 것이다.

그 후, 1995년 6월 「고조파 억제 대책 기술지침」(JEAG 9702-1995, 이하 「고조파 가이드라인」이라고 한다)이 발행되어 전기철도 관계에 관해서도 구체적인 계산 예를 포함하여 해설하고 있다.

이하 특정 수용가인 전기철도에 관련된 부분의 요약을 언급한다.

[1] 적용 범위
① 그 시설의 고조파 발생기기 등가 용량이 하기(下記)를 초과하는 수용가
  • 6kV 수전 : 50kVA
  • 22-23kV 수전 : 300kVA
  • 66kV 이상 수전 : 2,000kVA

등가 용량(P_0)이란 발생기기의 용량을 6펄스 변환장치 용량으로 환산하여 합계한 것으로 다음 식에 의한다.

$$P_n = \Sigma k_i \times P_i \qquad (3\cdot12)$$

여기서 k_i는 표 3·5에 의한 환산계수, P_i는 정격용량[kVA], i는 변환회로 종별(種別)을 나타낸다.

② 고조파 발생기기는 '가전·범용품'의 적용 대상이 되는 기기 이외의 기기로 한다.

③ 특정 수용가가 ②에 해당하는 고조파 발생기기를 신설(新設), 증설 또는 경신하는 경우, 여기서 경신하는 경우란 계약전력 또는 계약종별을 변경하는 경우를 포함한다.

표 3·5 환산계수(전철 관련 발췌)

회로 분류	회로 종별		환산계수 k_i	주 이용 예
1	3상 브릿지	6펄스 변환장치	$k_{11}=1.0$	• 직류전철변전소 • 전기화학 • 기타일반
		12펄스 변환장치	$k_{12}=0.5$	
		24펄스 변환장치	$k_{13}=0.25$	
2	단상 브릿지	직류전류 평활	$k_{21}=1.3$	교류식 전기철도 차량
		혼합브릿지	$k_{22}=0.65$	
		균일브릿지	$k_{23}=0.7$	
6	자려 단상 브릿지 (전압형 PWM 제어)	–	$k_6=0$	• 통신용 전원장치 • 교류식 전기철도 차량 • 계통연계용 분산전원

(주) 상기 환산계수는 목표치를 제시한 것으로 특히 교류 전기차량처럼 차종에 의해 발생량이 다른 것에 관해서는 제작메이커 설계치 혹은 실측치에 의해 전력회사와의 협의에 따라 결정하는 것으로 사료된다.

[2] 고조파 유출전류 산출

고조파 대책의 필요 여부는 최종적으로 계약전력 1kW 당 고조파 유출전류의 상한치(표 3·6)에서 제시되어 있고 그 산출은 하기에 따른다.

① 고조파 유출전류는 고조파 발생기기마다 정격 운전상태에서 발생하는 고조파 전류를 합계하여 여기에 고조파 발생기기의 최대 가동률을 곱한 것으로 한다.

표 3·6 계약전력 1kW 당 고조파 유출 전류 상한치(단위 : mA/kW)

수전전압 [kV]	5차	7차	11차	13차	17차	19차	23차	23차 이상
6.6	3.5	2.5	1.6	1.3	1.0	0.90	0.76	0.70
22	1.8	1.3	0.82	0.69	0.53	0.47	0.39	0.36
33	1.2	0.86	0.55	0.46	0.35	0.32	0.26	0.24
66	0.59	0.42	0.27	0.23	0.17	0.16	0.13	0.12
77	0.50	0.36	0.23	0.19	0.15	0.13	0.11	0.10
110	0.35	0.25	0.16	0.13	0.10	0.09	0.07	0.07
154	0.25	0.18	0.11	0.09	0.07	0.06	0.05	0.05
220	0.17	0.12	0.08	0.06	0.05	0.04	0.03	0.03
275	0.14	0.10	0.06	0.05	0.04	0.03	0.03	0.02

② 대상으로 하는 고조파 차수(次數)는 40차 이하로 하고 유출전류는 차수마다 합계하는 것으로 한다.

③ 구내(構內)에 고조파 전류를 저감하는 설비가 있는 경우는 그 저감효과를 고려할 수가 있다.

부속서(附屬書)에 등가용량을 산출하는 환산계수(표 3·5)와 개별 기기의 고조파 전류발생량(표 3·7)이 게재되어 있어 전철 관련 부분을 발췌하여 제시한다.

표 3·7 3상 브릿지 고조파 전류발생량(단위 : %)

변환장치	5차	7차	11차	13차	17차	19차	23차	25차
6펄스	17.5	11.0	4.5	3.0	1.5	1.25	0.75	0.75
12펄스	2.0	1.5	4.5	3.0	0.2	0.15	0.75	0.75
24펄스	2.0	1.5	1.0	0.75	0.2	0.15	0.75	0.75

표 3·6에 제시한 「계약전력 1kW 당 고조파 유출전류의 상한치」는 역률을 1로 계산하여 기본파 입력전류에 대한 100분율로 표현하면 표 3·8처럼 된다.

표 3·8 고조파유출 전류상한치 기본파 입력전류에 대한 백분율(단위 : %)

수전전압 [kV]	5차	7차	11차	13차	17차	19차	23차	23~40차
6.6	4.0	2.8	1.8	1.5	1.1	1.0	0.87	0.80
22이상	6.7	4.8	3.1	2.6	1.9	1.8	1.5	1.4

3.3.2 직류 변전소에 대한 대책

[1] 전철부하의 특성과 대책의 판정

전철부하는 일반적인 산업부하 설비와는 다른 특성을 갖고 있어 고조파 가이드라인의 기본 정신을 따라 실효적인 대책을 강구하는 것이 필요하다. 정류기에서 발생하는 고조파는 고조파 가이드라인에 제시된 표 3·5의 값을 토대로 다음 식으로 구한다.

$$I_n = A_{30} \times \sum (K_{nk} \times I_k) \tag{3·13}$$

여기서, I_n은 n차의 고조파 발생량[A], A_{30}은 가동 기기의 최대 가동률, K_{nk}는 K번째 정류기의 고조파 발생량[%], I_k는 K번째 정류기의 기본파 전류[A]이다. 더욱이 최대 가동률은 고조파 발생량의 30분 평균치의 최대로 정의되어 있고, 직류 전기철도의 경우 수요율(=최대 수요전력/가동 설비용량)과 동일하게 된다.

① 12펄스화에 의한 대책 : 배전계통에 대한 고조파장애의 대부분은 제5조파에 의한 것이고 고조파 가이드라인 부속서에는 12펄스 변환 상당 이상의 것은 대책을 실시한 것으로, 해도 된다고 되어 있어 12펄스화가 주요 대책 수단이 되고 있다. 또한 22/23kV로 10MVA, 66kV 이상으로 30MVA를 초과하는 것에 관해서는 11, 13차를 포함하여 고조파 환경레벨을 검토하여 전력회사와 협의할 필요가 있다.

② 12펄스화로 여김 : 전력회사의 동일한 변압기에서 복수의 변전소로 전력이 공급되는 경우, 각 변전소가 동일부하, 전류 리액턴스 오차가 1.5% 이하, 상시 직류 측이 병렬이라는 것을 조건으로 하여 12펄스 변환장치로 여긴다.

[2] 12펄스화에 따른 직류 측 고조파 문제

이 문제는 기술지침에는 언급되어 있지는 않지만 전철사업자 측의 주의사항으로 언급하고자 한다.

앞서 말했듯이 12펄스화에 의해 직류 측의 6의 배수 고조파는 이론적으로 소거된다. 따라서 직류필터 제1분로($n=6$), 제3분로($n=18$)는 불필요하지만 제1분로 생략은 변압기 용량 등의 임피던스 조건에 따라서는 6차를 확대하므로 주의가 필요하다.

또 그림 3·21(c)처럼 6펄스 정류기가 각각에 직류 리액터를 설치하는 구성으로 할 경우, 직류 모선에서 관찰한 전원 측 리액턴스가 1/2이 되기 때문에 제2분로($n=12$)의 전류용량을 증가시킬 필요가 있다. 또 12펄스 변환기를 신설하는 경우, 그림 (a)처럼 3권선 변압기를 채택하여 정류기를 2직렬로 할 수 있지만 기설 6펄스 변환기에 그림 (b)처럼 변압기-정류기를 증설하는 경우, 직류 측의 위상 차이가 어긋남에 의해 횡류를 발생시키므로 상 간 리액터를 설치하는 것이 필요하다.

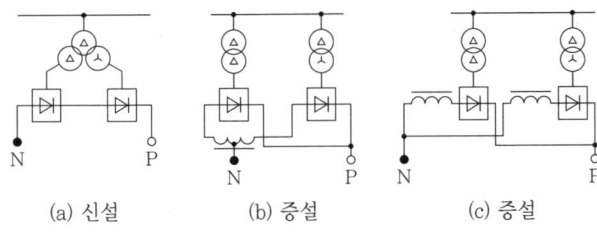

(a) 신설   (b) 증설   (c) 증설

그림 3·21 직류변전소 정류기 신설/증설의 여러 방식

3.3.3 교류 급전회로의 고조파 대책

교류 급전회로에 대한 고조파 대책은 제9조파 정도 이하의 저차 고조파와 고차 고조파에서는 다음과 같은 특징적인 차이가 있다. 즉 저차 고조파에 관해서는 급전회로 내부에서의 릴레이 그 밖의 변전기기는 고조파에 대하여 내량(耐量), 특성 디버그(debug)가 충분히 되고 있기 때문에 전원계통으로의 유출 억제가 가장 중요한 점이다. 급전용 변전소에서는 보통 병렬 커패시터 (PC)에 필터 기능을 갖추어 주로 제3조파를 흡수하여 전력회사의 고조파 저감 요구에 응하고 있다.

한편 토카이도 신칸센 주파수 변환기 계통에서는 77kV 케이블의 대지 용량에 의한 고조파 공진 방지를 위해 3, 5차 등의 필터가 77kV 모선에 설치되어 있다. 이것은 고조파에 의한 회전기 과열 방지를 주목적으로 하고 있다.

한편 고차 고조파에 관해서는 고조파 가이드라인에서 고조파 공진을 방지하는 취지로 규정되어 있는 것과 급전회로 내부의 자위를 위한 공진억제가 주 대책이라는 필요성이 제기된다. 즉 급전회로는 LC의 분포 정수회로이고 그 급전거리에 따라 전원 측의 유도성 임피던스와 고차의 특정 주파수에서 병렬 공진한다.

전기차에서 발생하는 고차 고조파가 이 공진 근처에 있으면, 발생량은 미미할지라도 공진에 의해서 급전회로에 과대한 고차 전압 왜형을 발생시켜 신호·통신에 대한 전자유도장애(특히 사용 주파수에 가까운 경우)나 위상 제어 기기의 오동작 등의 원인이 된다.

전력계통 측에서는 제5조파에 의한 장애가 주체이고 급전계의 고차 로컬 공진이 문제가 될 가능성은 적다. 또 PC나 필터는 고차 고조파에 대해서 높은 유도성 리액턴스가 되므로 저차 고조파 억제효과는 기대할 수 없다.

때문에 고조파 영역에서의 임피던스 특성을 약간 이동하여 공진을 회피하는 HMCR 장치(나중에 언급함)로 대책이 마련된다.

[1] 저차 고조파 대책

저차 고조파 대책으로 역률개선용 PC(병렬 커패시터)에 의한 제3조파의 억제가 이루어지고 있다. 제5조파 이상의 흡수능력은 낮기 때문에 이것이 문제가 될 경우는 제5, 제7등의 필터가 병설되는 경우도 있다.

전기차가 발생시키는 고조파는 전류원으로서 취급할 수가 있기 때문에 그림 3·22(b)의 등가회로가 되고 다음 식처럼 단순한 임피던스 분류로 하여 계산할 수가 있다.

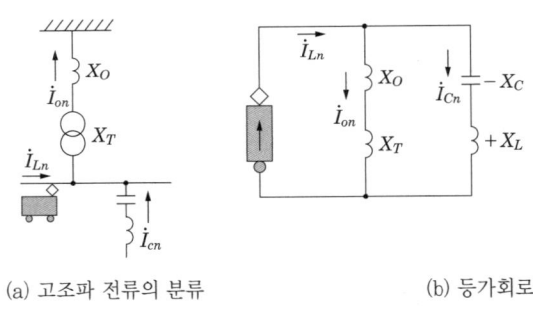

(a) 고조파 전류의 분류   (b) 등가회로

그림 3·22 병렬 커패시터와 고조파 분류

$$I_{CN} = \frac{(X_0 + X_T)n}{(X_0 + X_T)n + (nX_L - X_C/n)}$$ (3·14)

$$I_O = I_{Ln} - I_{Cn}$$

임피던스 분류가 의미하는 바는 식 (3·14)에서도 이해되듯이 용량성 임피던스가 있으면, 고조파는 확대되고 일그러짐을 크게 하는 것이다. 따라서 그 계통에 발생하는 최저차 고조파에 대하여 유도성으로 하기 위해 적절한 직렬 리액터를 선정하는 것이 필요하다. 전철 변전소용 PC는 제3조파에 대하여 유도성이 되도록 다음과 같이 하고 있다. 이와 같은 PC와 필터 임피던스의 특성을 그림 3·23에 제시한다.

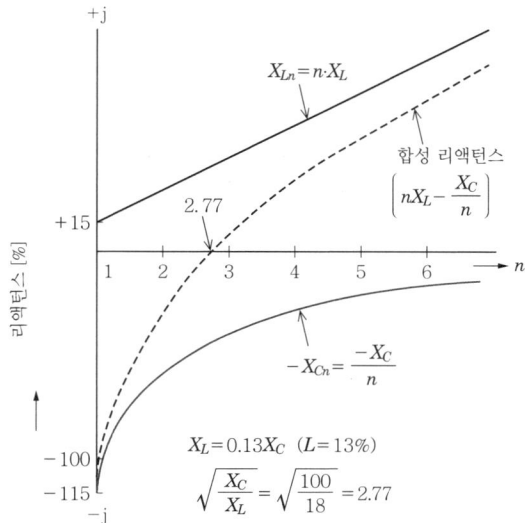

그림 3·23 PC와 필터 임피던스 특성

$L = 13\%(= X_L/X_C)$

공진차수 $= 2.77(= \sqrt{X_C/X_L})$

(3·15)

(주 : 동경(東北)·조에쓰(上越) 신칸센은 $L=12\%$, 공진차수$=2.89$)

더구나 필터 공진차수 n에 대하여 $|X_L| = |X_C|$가 되도록 L을 선정하는 것이며 제3필터의 경우 $L=11.1\%$, 제5필터의 경우 $L=4\%$, 제7필터의 경우 $L=2\%$가 되지만 실제로는 계통주파수변동이나 LC의 오차 등에 의한 반(反)공진을 방지하기 위하여 완전한 공진이 아니고 약간의 유도성 측으로 튜닝된다.

[2] 고차 고조파의 공진 억제대책

급전회로는 그림 3·24처럼 분포 정수 회로로 나타낼 수가 있지만 급전용 변압기를 포함한 전원 측 임피던스는 유도성이고 급전회로의 정전용량과 병렬 공진한다. 공진은 다음 식의 조건에서 발생한다.

$Z_s + Z_0 \coth \gamma l = 0$

(3·16)

여기서 Z_0는 선로의 특성 임피던스, γ는 선로의 전반 정수, l은 선로의 길이[km]이다.

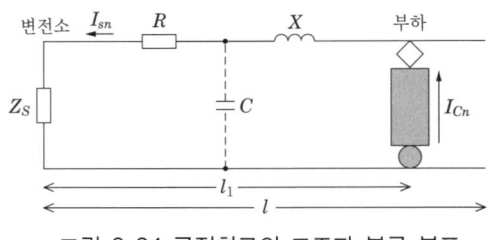

변전소 I_{sn} R X 부하

Z_S C I_{Cn}

l_1

l

그림 3·24 급전회로의 고조파 분류 분포

이때의 공진 주파수 f [Hz]는 선로의 길이가 비교적 짧고 $\gamma l \ll 1$로 간주할 수 있는 범위에서는 다음 식이 된다.

$$f = \frac{1}{2\pi\sqrt{LCl}} \tag{3·17}$$

여기서 L은 전원 측 임피던스$(Z_s=jwL)$, C는 표유정전용량$(Y=jwC)$이고 coth $\gamma \fallingdotseq 1/(\gamma l)$, $\gamma \fallingdotseq Y$가 된다. 따라서 공진 주파수는 선로 길이의 평방근에 거의 역비례한다. 공진 주파수는 대개 재래선에서 800~1,200Hz, 신칸센에서는 1,000~2,000Hz 범위에 있다.

전기차에서 유출되는 전류 I_{CN}에 대한 변전소에서의 고조파 전류 I_{SN}을 고조파 확대율이라고 칭하며, 전기차가 급전회로 말단에 있을 때 확대율은 더욱 커진다.

$$\frac{I_{SN}}{I_{CN}} = \frac{Z_N \cosh\gamma(l-l_1)}{Z_S \sinh\gamma l + Z_0 \cosh l\gamma} \tag{3·18}$$

급전회로 공진은 확대가 뚜렷해지는 급전회로 말단 혹은 변전소에서 선로의 특성 임피던스(200~300Ω 정도)와 거의 같은 저항으로 단락하면 억제할수가 있다. 그래서 1970년 가고시마(鹿兒島) 본선 AT 전화 이후, 재래선 AT 선구에서는 표준적으로 급전 말단에 그림 3·25에 제시한 CR 장치를 설치하고 있다. 이렇게 함으로써 그림 3·26처럼 무(無)대책인 경우보다도 공진 주파수를 조금 이동하여 확대율을 억제하고 있다.

이 장치는 다른 목적의 CR장치와 구별하기 위해서 공진억제용 HMCR (Higher Harmonic Resonance Suppression with CR Equipment) 장치라고 부르며 기본파 손실을 저감하기 위해 직렬로 커패시터를 접속하고 저항기에 병렬로 리액터를 접속하고 있다. 리액터 장치는 해석 검토에 따라 추가된 것이며 그 후에도 커패시터 용량이나 저항기 정격의 재검토 등에 의한 소형화가 추진되고 있다[20].

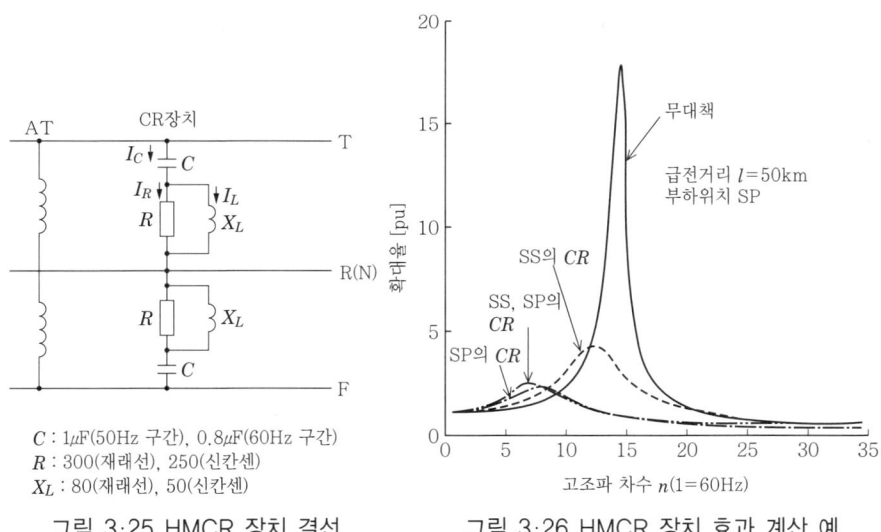

C : 1μF(50Hz 구간), 0.8μF(60Hz 구간)
R : 300(재래선), 250(신칸센)
X_L : 80(재래선), 50(신칸센)

그림 3·25 HMCR 장치 결선

그림 3·26 HMCR 장치 효과 계산 예

신칸센은 급전 길이가 일반적으로 재래선보다 짧기 때문에 공진 주파수가 재래선보다 높고 고조파 발생량도 적다. 때문에 급전 길이가 길어서 공진 가능성이 예측되는 특정한 곳에 HMCR 장치가 설치되어 있다.

더욱이 지금까지의 검토는 전원부터 차량 팬터점을 포함하는 급전회로 말단까지 그 대상이 되고 있다. 차량의 주변압기 및 정류부를 포함한 고조파 공진의 존재에 관해서는 계속해서 해석이 필요하다.

[3] 가이드라인에 대한 대응

전기차에서 발생하는 고조파는 다편성 이동부하이기 때문에 등가용량은 3상 계통 환산으로 최대 수요전력과 부하역률(병렬 커패시터를 포함하지 않는다)로 다음 식처럼 구하고 있으며 최대 가동률은 1로 한다. 병렬 커패시터 필터가 있는 경우 저감효과를 고려한다.

$$I_n = I_l \times \sum (k_j \times I_{nj}) \tag{3·19}$$

여기서 I_l은 계약전력에서 구해지는 기본파 전류[A], I_{nj}는 고조파 발생량 [%], k_j는 차종별 주행 킬로미터 비(해당 변전소를 포함한 선구에서 산출)이다. 고조파 대책의 가장 중요한 점은 5, 7차로 되어 있고 그 밖의 차수에 관해서는 '특단(特段)의 지장이 되지 않아야 한다'라고 말하고 있다. 기술지침에서는 특단의 지장이 되는 예로 PWM 차 등의 고차 고조파에 의한 공진확대, 불평형분에 의한 제3조파 전류를 거론하며 주의를 필요로 하고 있다.

🚃 3.3.4 액티브 필터에 의한 대책

파워일렉트로닉스가 발전함에 따라 임의 파형을 자유자재로 만들어내는 것이 가능해졌다. 액티브 필터는 고조파 성분을 검출하여 이것과 역위상 파형을 고조파 인버터로에서 발생시켜 전원 측 전류를 정현파로 만드는 것이다.

LC 필터는 특정한 주파수에 공진시켜 임피던스 분류 효과에 의해 고조파 전류를 흡수하는 방식이기 때문에 반(反)공진에 의한 필터 과부하 등의 검토가 필요한 것에 대하여, 액티브 필터는 자신의 용량 범위 내에서 보상이 가능하여 최근 고압 배전계통을 중심으로 보급되어 있다.

액티브 필터는 크게 나누면 그림 3·27에 제시하듯이 병렬형과 직렬형이 있고 주회로/검출/제어에 걸쳐 많은 방식이 있다. 가장 일반적으로 이용되고 있는 것은 병렬형 부하 고조파전류 검출 방식이고 그림에 보상 동작 파형의 예를 제시한다. 가이드라인의 지침에는 보상 용량의 산정 방법이 기술되어 있어 다음에 6펄스 변환기 대책을 예로 요약을 제시한다.

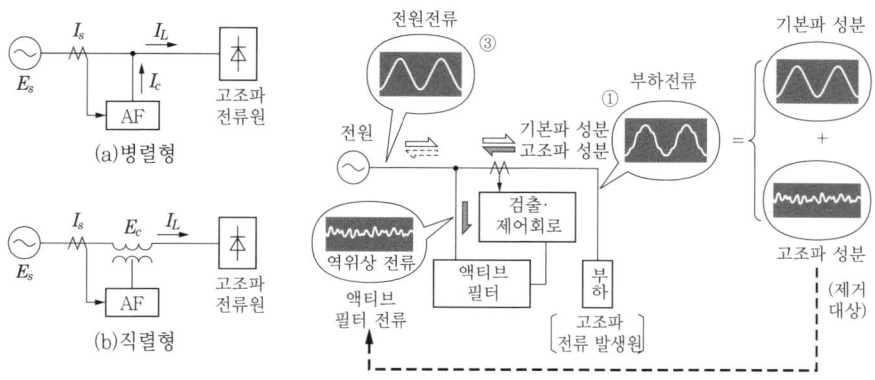

그림 3·27 액티브 필터 원리와 보상파형 예

보상 용량 $=\sqrt{3}\times$(계통전압 실효치)$\times$(보상 전류 실효치) (정의)

(각차) 보상률 $=(I-I_{sn}/I_{Ln})\times100[\%]$

(종합) 잔유률 $=\sqrt{\sum I^2_{sn}/\sum I^2_{Ln}}\times100[\%]$ (3·20)

단, 잔유율의 값은 5, 7차 : 20%, 11, 13차 : 40%로 한다. 6펄스 변환기의 발생량을 보상하는 경우의 용량은

$$\sqrt{0.1752^2+0.112^2+0.0452^2+0.032^2}\times R=0.22R[\text{kVA}] \qquad (3·21)$$

여기서 R은 6펄스 변환기 용량[kVA]이다.

지금 각 차의 전원 측 유출전류는 잔류율을 곱하여

$I_{s5}=0.175\times R\times0.2=0.035R<0.067C$

$I_{s7}=0.11\times R\times0.2=0.028R<0.048C$

$I_{sI1}=0.045\times R\times0.4=0.018R<0.031C$

$I_{sI3}=0.03\times R\times0.4=0.015R<0.026C$

단, C : 계약전력[kW]이고 우항은 표 3·6(수전전압 66kV의 경우)에서 산출한 유출전류의 상한치를 제시한다. 즉 $R=C$로 한 경우, 액티브 필터 용량은 변환기 용량의 13% 정도로 하는 것이 좋다는 것을 알 수 있다.

 액티브 필터는 LC 필터보다 고가이므로 일본의 전철변전소에 적용된 예는 대단히 적다. 직류 변전소에서는 12펄스화에 의한 대책이 앞으로도 유력한 수단이 될 것으로 생각된다.

국제규격과의 관계

지금까지 언급해왔듯이 일본 전기철도에서는 고조파·전압불평형 같은 개별 문제에 대하여 법령 혹은 내부규정 등이 정비되어 필요한 대책을 시행해 왔다. 한편 국제전기규격 IEC에서 포괄적으로 철도와 EMC의 관계가 규정되었기 때문에 이 시점에서 일본 철도를 고찰해본다.

3.4.1 EMC 규격과 일본 전기철도

전력용 지상설비 관련의 EMC 규격으로는 IEC 62236-2, IEC 62236-5가 직접 적용 대상이 된다. 또 변전소는 일반 전력계통에서 수전하기 때문에 운용에 있어서는 일련의 IEC 61000 시리즈(EMC)가 적용된다.

[1] IEC 62236-2(EN 50121-2)

IEC 62236-2(2003) 및 EN 50121-2(2000/2006)는 전기철도의 전자양립성에 관한 규격의 일부이고 철도 시스템 전체의 주위에 미치는 영향에 관해서 규정하고 있다. 단 내용은 9kH 이상의 전파 영역에 관한 규정이고 통상의 전력기기로는 직접 제어하지 않는 영역이다. 전력용 지상 설비와 관련된 항목으로는 Annex A에 변전소에서의 전자계 측정 방법이 규정되어 있고 사회일반의 전자환경에 대한 관심이 고조되는 가운데 측정 방법에서 사실상의 표준으로 운용되고 있다.

단, 현행의 IEC 62236-2(2003) 및 EN 50121-2(2006)에서는 주파수 9kH 이상의 전자계에 관해서 측정 방법이 규정되어 있고 급전주파수(일본의 경우, 50Hz 또는 60Hz)에서의 측정 방법은 삭제되었다. 구(舊)규격 EN 50121-2(2000)에서는 급전주파수에서의 구체적인 측정 방법이 변전소 부지 네 귀퉁이 울타리로부터 연직으로 10m 떨어진 지점의 높이 1m에서 한다 등으로 규정되어 있다.

그 때문에 2007년 시점에서 측정이 행해질 때는 구(舊)규격에 준하여 행해졌다. 또 현재의 규격 Annex C에는 Informative(참고정보)로서 변전소 등에서의 급전주파수의 전계 및 자계의 최대치 예가 기술되어 있다. 이와 같은 상황에서 현행의 IEC 62236-2는 일본에 적용할 때 커다란 문제는 없다고 사료된다. 또한 급전주파수 등의 저주파 전자계 측정 방법은 별도 EN 50500(2008년 발행 예정)에 규정된다.

더욱이 IEC 62236-2(현행은 2003)는 EN의 개정(2006)에 의해 Fast Track 수속에 따라 개정하였다. 일본 전력용 지상설비와 관련해서는 급전용 주파수 60Hz의 추가 이외에 개정 작업에 대한 많은 요구를 하고 있지 않다.

[2] IEC 62236-5(EN 50121-5)

IEC 62236-5(2003) 및 EN 50121-5(2000)는 전기철도의 전자양립성에 관한 규격의 일부이고 전력지상설비의 전자환경오염 및 양립성에 관해서 규정하고 있다.

이 규격의 대상 범위는 다음과 같다.

변전소 등 전력공급용 지상설비와 보호설비, 단권변압기(AT)·흡상변압기(BT)·급전구분소 등 변전소 이외의 철도연선 변전설비, 차단기 등 가선·급전선·부급전선 등 차량용 전력공급에 직접 관련하여 선로를 따라 부설되는 전선 종류이다.

또 다음의 설비는 개별적으로 규정하기 때문에 이 규격에서는 대상 외로 하고 있다.

전력용 필터 설비(고조파용 및 역률 보정용)

더욱이 급전용 주파수의 전자 유도전압은 개별적으로 규정해야 할 대상으로 이 규격의 대상에서 제외되어 있다. 구체적인 내용은 측정항목과 측정할 때 준거해야 할 규격의 나열이고 EC 62236-5 고유의 기술은 없다. 준거 규격은 IEC 61000 시리즈 및 IEC 62236-2가 대부분이다.

이처럼 IEC 62236-5는 급전용 주파수의 전자 유도전압을 포함하고 있지 않는 수도 있고 일본에 적용함에 있어 단체(單體)로서는 커다란 문제는 없다고 사료된다. IEC 61000 시리즈에 관해서는 나중에 기술하기로 한다.

또한 IEC 62236-5(현행은 2003)는 EN의 개정(2006)에 수반하여, Fast Track 수속에 따라서 개정되었다. 일본의 전력용 지상설비와 관련해서는 급전용 주파수 60Hz 추가 외에 개정 작업에 대한 많은 요구는 하고 있지 않다. 또한 이 규격에 있어서 다음의 사실과 현상은 한도치 설정의 곤란함으로 인해 Informative(정보 제공)에 머물고 있지만 변전 시스템에 특징적인 것으로서 충분히 유의해 둘 필요가 있다.

① 개폐기 동작 시 방사전자계
② 9kH까지의 누설 자계
③ 급전회로의 고조파 등

[3] IEC 62313(EN 50388)

EN 50388(2005)부터 2008년, Fast Track 수속 중인 IEC 62313은 전력공급과 차량의 상호운용성을 실현하기 위한 전력공급(변전소)과 차량 협조에 대한 기술기준이다. 구체적으로는 차량이 주행할 때의 역률, 변전소에서의 이상(異相) 구분장치 사양, 팬터점 전압 담보, 고장보호 시 재투입 방법 등의 보호협조, 전력회생 브레이크 사용 기준 등을 정하고 있다.

EN 50388 중에서 EMC에 관계되는 것은 차량 및 급전회로의 고조파에 관한 부분(10장 및 부록 C, 단 부록 C는 참고정보)이다. 여기서는 차량(컨버터 또는 인버터) 또는 지상의 전력변환기(주파수 변환기 등) 고유의 고조파와 급전회로의 공진을 방지하는 것, 특히 고조파 공진에 의한 과전압 및 과전류를 방지하는 것이 가장 중요한 점이 되었다.

그래서 차량 또는 지상의 신규 요소(새로운 차량, 새로운 변전소 등)의 사전해석·시험선에서의 시험·본선에서의 시험 등 수입 검사 수순과 그 담당 구분(지상 또는 차량)을 규정하고 있다.

[4]IEC 61000 시리즈

IEC 61000 시리즈(과거 IEC 1000 시리즈)는 일반 전력설비의 EMC에 관하여 전력품질(Power Quality : PQ)을 유지하기 위하여 3상 상용주파 전원의 전압불평형·전압변동·고조파와 같은 항목마다 정의와 측정 방법 및 규제치까지 포괄적으로 규정하고 있다[39]. 더욱이 철도용 전력설비는 특수설비이기 때문에, 이를테면 IEC 62236에서는 IEC 61000 시리즈는 인용 규격이고 직접 적용 대상은 되지 않는다.

IEC 61000 시리즈는 미국·유럽 간의 내용 조정이 난항을 겪고 있으며 유럽이라 할지라도 전면적으로 IEC를 적용하고 있는 것은 아니다. 또 일본 전력회사의 방침이나 기존 전기설비기술기준, IEC 61000 시리즈에는 일치하지 않는 것이 있기 때문에 일본에서도 수정이 이루어지고 있다.

하나의 예로, 일본에서는 앞서 언급했듯이 전기설비기술기준 가운데에, 2시간 평균부하로 3% 이내라는 전압불평형에 관한 규정이 있다. 또 철도회사가 전력회사로부터 수전할 때에 전기설비기술기준과는 별도의 개별계약조건으로서 3상의 각 상 간 전압변동률을 일정 이하로 억제할 것을 요구받는 예가 증가하고 있다.

이에 대하여 IEC 61000-3-13에서는 표 3·9처럼 3상 불평형률의 산정 방법 및 기준을 정하고 있어, 전기설비기술기준과는 다른 것으로 되어 있다. 단, 표의 값은 측정 결과를 통계 처리하여 얻는 것이고 전기설비기술기준치와 직접 비교할 수 없는 점에 주의가 필요하다.

표 3·9 IEC 61000-3-13 기준치

종별	불평형 기준치(%)	기사(記事)
MV	1.8	전압범위 1~35kV
HV	1.4	전압범위 35~230kV
EHV	0.8	전압범위 230kV 이상

한편, IEC 61000 시리즈에서는 서지에 대한 이뮤니티도 다루고 있기 때문에 전기철도 지상설비의 절연 협조에 대해서도 영향이 미친다.

다른 한편으로는 앞서 언급한 고조파 가이드라인(「고조파 억제 대책 기술지침」, JEAG 9702-1995)은 저압기기의 고조파 규제치를 정한 IEC 6000-3-2 Ed.1.0(1995) 최종안을 참고로 하고 있다[40]. 이 IEC는 100V 대응 등의 변경을 거쳐 JIS C 61000-3-2(2003)으로서 300V·20A 이내의 저압기기를 대상으로 일본에 적용되었다. 고조파 가이드라인에서는 제40차 조파까지 고조파 전류가 규정되어 있어 신규로 수전하는 급전변전소 및 신형 차량 투입 시 적합성을 확인하는 예가 많다.

이상과 같이 IEC 6000 시리즈가 본격적으로 전기철도에 적용된 경우, 전기설비기술기준 등이 개정될 것도 예상되기 때문에 추이를 지켜볼 필요가 있다. 또 해외 등에서는 변전소의 신규 수전 및 신형 차량 투입 시 적합성을 요구받는 것도 고려할 수 있다.

[5] IEEE 519

일본 국내에서는 IEEE(미국전기규격)의 적용을 받지 않는다. 그러나 대만·인도 등에서는 전력품질 기준을 IEEE 519-1992(Recommended Practices and Requirements for Harmonic Control in Electrical Power Systems)와 IEEE 1159(Recommended Practice for Monitoring of Power Quality) 등에 두고 있는 사례가 있으며 수출 시에 준거를 요청받는 수가 있다.

IEEE 519에서는 수요자의 합계 부하전류와 그 지점의 단락전류의 비에서 고조파 전류의 상한치를 규정하고 있다.

IEC와 IEEE 더욱이 유럽의 전력품질규격 EN 50160에서는 이를테면, 표 3·10 및 표 3·11처럼 전압불평형률과 고조파 등의 측정 방법과 그 기준치가 다르기 때문에 주의가 필요하다.

표 3·10 전력품질 규격 비교

종별	기준치	기사(記事)
IEEE 519	THD1.5~5.0	불평형률 규정없음
IEC 61000-2-2	THD<8	불평형률 2% 이하
EN 50160	각 차조파 상한 0.5~6.0	불평형률 2~3% 이하

표 3·11 IEEE 519의 전류 고조파 함유율 규제 [%]

단락전류/부하전류	기수/우수	고조파 차수 n					종합
		$n=11$	$11 \leqq n < 17$	$17 \leqq n < 23$	$23 \leqq n < 35$	$35 \leqq n$	
20~50	기수	3.5	1.75	1.25	0.5	0.25	4.0
	우수	1.75	0.875	0.625	0.25	0.125	2.0
50~100	기수	5.0	2.25	2.0	0.75	0.35	6.0
	우수	2.5	1.125	1.0	0.375	0.175	3.0

🚆 3.4.2 레일 전위와 접지

넓은 의미의 EMC로 레일 대지(對地) 전위에 관한 사고방식이 일본과 유럽 등에서는 크게 다르다. 일본의 전기철도에서는 직류 급전방식·교류 급전방식 모두 전식(電蝕) 등을 고려하여 귀선회로를 비접지로 하고 있다. 이에 대하여 유럽에서는 작업자와 승객 안전 관점에서 교류 급전구간에서는 레일을 직접 접지로 하는 것이 보통이다. 이것이 유럽규격 EN 및 국제전기규격 IEC에 반영되어 있다.

[1] IEC 62128-1(EN 50122-1)

유럽에서는 유럽 규격 EN 50122-1(1998) : 전기철도 지상설비의 전기적 안전성에 관한 보호대책이 제정되어 있다. 이 규격은 도전로(導電路)에서의 절연거리와 레일본드의 사용을 추천하여 장려하는 등 폭넓은 내용을 포함하고 있다. 그 중에서 표 3·12에 제시했듯이 작업자 및 관계자의 안전을 배려한 교류 급전방식에서의 최대허용 접촉전압(Touch Voltage) 및 가촉(可觸) 전압(Accessible Voltage)을 규정하고 있다. 더욱이 레일 전위는 먼 곳의 레

일에 대한 전위이므로 IEC 61936-1(EN 50179 상당)에서는 접촉전압의 2
배까지 허용하고 있다. 참고로 일본에서의 접촉전압 허용치 예를 표 3·13에
제시한다. 이 EN 50122-1은 약간의 수정을 거쳐 IEC에 채택되고 IEC
62128-1(2003)으로 되어 일본에도 적용된다[41]~[44].

표 3·12 IEC 62128-1(EN 50122-1)에 의한 접촉전압·
가촉 전압과 레일 전위(교류)[41], [43]

$t[s]$	접촉 전압 $U_T[V]$	가촉 전압 $U_A[V]$	(참고) 레일 전위 $U_{RE}=2U_T[V]$
순시 조건 0.02	940		1,880
0.05	935		1,870
0.1	842		1,684
0.2	670		1,340
0.3	467		994
0.4	305		610
0.5	225		450
일시적 조건 0.6		160	320
0.7		130	260
0.8		110	220
0.9		90	180
1.0		80	160
< =300		65	130
연속조건(300 이상)		60	120

(주) (1) 접촉전압은 대지에 서있는 사람이 충전부에 닿았을 경우, 인체에 가해지는 전압
　　 (2) 가촉전압은 레일과 수평거리 1m가 떨어진 지점의 전위차

표 3·13 허용 접촉전압(일본전기협회 「저압전로지락 보호지침」,
JEAG 8101-1971)

종별	허용치	기사
제1종 접촉 상태	2.5V 이하 5mA×500Ω	욕조, 수영장, 사람이 출입할 우려가 있는 물탱크, 연못, 늪, 논 등의 내부에 시설하는 전로
제2종 접촉 상태	25V 이하 50mA×500Ω	상기의 주변, 터널공사 현장 등 습기나 물기가 현저히 있 는 장소의 전로. 금속제 전기기기나 구조물에 항상 접촉 하여 취급하는 장소
제3종 접촉 상태	50V 이하 30mA×1,700Ω	사람이 만질 우려가 있는 장소의 전로(주택, 공장 사무실 등에서 사람이 직접 만져 취급하는 전기 공작물)

일본의 신칸센에서는 레일을 접지하지 않기 때문에 영업 시간대의 레일 전위는 표 3·13보다도 높아진다. 그래서 역구내에서는 RPCD(Rail Potential Control Device, 레일 전위 억제장치)를 매개체로 하여 레일을 역 철강에 접속함으로써 레일 전위를 안전한 범위로 억제하고 있다. 직류전철이 근처에 없는 경우 직접 레일을 접속하고 있다. 역과 역 사이의 작업자에 대해서는 규칙에 따라 또 일반인에 대해서는 법률에 따라 제각기 사람의 출입을 제한함으로써 안전을 유지하고 있다. 이 때문에 IEC 62128-1의 개정에 맞추어 일본에서 비접지 방식을 제안하고 있다.

이 EN 50122-1 및 IEC 62128-1에서는 표 3·12를 충족시키는 수단으로서 교류 급전방식에서의 레일 직접 접지를 추천하여 장려하고 있다. 더욱이 유럽에서는 작업자의 안전이나 기기의 절연협조 관점에서 신호·통신 등 약전계(弱電系) 기기와 궤도구조물·역구조물까지 관계되는 모든 것을 레일에 의해 등전위 접속하여 일체 접지하는 방침이 채택되고 있다(그림 3·28참조).

유럽의 교류 급전에서는 두 개의 레일 중 한 쪽편(보통은 전주에 가까운 측)에 절연이음매를 설치하지 않고 연속적으로 연결해두고 귀선로 및 절연협조상의 등전위 모선으로 이용하는 구성이 많다(단, 이탈리아의 고속 신선(新線)에서는 신칸센처럼 복궤조(複軌條) 절연 이음매 방식).

이 경우 반대측 레일은 적절히 절연 이음매 등을 삽입하여 단궤조 궤도회로로 이용하고 있다. 또 그림 3·29에 제시한 것처럼 공중에 가설하거나 지중에 보조귀선(일본 부급전선에 해당)을 설비하고 있어 대지 귀로전류의 저감을 꾀하고 있다. 보조귀선부에 설치된 직접 급전방식에서는 귀선로의 전류 40%가 레일, 40%가 귀선 및 구조물 철근, 나머지 20%가 대지로 흐르게 되어 있다[45]. 이와 같은 구성 예로 독일 방식으로 건설된 스페인의 고속노선 AVE의 마드리드~세비아 간 레일·귀선구성을 그림 3·30에 제시한다[45].

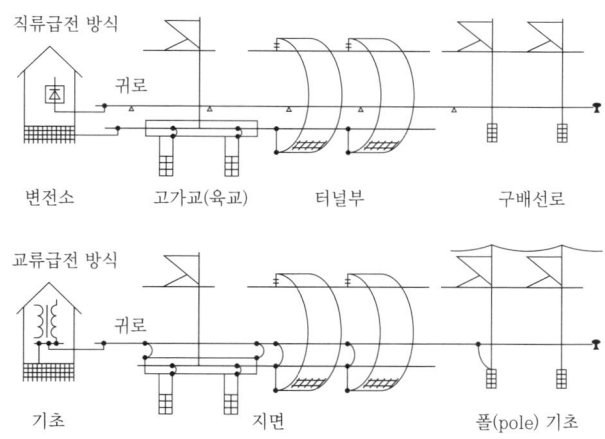

그림 3·28 교류급전구간과 직류급전구간의 접지 구조 개념

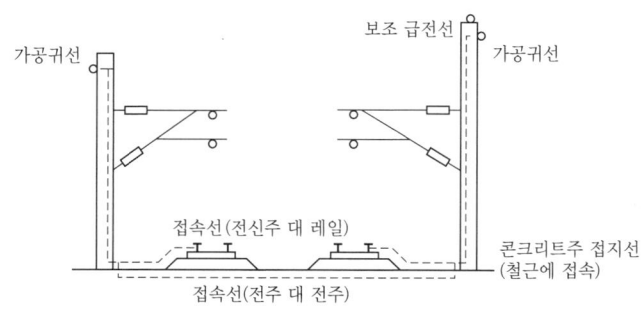

그림 3·29 독일의 가공귀선 방식

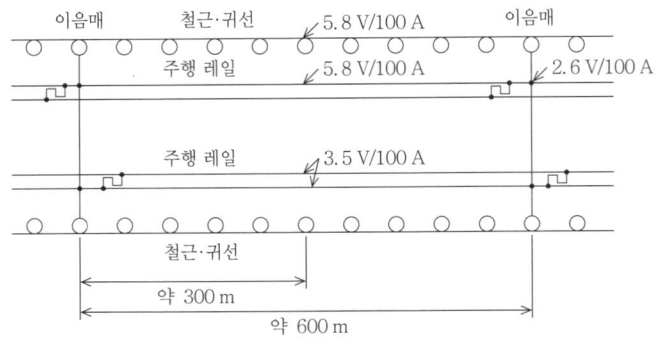

그림 3·30 AVE 마드리드~세비아 간 레일·귀선구조

이와 같은 귀선 구성이 채택된 배경으로 독일·스위스·스웨덴 등에서는 20세기 초부터 본선용으로 저주파 교류 급전방식(대표적인 예 : 급전주파수 16.7Hz, 급전 전압 15kV)을 이용하고 있다는 것을 열거할 수 있다. 이런 여러 나라에서는 여행객들이 이용하는 역 플랫폼 면이 낮고 승객이 레일 면에 접근할 가능성이 높기 때문에 안전면에서의 배려가 필수적이었다. 때문에 정상 시 및 지락사고 시 등의 레일 전위 상승에 의한 작업자 및 일반대중의 사고를 방지하는 수단으로서 레일의 직접 접지가 이용되어 왔다. 또 도심부를 제외하고 직류 급전방식과의 혼재를 고려할 필요가 없었던 것이다. 한편 IEC 62128-1에서는 직류 전기철도에 대해서도 표 3·14에 제시한 것처럼 접촉전압·가촉 전압을 정하고 있다.

[2] IEC 62128-2(EN 50122-2)

유럽의 프랑스 남부·영국·스페인·이탈리아·영국 남부 등에서는 본선에 직류 급전방식이 이용되고 있다. 또 다른 나라에서도 지하철·노면전차 및 시내 고가철도 등의 도시철도에서는 직류 급전방식의 채택이 많다. 이런 직류 급전방식에 대해서는 EN 50122-2(1998) : 전기철도 지상설비의 직류 급전에 기인하는 누설전류의 영향에 관한 보호대책이 제정되어 있다. 이 규격은 누설전류에 의한 영향에 한정됨과 레일 전위 상승에 대한 대비를 말하고 있으며 실제 철도에서는 다음에 제시하는 방법이 각각 조합되어 이용되고 있다.

표 3·14 IEC 62128-1(EN 50122-1)에 의한
직류 허용 접촉 전압·가촉 전압(직류)[41],[43]

t[s]	접촉 전압 U_T[V]	가촉 전압 U_A[V]
순시 조건 0.02	940	
0.05	770	
0.1	660	
0.2	535	
0.3	480	
0.4	435	
0.5	395	
일시적 조건 0.6		310
0.7		270
0.8		240
0.9		200
1.0		170
< =300		150
연속조건 (300 이상)		120

① 레일 아래에 누설전류 포집망(Stray Current Collector Mat)을 깔아
누설전류를 회수한다.
② 레일·어스 간에 산화아연 등의 피뢰기를 설치한다.
③ 레일을 대지와 절연하여 역구내에서는 구조물과 레일의 사이에 레일 전
위 상승 시에만 단락하는 접촉기(SCD : Short Circuiting Device)를
설비한다.
어느 방식이나 레일은 비접지로 하는 한편, 구조물 전체는 전기적으로 접
속하는 것을 추천하여 장려하고 있는 점에 주목해야 한다. 그림 3·28에서는
접속된 구조물이 변전소 귀선에 접속되어 있다. 이와 같은 방법으로 구조물
전위를 낮추고 대지로 흐르는 누설전류에 국한하여 전식을 방지하고 있다.

[3] EN 50122-3

직류 급전방식과 교류 급전방식의 접점이나 교차 구간, 병행 구간에서는 앞서 언급한 EN 50122-1 및 EN 50122-2만으로는 대처할 수 없는 문제가 발생할 가능성이 있다. 예를들어, 교류에 기인하는 직류 측의 문제로는 다음을 고려할 수 있다.

① 교직 접근 구간에서의 직류 측 레일 전위 상승

② 교직 접근 구간 및 주변에서의 상용주파 궤도회로에 대한 방해

③ 교직 접근 구간에서의 통신선에 대한 유도 장애

한편, 직류에 기인하는 교류 측 문제로는 다음의 사항이 있다.

① 교직 접근 구간에서의 변압기 편자(偏磁)

② 교직 접근 구간 및 주변에서의 레일 전식(電蝕)

이런 문제에 대한 대처로 교직 접근 구간에서의 지상설비의 계획·규제·건설·측정·보수 방법을 규정하는 EN 50122-3이 2007년 책정되었다. 통례에 따라 Fast Track 수속에 의해 IEC에 채택될 것이 예상된다.

일본에서는 대부분의 신칸센에 직류 급전방식의 재래선과 달리는 구간이 있어 이 EN 50121-3의 대상이 될 만한 선구가 많다고 할 수 있다. 때문에 EN 50121-3의 내용에 주목할 필요가 있다.

3.4.3 대만 고속철도의 예

[1] 설계단계

2007년에 영업을 개시한 대만 고속철도(THSR : Taiwan High Speed Railway)에서는 주요 전기설비에 일본의 신칸센 방식이 채택되어 급전방식은 표준전압 25kV·60Hz의 교류 AT 급전방식이 되었다[1], [47]. 여기서는 일본 신칸센 레일 비접지 방식을 기본으로 하면서 작업자의 안전성이라는 관점에서 정상 시 및 이상 시의 레일 전위를 EN 50122-1(1998)에 준거시키는 것으로 되었다.

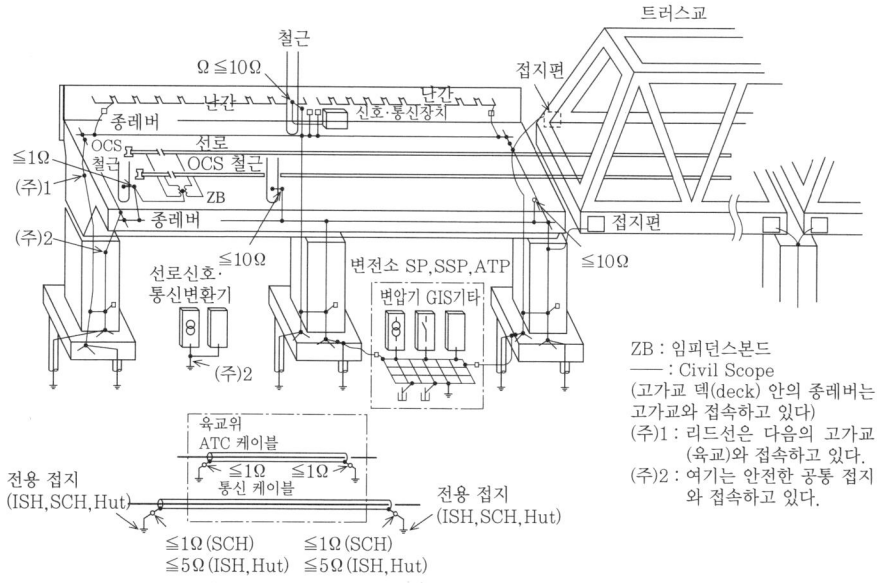

그림 3·31 대만 고속철도의 접지 방식 개념

그래서 가능한 한 레일 전위를 낮추기 위해 그림 3·31에 제시한 것처럼 구조물 및 슬래브 궤도의 철근과 그것들끼리 접속하는 동선으로 된 연속된 귀선회로(RB : Longitudinal ReBar for grounding)를 구성하였다. 그리고 궤도파단 검지기능이 손상되지 않는 간격을 유지하도록 약 3km 간격의 CPW 지점마다 임피던스 본드 중성점을 RB에 접속하는 형태로 레일 접지가 실현되었다.

또 강관 가선주도 RB에 접속하고 있다. 더욱이 고가 구조물의 교각 및 터널 출입구가 제각기 접지되어 RB에 접속되어 있다. 이처럼 대만 고속철도에서는 출발 기점부터 종점까지 모든 구조물 및 레일·전신주 등이 전기적으로 일체화되어 있다.

또한 대만의 재래선 철도(대만철로)의 주요 간선에는 표준전압 25kV의 교류 급전방식이 채택되었다. 대만 고속철도와의 병행 구간에서는 고속철도 측에 많은 유도가 발생하고 있다.

[2] 확인 시험

대만 고속철도에서는 개통 전에 변전소 및 철도연선에서 EN 50121-2 (2000)에 근거한 EMC 측정이 행해져 저주파 전자계로부터 전파영역에 이르는 적합성을 확인하고 있다. 또 고장발생 시의 레일 전위에 관해서도 확인 시험이 행해졌다.

한편, 대만 전력공사로부터 수전할 즈음 고조파·3상 전압불평형 등은 IEEE 519-1992 기준에 준거하는 한편, 전력계통 측 전압변동에 대해서는 일본과 동일한 ΔV_{10} 형식에서의 평가가 요구되었다. 때문에 시험운전 시에 각 방법으로 측정하여 적합성을 확인하였다.

🚆 3.4.4 해외의 직류 급전 예

일본이 수주한 해외 직류 급전방식의 도시철도에 있어서 IEC 62236 및 EN 50238에 준하여 EMC 종합 측정을 한 세 건의 사례를 소개한다.[49]

이런 시험 실시에 맞춰서 부하에 대하여 실제로 해도 단순 비례하지 않은 측정 결과가 정격부하 시, 규정한 한도치에 어떻게 보정해야 하는가 등, 규격에 준거한 방법에 과제가 많다고 지적되었다. 어느 것이나 현지의 측정·조정은 많은 시간과 수고를 필요로 하기 때문에 차량·신호·변전 등 개별 시스템을 최적화할 뿐만 아니라 처음부터 전체를 간파한 설계가 필요하게 되었다.

[1] 변전소에서 방사되는 9kHz 이상의 전자계

지하철의 직류 변전소에 있어서 인증된 EMC 시험 사이트에서의 기기 단품 시험과 공장에서의 조합 시험을 통과한 변전기기가 발생시키는 9kHz 이상의 전자계를 측정하였다. 다시 말하면 IEC 62236(2003)에서 지하 변전소는 정확한 측정과 영향평가가 곤란하다는 이유로 규제 대상 외로 하고 있기 때문에 이 시험 결과는 참고 대상이 되었다.

시험은 변전기기와 차량 및 다른 기기와의 간섭을 피하기 위해 안테나 종류의 배치를 연구하여, 더욱이 차량의 역행 조건을 사전 설정하여 효율 좋게 측정이 가능해지도록 배려하였다. 그 결과 전파 영역에 있어서 규격을 초과하는 경우는 없을 것이라는 점이 확인되었다.

[2] 변전소에서 누설하는 저주파 전자계

고가 아래의 직류 변전소에서 직류 전자계를 측정하였다. 현행의 IEC 62236(2003)에서 이 영역은 Informative여서 규제 대상이 아니기 때문에 시험 결과는 참고 대상으로 삼았다.

실제 측정에서 저주파 전자계는 차량 부하전류에 기인하는 것이 지배적이고 러시아워 시간대에서도 그 값은 문제가 없다는 결과였다. 이처럼 변전소 설계에 맞추어 전자계를 고려할 경우, 급전선과 귀선의 배치에 의한 상호 상쇄를 기대해야 한다. 실제로 시뮬레이션 계산 등을 하여 기기 배치를 검토한 예도 소개되어 있다.

[3] 신호 시스템과의 양립성

최초의 예와 동일한 지하변전소에서 EN 50238에 근거하여 변전설비와 신호설비의 양립성 확인 시험이 행해졌다. 변전 시스템 및 차량에서 궤도로 유도하는 고조파 전류는 일본 내에서는 전력계통에 대한 고조파 가이드라인 준수를 염두에 두어 궤도회로에 대한 유도는 그다지 문제가 되지 않는다. 그러나 대상 선구는 무절연 궤도회로를 이용하였기 때문에 고조파 전류의 상세한 측정이 필요했다.

EN 50238은 시험 수순을 질서정연하게 규정하고 있다. 그러나 차량 및 변전 시스템에서 신호 시스템에 대한 영향은, 그 조합수가 방대하며 신호방식·궤도 상태 및 차량 상태 등에 의해 양상을 크게 달리한다. 때문에 한정된 시간에 실제 최악의 경우를 검증한다는 것은 지극히 곤란하다.

≪참고 문헌≫

(1) 交流電気鉄道用車両の高調波対策，電気学会技術報告第 676 号（1998）．
(2) 鉄道と EMC，2005EMC フォーラム資料（2005）．
(3) 電気鉄道ハンドブック，コロナ社（2007）．
(4) 金森岩男，出野市郎，井上昌幸，浅野政彦：飯田線山吹変電所における直流電力ろ波器の効果確認試験，1990 年度電気関係学会東海支部連合大会，No.181（1990）．
(5) 中須暉雄：電鉄用直流フィルターの開発，鉄道と電気，44, 3（1990）．
(6) 大西豊，中須暉雄，前田宏，岡崎嘉之，矢部久博：新形直流フィルタの開発・試験および実用化，第一回鉄道電気技術研究発表会，No.18（1990）．
(7) 「電気設備技術基準」および「解釈」，通商産業省（当時）（1997）．
(8) 曽根高真弓，金子利美：つくばエクスプレス用 PWM 変換装置の開発と実用化，鉄道と電気技術誌，16, 12（2005）
(9) 電気鉄道誌，鉄道電気誌，鉄道通信誌，信号保安誌，電力と鉄道誌，1956 〜 1970．
(10) 「電気工作物（電気運転用変電設備）設計施工標準」，東日本旅客鉄道（2002）．
(11) 渡辺寛：電鉄電力回路の保護と回路計算，鉄道と電気技術誌連載（2003）．
(12) 浜寄正一郎：通信誘導，鉄道と電気技術誌連載（2005）．
(13) 新幹線変電設備（東海道 I），中央鉄道学園・新幹線総局（1965）．
(14) 山陽新幹線新大阪岡山間電気工事誌，日本国有鉄道（1972）．
(15) 山陽新幹線岡山博多間電気工事誌，日本国有鉄道（1975）．
(16) 東北新幹線大宮盛岡間電気工事誌，日本国有鉄道（1983）．
(17) 上越新幹線技術のすべて，鉄道界図書出版（1983）．
(18) 鎌原今朝雄：鉄筋接地方式とその測定法，電気鉄道誌（1976）．
(19) 北陸新幹線電気工事誌（高崎・長野間），日本鉄道建設公団（1997）．
(20) 久水泰司，奥井明伸，日野政巳，浜田博徳，安田政夫，浅野雅彦：新幹線用高調波抑制装置の容量低減に関する検討，平成 15 年電気学会全国大会（2003）．
(21) 電気鉄道におけるパワーエレクトロニクス，日本鉄道電気技術協会（1996）．
(22) 竹田正俊，村上昇太郎，飯塚昭廣，持永芳文：自励式電力変換装置を適用した三相不平衡電圧変動補償装置の開発，電学論 D, 116, 8, pp.826 〜 834（1996）．
(23) 兎束哲夫，池戸昭治，上田啓二，持永芳文，船橋眞男，井手浩一：新幹線用電圧変動補償装置の開発と実用化，電学論 D, 125, 9（2005）．
(24) 甲斐正彦：東海道新幹線電源設備増強工事の概要，鉄道と電気技術，18, 4, （2007）．
(25) 久野村健：東海道新幹線における電力変換装置の導入事例，平成 19 年電気学会産業応用部門大会，No.3-S9-3（2007）．

(26) Channel Tunnel Power Supplies,Bayliss, Elektrische Bahnen, 93, 11, pp.347 ~ 359, pp.41 ~ 50 (1995).

(27) Unbalance and harmonic studies for the Channel Tunnel railway system, Barnes, Wong, IEE Proc. B, 138, 2 (1991).

(28) FACTS Improving the performance of electrical grids, ABB Review Special Report Power Technologies (2003).

(29) Compensation of harmonics and unbalance caused by a variable load using a dynamic phase balancer, hEidhin, IEE Seminar on Power - It's a Quality Thing (2005).

(30) Provision of A.C. traction power to the old Dalby Test Track, Raymond, Leach, PB Network, Issue 53 (2002)

(31) Connecting the London underground to the public grid: solutions for safeguarding of power quality, Grunbaum, Noroozian, Palesjo, CIRED 17th, Barcelona (2003).

(32) Multiple SVC installations for traction load balancing in Central Queensland ABB pamphlet A02-0134E

(33) Carson, J.R. : Wave propagation in overhead wires with ground return, Bell System Technical Journal, 5, pp.539 ~ 554 (1926).

(34) Pollaczek, F. : Ueber das Feld einer unendlicj langen wechselstromdurchflossenen Einfachleitung, ENT 3, pp.339 ~ 359 (1926).

(35) ITU-T Recommendation K.33, Limits for people safety related to coupling into telecommunications systems form a.c. electric power and a.c. electrified railway installations in fault conditions., International Telecommunication Union (1996).

(36) 電気学会　誘導調整委員会報告書, 63 (1963).

(37) 高圧または特別高圧で受電する需要家の高調波抑制対策ガイドライン, 通商産業省資源エネルギー庁（当時）(1994).

(38) 高調波抑制対策技術指針, 日本電気協会, JEAG9702 (1995).

(39) 電力品質に関する動向と将来展望, 電気協同研究, 55, 3 (2000).

(40) 能見和司：高調波実践講座, 三松株式会社 (2006).

(41) EN50122-1 (1998) Railway applications Fixed installations - Part 1: Protective provisions relating to electrical safety and earthing7 BSI (1998).

(42) EN50122-2 (1998) Railway applications - Fixed installations - Part 2: Protective provisions against the effects of stray currents caused by d.c. traction systems, BSI (1998).

(43) IEC62128-1 (2003) Railway applications - Fixed installations - Part 1: Protective provisions relating to electrical safety and earthing, IEC (2003).

(44) EC62128-2 (2003) Railway applications - Fixed installations - Part 2 : Protective provisions against the effects of stray currents caused by d.c. traction systems, IEC (2003).

(45) Earthing and bonding concept for a.c. railways, Braun, Schneider, Electrische Bahnen, 103, 4 〜 5 (2005).

(46) Parallel operation of a.c. and d.c. railways: Aims of the new standard EN 50122 part 3., Deutschmann, Borlaenge, Roehlig, Electrische Bahnen, 103, 4 〜 5 (2005).

(47) 岩本謙吾：台湾高速鉄道の概要，岩本謙吾，電気学会誌, 125, 5 (2005).

(48) 江本隆，増山隆雄，森雅幸，佐藤芳憲：台湾高速鉄道の電力設備，鉄道と電気技術誌, 18, 7 (2007).

(49) 桝井健，宮崎千春，小根森章雄，菅原賢悟：鉄道用変電システムにおける EMC，平成 17 年電気学会産業応用部門大会, No.3-S2-6 (2005).

4장

신호설비의 개요와 방해에 대한 EMC 평가

지금까지 새로운 방식의 차량이 도입될 때마다 많은 노력을 필요로 하는 신호설비에 대한 전자 노이즈 등의 영향평가를 실시해오고 있다. 새로운 차량을 도입할 때는 기기들이 발생시키는 노이즈가 신호설비에 영향을 끼치지 않는지 검증하는 것이 중요하다. 4장에서는 신호설비를 EMC 관점에서 소개하고 EMC에 대한 평가·시험 방법 등에 관해서 기술하고자 한다.

신호설비는 열차운행의 안전성을 확보하고 선로 이용 효율의 향상을 목적으로 하는 설비이다. 동일 선로에서의 열차충돌을 방지하기 위한 열차간격제어와 역 등, 분기기가 설비되어 있는 곳에서의 열차탈선·열차충돌을 방지하기 위한 열차진로제어로 크게 분류한다.

열차간격제어는 선로를 일정 구간으로 구분하고 이 구간 내에는 1개 열차만의 존재를 허용하는 방식이 채택되고 있다. 이 방식을 폐색(閉塞)방식이라고 한다. 폐색구간 내에서의 열차의 유무는 궤도회로 등에 의한 열차 검지에 의해 실현된다. 열차가 있는 구간에 다른 열차를 진입시키지 않기 위하여 폐색구간의 경계선에 구간 내로의 진입 허용을 보여주는 지상신호기가 세워진다. 신호기는 열차 승무원에 대하여 폐색구간으로의 진입을 신호에 의해 지시하고 있다. 승무원이 운전을 잘못하여 열차가 있는 구간에 또 다른 열차를 진입시키는 것을 방지하기 위해 열차속도를 저하 혹은 정지시키기 위한 자동열차정지장치(ATS)가 설비된다. 한편, 열차의 고속화나 지하철 구간의 지상신호기를 확인하는 것이 곤란하기 때문에 차내 신호기에 의한 방식도 존재한다. 이 경우는 속도정보 등을 지상에서 차상으로 전송함과 동시에 열차속도를 자동제어하는 자동열차제어장치(ATC)가 설비된다. 열차간격제어는 열차검지, 지상신호기/차내 신호기 및 ATS/ATO 장치에 의해 구성된다.

열차진로제어(이하 '진로제어'라고 한다)는 선로의 집합, 분기가 이루어지는 곳, 열차의 추월이나 반환이 이루어지는 역 등에서는 분기기를 사용하여 열차를 복수 지점으로의 분기가 필요하고, 진로를 전환하는 전환장치가 필요하다. 이 경우 다른 열차와의 충돌이나 분기기 부분에서의 탈선 등의 방지가 필요하여 이 기능을 진로제어라고 칭한다. 지장을 주는 진로 상호 간에는 한

쪽의 진로가 구성된 경우 다른 쪽의 진로는 구성할 수 없는 것이 필요하고 일
단 진로가 구성된 경우는 열차가 목적지에 도착할 때까지 그 진로가 확보·유
지되는 것이 필요하다. 이러한 진로제어기능은 연동장치에 의해 실현된다.
진로확보를 위한 진로쇄정(進路鎖錠)이나 분기기 부분에서의 도중 전환방지
기능이었고, 철차쇄정에는 궤도회로등에 의한 열차검지기능이 사용된다.

따라서 신호장치는 그림 4·1에 제시한 구성이 된다. 열차검지를 위한 궤도
회로 장치는 열차간격제어와 열차진로제어에도 사용된다.

- 신호장치
  - 열차간격제어
    - 폐색장치
      - 열차검지(궤도회로)
      - 지상신호기 자동열차정지장치(ATS) 또는
      - 차내신호기 자동열차제어장치(ATC)
  - 열차진로제어
    - 연동장치
      - 열차검지(궤도회로)
      - 전철(轉轍)장치

그림 4·1 신호장치 구성

신호설비의 기능 분류

현재 일본의 전화구간에서 사용되고 있는 EMC 대상의 신호장치 구분으로서는 크게 지상(地上)과 차상(車上)으로 구분되며 지상장치는 궤도회로를 이용한 장치와 궤도회로에 의존하지 않는 장치로 구분된다. 건널목 보안장치는 신호보안장치에 포함되지 않지만 열차 검지라는 점에서는 동일한 수법을 이용하고 있기 때문에 여기서 설명하고자 한다.

신호장치를 기능으로 분류하면 열차 재선(在線) 검지, 지상차상 간 제어정보 전송, 레일 파단 검지로 분류된다.

🚆 4.2.1 열차 재선 검지(TD : Train Detection)

어떤 구간 내에 열차가 존재하는 것을 검지하는 기능이다.

첫째로 궤도회로가 있고 폐색용, 건널목 제어용(연속검지, 지점검지) 및 급전구분제어용 등이 있어서 해당 구간에 열차가 선로에 있는 경우는 그 해당 구간 밖의 궤도까지 열차를 정지시키는 조건이나 건널목 경보나 급전구분의 전환조건으로서 사용된다.

둘째로 지상자를 사용하는 장치가 있어서 건널목 제어용 등에 사용된다. 건널목 경보 개시 검지의 보조적인 조건으로 사용된다.

셋째로 차축검지기를 사용하는 장치가 있어서 신칸센의 대용보안, 건널목 제어 과주방지 등에 사용한다. 열차를 검지한 경우 후속열차를 진입시키지 않도록 하거나 일정 간격으로 설치하여 두 지점 간의 통과시간으로 열차속도를 검출하여 건널목 정시간 제어조건에 사용하기도 하고, 제한속도를 초과했을 때 열차를 정지시키는 조건으로 사용하고 있다.

넷째로 고무타이어를 장착하여 안내궤조 방식으로 주행하는 지하철, 새로운 교통시스템 등에서 궤도회로 대신 유도선 등을 사용한 방식이 있다.

🚆 4.2.2 지상 차상 간 제어정보 전송

지상장치와 차상장치와의 사이에서 차량제어정보 등을 전송하는 기능이며 전송매체로서 궤도회로나 지상자 및 유도선을 이용하는 것이 있어서 신호 착시나 브레이크 조작 지연을 방지하는 것을 주목적으로 하고 있다.

대표적인 예로 정지신호를 무시한 경우 브레이크 조작을 자동적으로 하는 자동열차정지장치(ATS : Automatic Train Stop), 제한속도에 반응하는 브레이크 조작을 자동적으로 하는 자동열차제어장치(ATC : Automatic Train Control), 지정속도에서의 자동운전 및 정위치 정지 기능을 추가한 자동열차운전장치(ATO : Automatic Train Operation)로 발전하여 왔다.

🚆 4.2.3 레일 파단 검지

레일의 파단을 검출하는 기능이다. 레일을 회로 일부로 구성하는 궤도회로에 의해 실현되고 있어 레일이 파단되었을 때의 수신단전압이 저하되는 것을 이용하여 검지하고 있다.

4·3 신호설비 기기 구성에 의한 분류

신호설비를 기기 구성으로 분류하면 궤도회로, 지상자, 차축검지기, 유도선 및 차상장치 등이다. 이런 것을 차상장치와 지상장치 별로 정리하고 또 사용 선구, 사용 주파수대, 신호방식 별로 차상장치와 지상장치를 정리하면 각각 표 4·1, 4·2처럼 된다.

표 4·2의 지상장치 분류 중, 종류가 많은 AF(Audio Frequency, 가청 주파수)대를 사용한 궤도회로장치가 적용되는 전화 구간의 예를 표 4·3에 제시한다. 또 그림 4·2부터 그림 4·6까지 신호설비에서 사용하고 있는 주파수 분

표 4·1 차상장치 분류

설치 구분	사용 선구	사용 주파수대	신호 방식	주요 장치 또는 용도
차상장치	JR재래선 민철 공영교통	60~140kHz	무변조	ATS 각종 속도 조사
		120Hz~20kHz	AM변조 FSK변조 (MSK포함)	ATS ATC
		1.6~1.8MHz, 2.9~3.1MHz 245~757kHz	FSK변조 (정보전송용) 무변조 (전력용)	ATS, ATC, ATO, 열차 선별
	신칸센	600~1,600Hz	전원동기 SSB 전원동기 MSK 전원비동기 MSK	ATC
		90~140kHz 250~550kHz	무변조	지점 검지장치 열차번호 송수신장치
		1.6~1.8MHz 2.9~3.1MHz 245~757kHz	FSK 변조 (정보전송용) 무변조(전력용)	ATS,ATC, ATO

포의 예를 참고로 제시한다.

표 4·2 지상장치 분류

설치 구분	사용 구분	사용 주파수	신호 방식	주요 장치 또는 용도
궤도회로	JR재래선 민철 공영교통	25~150Hz (연속제어LF)	연속파 무변조 위상검지 스캐닝식	폐색용(분주, 분배주, 80Hz, 83Hz, 100Hz, 배주, 장대, HAC, HDC, 스캐닝식)
		500Hz~30kHz (연속제어AF)	AM변조 FM변조 FSK변조 스캐닝식	폐색용AF ATS ATC 건널목제어용
		6.3~50kHz (점제어HF)	무변조	귀환발진형 건널목 제어자 상시발진형 건널목 제어자
	신칸센	550Hz~1.4kHz 1.5~1.8kHz (연속제어AF)	AM변조 MSK	ATC TD
		20~40kHz (단소제어HF)	연속파	HFO
		3.5~9.5kHz (연속제어AF)	AM변조	급전 구분 제어용
지상자	JR재래선 민철 공영교통	60~140kHz 250~550kHz	무변조	ATS 각종 속도조사 지점 검지용, 열차번호 송수 신장치, 건널목용 열차검지
	JR재래선 민철 공영교통 신칸센	1.6~1.8MHz 2.9~3.1MHz 245~757kHz	FSK 변조 (정보전송용) 무변조 (전력용)	ATS ATC ATO 열차선별
차축검지기	재래선 민철	15~69kHz	무변조	속도검출 열차검지
	신칸센	15~69kHz	무변조	대용보안 방향탐지
유도선	민철 공영교통	10~30kHz	무변조 ATM 변조	ATC/TD
	JR 민철	60~140kHz	변주식	ATS 각종 속도조사
	신칸센	29~35kHz	무변조	침입 검지용

표 4·3 AF대를 사용한 궤도회로장치 적용전화방식 예

사용 주파수대	변조 방식	전화 방식	적용
500~700Hz	스캐닝식	교류 (일부직류)	재래선 유절연궤도회로 (TD)
550~1,650Hz	AM 변조(SSB) 전원비동기 MSK 전원동기FSK	교류	신칸센 ATC (ATC)
550~950Hz	AM 변조 2파조합	교류	재래선(JR) 유절연궤도회로 (TD)
1,000~2,000Hz	AM 변조	직류	민철 ATS(ATS)
1,400~1,800Hz	AM 변조(SSB)	교류	신칸센 무절연궤도회로(TD) 3선식궤도회로(TD)
2,300~6,000Hz	AM 변조	직류	재래선(JR, 공민철) ATC (ATC)
4,000~6,500Hz	MSK 변조	직류 (일부교류)	재래선 디지털 ATC (ATC)
8,000~12,000Hz	무변조	직류	재래선 ATS(민철) (ATS)
11,000~13,500Hz	MSK 변조	직류	재래선 ATC(JR) (ATS)
10,000~21,000Hz	AM 변조	직류	재래선 ATC(공영) (ATC)
1,900~11,000Hz	무변조 AM변조 FM변조 FSK변조 MSK변조	직류	재래선건널목 TD(민철, JR) (TD)
2,200~6,200Hz	AM변조 MSK변조	직류	재래선 무절연궤도회로(JR) (TD)
2,000~4,000Hz	AM변조	직류	재래선 무절연궤도회로(민철) (TD)
3,000~7,000Hz	MSK변조 FSK변조	직류	재래선 무절연궤도회로(JR, 민철) (TD)
5,000~11,000Hz	FSK변조	직류	재래선 무절연궤도회로(JR, 민철) (TD)
10,000~21,000Hz	AM변조 FSK변조 MSK변조	직류	재래선 무절연궤도회로(공민철, 비단락식ATC용) (TD)
15,000~30,000Hz	AM변조 FSK변조 MSK변조	직류	재래선 무절연궤도회로(공민철, 비단락식ATC용, ATS용) (TD)

전원고조파나 새로운 시스템 도입 시에 기존설비의 사용주파수를 피한 결과, 모든 선구를 합하면 대부분 140kHz까지 주파수대를 사용하고 있다는 것을 알 수 있다.

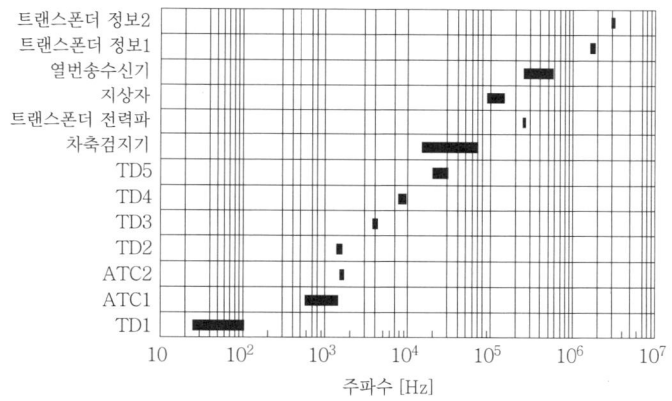

그림 4·2 신칸센설비의 신호설비 주파수 분포 예

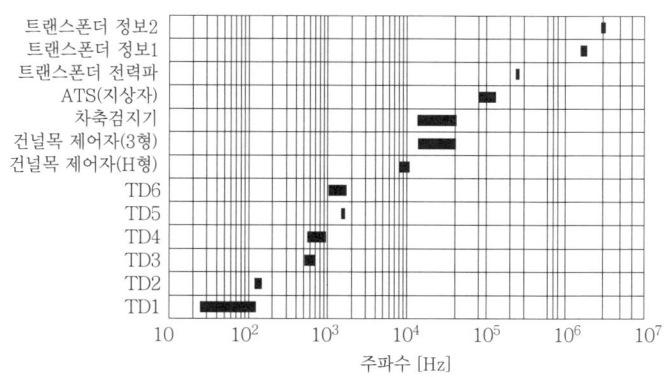

그림 4·3 JR재래선(교류전화) 신호설비 주파수 분포 예

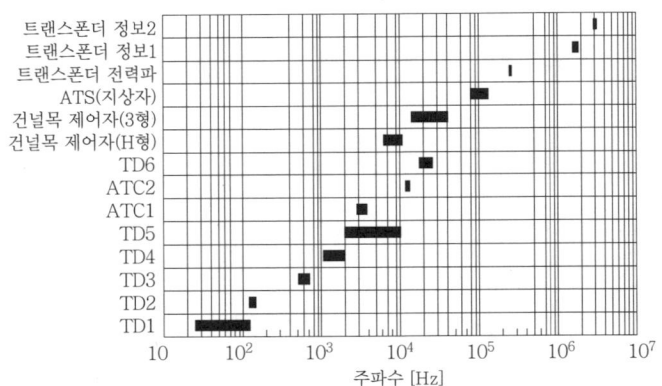

그림 4·4 JR재래선(직류전화) 신호설비 주파수 분포 예

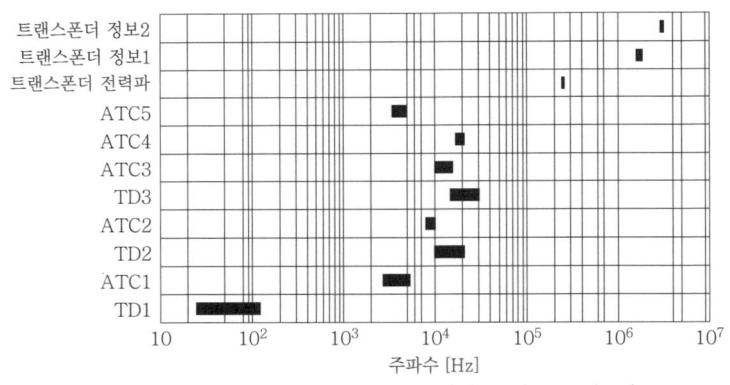

그림 4·5 공영교통선 신호설비 주파수 분포 예

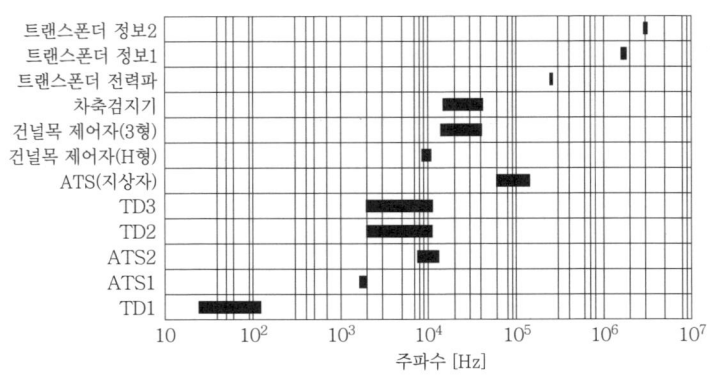

그림 4·6 민철선 신호설비 주파수 분포 예

4·4 동작 개요·구성

🚃 4.4.1 궤도회로

 궤도회로는 구간의 시단과 종단의 좌우 레일에 송신기와 수신기를 접속하여 구성한다. 구간 내에 열차가 없을 때는 수신기에 신호가 규정치 이상 입력되어 열차구간 내에 열차가 없다는 것을 검지한다. 열차가 구간 내에 진입하여 열차 차축에 의한 레일 간(이하 '궤간' 이라고 한다)이 단락되면, 수신기의 입력이 저하하여 열차 유무를 검지한다(그림 4·7).

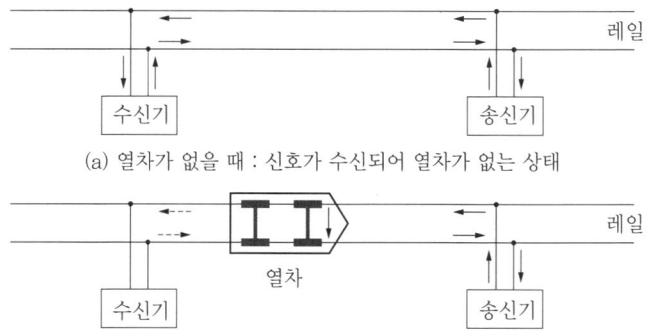

(a) 열차가 없을 때 : 신호가 수신되어 열차가 없는 상태

(b) 열차가 있을 때 : 신호가 열차 차축 단락에 의해 수신되지 않고 열차가 있는 상태

그림 4·7 궤도회로의 구조

 궤도회로 종류로는 사용하는 주파수나 선구에 의해 연속제어 LF (Lower Frequency, 저주파 25~150Hz대), 연속제어 AF, 신칸센용 AF, 점(點)제어 HF(Higher Frequency, 고주파 8~40kHz대)로 분류하고 있다.

[1] 연속제어 LF

150Hz 이하의 신호를 이용하여 열차의 궤도 간 단락에 의해 열차를 검지하는 것이다. 아래에 대표적인 예를 제시한다.

(a) 상용주파수 궤도회로 비(非)전화 및 직류 전화구간에 널리 이용되고 있다.

(b) 분주(分周)·83/100Hz 궤도회로 교류 전화구간 등의 역 구내에 궤도회로가 다수 있는 곳에 설비된다.

(c) 분배주(分倍周) 궤도회로 전력회사 등의 특별고압선이나 신칸센과의 병행구간에서의 유도대책 및 교류 전화구간에 이용되고 있다.

(d) 장대 궤도회로 비(非)전화 및 직류 전화구간에서 신호 고압배전선이 없는 역 간의 궤도회로로 경제적으로 열차검지장치를 설비하는 데 이용되고 있다.

(e) 80Hz코드 궤도회로(80Hz) 신호 고압배전선이 없는 저주파 궤도회로에 치환되는 궤도회로로 개발된 것으로, 상용주파수(50, 60Hz)와 그 고조파를 피하여 비(非)전화구간, 직류 전화구간(신칸센 유도지장구간을 포함), 교류 전화구간의 구별 없이 사용할 수 있다.

(f) 스캐닝(Scanning)식 궤도회로 복수의 궤도회로를 하나의 장치로 시분할(時分割)로 처리한다. 120Hz(50Hz구간)/144Hz(60Hz구간)의 신호를 이용하여 41.66ms 단위로 궤도회로를 순차적으로 전환하여 송수신을 하여 최대 12궤도회로를 일괄처리하는 것이 있다.

연속제어 LF 중에서 널리 사용되고 있는 상용주파수 궤도회로의 구성 예를 그림 4·8에 제시한다.

상용주파수 궤도회로는 신호주파수가 50Hz 또는 60Hz의 상용전원이기 때문에 붙여진 명칭이다. 송신용과 궤도 릴레이 기준신호용으로 상용주파수를 사용하고 궤도에서 발생하는 신호전압(변동전압)과 기준신호전압(일정전압) 및 이들의 위상차에 의해 발생하는 torque(회전력)로 궤도 릴레이가 동작해서 수신 레벨과 기준신호와의 위상차에 의해 열차의 유무를 검지하는 타입을 2원형(상용, 분배, 83/100, HAC)이라고 칭하고 있다. 이에 대하여 수

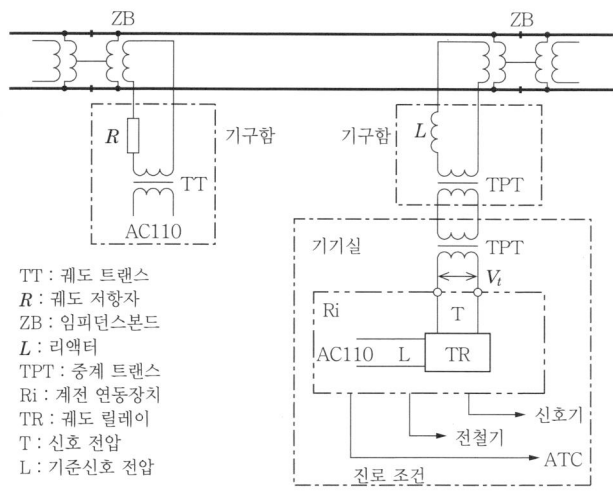

TT : 궤도 트랜스
R : 궤도 저항자
ZB : 임피던스본드
L : 리액터
TPT : 중계 트랜스
Ri : 계전 연동장치
TR : 궤도 릴레이
T : 신호 전압
L : 기준신호 전압

그림 4·8 상용주파수 궤도회로 구성 예(집중)

신 레벨만으로 열차의 유무를 검지하는 타입을 1원형(장대, 80Hz)이라고 칭하고 있다(상세한 것은 「궤도회로」 사단법인 신호보안협회, 板倉榮治 저(著) 참조).

[2] 연속제어 AF

선로의 모든 구간에 걸쳐서 궤도회로를 구성하고 궤도회로 신호에 AF(가청주파수, Audio Frequency(0.5~20kHz))대의 주파수를 사용하는 방식을 연속제어 AF궤도회로 방식이라고 칭한다. 많은 경우 AF신호에는 복수의 반송파와 변조파가 사용된다.

궤도회로방식에 레일 절연을 사용하는 유(有)절연방식과 레일 절연을 사용하지 않는 무(無)절연방식이 있다.

연속제어 AF궤도회로는 연속제어 LF궤도회로에 비하여 저(低)전력에서의 사용이 일반적이며 최대에서도 46dBm(40W) 정도이다. 송신 및 수신회로에는 CPU를 사용한 전자회로를 이용하여 증폭·변조·복조(復調)회로를 구성하고 있다.

AF궤도회로에 의해 속도정보 등을 전송하는 ATC/ATS를 채택하고 있는 경우에는, 열차 검지파와 속도정보 2종류의 신호파가 필요하지만 속도정보 1종류의 신호파를 이용하여 열차검지를 하는 공용(共用)방식도 있다.

사용목적에 따라 다음과 같이 분류된다.

(a) **열차검지전용 궤도회로용(유절연방식)** 오로지 지상신호기 방식의 열차검지용으로 이용하는 경우이며 상용(商用)궤도회로를 사용할 수 없는 교류전화구간용으로서 오래전부터 사용되고 있는 각종 방식이 있다. 대표적인 2주파 조합 AF궤도회로에서 주파수는 550~950Hz를 사용하고 유절연궤도회로로 사용된다.

신호주파수는 전원주파수의 정수배를 피한 주파수 2파를 조합함으로써 내방해성을 향상시키고 있다. 또 스캐닝(Scanning) 방식이라고 불리는 복수의 궤도회로에 시간차를 갖고 송신하는 방식이 있다. 이 방식으로는 2종류의 주파수를 교대로 송신하고 2주파 조합방식과 동일하게 내방해성을 향상시키고 있다.

(b) **열차검지전용 궤도회로용(무절연방식)** 무절연궤도회로는 보전(保全)을 위한 레일절연이 불필요하므로 지하철 등의 협소한 구간에 도입되었다. 무절연궤도회로에는 그 구성방법에 따라 많은 방식이 존재한다. 이 방식은 궤도회로 경계를 전기적 회로 구성에 따라 구분하기 위하여 유절연궤도회로처럼 구조적으로 구간경계를 구성하는 것이 아니기 때문에 구간경계의 명확성이 부족한 특성이 있으며 구간경계의 차이 또는 사구간이 생긴다.

이 때문에 지상신호기 방식의 경우, 지상신호기를 세운 위치와 경계 차이의 허용범위를 고려할 필요가 있다. 이 경계 차이는 궤도회로 방식에 따라 다르며 지상신호기 방식을 채택하는 경우 경계 차이가 적은 방식이 사용된다.

(c) **ATS/ATC용 정보전송 AF궤도회로(유절연방식)** ATS/ATC용으로 이용하는 AF궤도회로에는 속도신호 등의 정보를 차상으로 전송할 필요가 있으며 수 종에서 수십 종에 이르는 정보가 필요하다. 특히 최근에 사용되는 1단 브레이크 제어방식인 ATC나 차상 주체형(主體型) ATC에는 열차의 고속도화와 함께 정보전달이 필요해졌다. 속도정보 등의 전송을 위해 변조파가

사용되며 변조방식에는 AM단속파, FSK, MSK 등이 사용되지만 종래에는 AM단속파나 FS변조방식에서는 10파 정도가 한계이기 때문에 반송파를 복수로 하여 변조파 조합에 의해 필요한 신호 파수를 얻는 방식이 채택되었지만, 최근에는 MSK변조에 의한 디지털 부호 전송에 의해 전송량의 비약적인 증가가 가능해졌다. 일반적으로 방해허용 레벨은 변조방식에 따라 다르며 AM변조방식에서는 신호파의 −6dB이지만 MSK변조방식에서는 −13dB로 할 필요가 있다.

유절연궤도회로에서는 많은 경우의 열차검지를 정보파에 의해 수행하는 공용방식이 채택된다. 정보전달에 복수 신호파를 조합하고 있는 경우는 주신호파라고 칭하는 1파에 의해 수행한다. 또 정보파는 항상 열차 진행방향 전방에서 송신할 필요가 있으므로 운전방향이 양방향이 되는 구간에서는 송신방향을 절환할 필요가 있다. 필요한 반송파 종별은 레일 절연 파괴와 상하선 전자유도를 고려하여 상하선별로 2종류, 합계 4종류가 필요하게 된다.

(d) ATS/ATC용 정보전송 AF궤도회로(무절연방식) 무절연 ATS/ATC용 정보전송 AF궤도회로에도 정보파에 의해 열차를 검지하는 공용방식과 열차검지파를 별도로 설정하는 전용방식이 있다. 앞서 언급한 열차검지전용 무절연궤도회로와 동일하게 각종 방식이 있다. 공용방식에서는 유절연궤도회로와 동일하게 운전방향이 양방향이 되는 구간에서는 송신방향을 절환할 필요가 있다. 한편 열차검지전용 신호파를 설정하는 방식에서는 열차검지용 신호파가 필요해지지만 중앙 송전식 궤도회로 구성이 가능하게 되어 설비의 단순화와 경제성의 실현이 가능해졌다. 열차검지용 신호파에는 인접 궤도회로에 대한 누설과 상하선 간의 전자유도를 고려하여 비교적 다수의 신호파를 필요로 한다. 따라서 정보파와 열차검지파 선택에는 신호파 상호 간섭에 의한 의사신호 발생을 고려함과 동시에 차량 및 변전소 기기가 발생하는 방해파를 고려할 필요가 있다.

[3] 점제어(點制御) HF(단소궤도회로)

건널목 제어나 폐색제어를 위한 열차검지장치이다. 궤도에 HF신호를 이용하여 열차의 궤도 단락에 의해 열차를 검지하는 것이지만 구간 전체에 신호를 흘려보내는 것이 아니고 구간의 시단에 CT(폐전로)형과 종단에 OT(개전로)형을 설비한다.

CT형과 OT형 각각의 열차 검지 범위는 20m이다. 건널목 제어용으로서 3형 제어자·H형 제어자·전자트레들이라는 종류가 있다. 그림 4·9에 제어자의 구성 예를 제시한다. 그림 좌측이 제어구간 시단(始端)에서 CT형의 열차 검지 회로, 우측은 제어구간 종단(終端)에서 OT형 회로가 설치되어 있다.

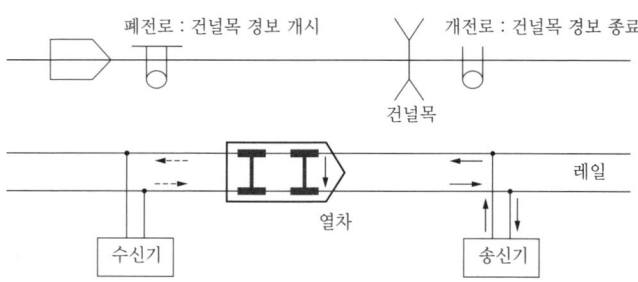

(a) 폐전로 : 열차 차축단락에 의한 수신기에 대한 신호전류 감쇠에 의해 열차재선 검지

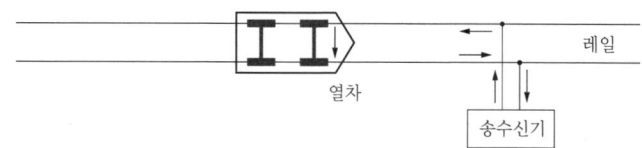

(b) 개전로 : 열차 차축단락에 의해 폐 루프가 형성되어 신호전류 증대에 의해 열차재선 검지

그림 4·9 건널목 제어자 동작원리

🚃 4.4.2 지상자(地上子)

[1] 변주식(變周式) ATS

궤 간에 설치한 지상자의 공진주파수를 현시(現示)조건에 따라 변화시켜 차상 ATS장치에 변주현상을 이용하여 현시 등을 전송한다.

차상 ATS장치는 항상 기정(旣定) 주파수(100kHz 근처)를 발진하고 있는 차상자가 현시마다 다른 주파수의 공진특성을 가진 지상자와 결합함으로써 발진주파수가 변화하는 것을 이용하여 지상에서 보내오는 정보를 수신한다. 차상자와 지상자가 전자결합함으로써 지상자가 차상의 발진회로 일부가 되어 발진주파수가 변화하는 것을 「변주(變周)」라고 칭한다.

이밖에 분기기 속도제한장치 등의 지점검지나 속도 조사를 위하여 차상의 상시발진 신호를 지상 측에서 수신하는 지상자도 있다.

장내신호기 바깥쪽 2~4곳에 속도조사점(루프 코일과 지상자)을 설정하여 열차속도를 판정하고 진로조건에 대응한 속도를 초과한 열차에 대하여 경보정보를 보낸다.

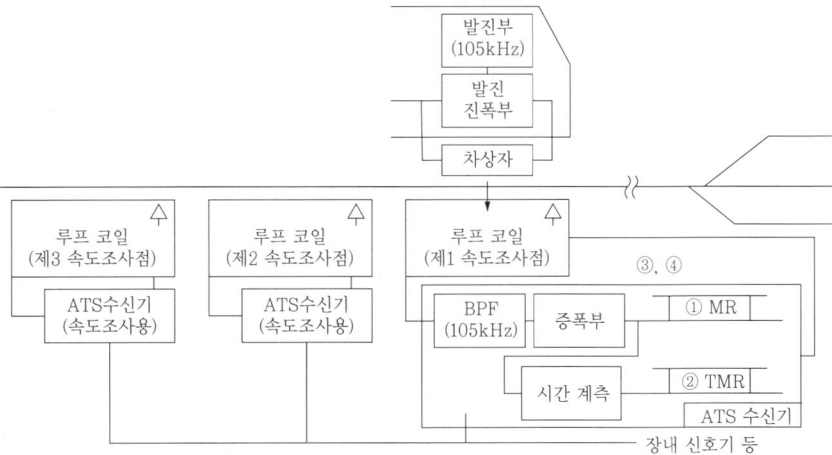

① 길이 약 5m의 루프 코일로 상시발진파(105Hz)를 수신하면 MR을 동작시킨다.
② MR 동작 후, 미리 진로마다 설정된 시간 후에 TMR을 동작시킨다.
③ TMR이 동작하기 전에 지상자와 차상자가 결합하면, 차상장치 발진주파수가 105Hz→130Hz로 변주되어 경보가 출력된다.
④ 속도제한이 없는 본선 개통 등의 때는 변주시키지 않는다.

루프 코일	열차 경과			
MR 릴레이		동작(시계계측개시)		
TMR 릴레이			동작	
S형 지상자	130 kHz	130 kHz	103 kHz	130 kHz
변주 시 SN형	경보	경보	영향없음	경보
차상작동 S형	경보	경보	영향없음	경보

그림 4·10 분기기 속도제한장치 구성(루프식)

(a) 분기기 속도제한장치(루프식)   이 장치는 그림 4·10에 제시한 것처럼 장내신호기 바깥쪽 2~4곳에 속도 조사점(照査點)을 두고 진로조건에 따라 열차 속도를 조사하여 속도를 초과한 열차에 대하여 ATS를 작용시켜 열차운전의 안전을 꾀하는 것이다.

(b) ATS-SN형 속도조사장치(지상자식)   ATS-SN형에서는 차상장치에서 나오는 상시발진 주파수에 고감속(高減速)성능차 식별용 파가 중첩되어 있으며 이 파를 이용하여 전차 열차 등의 브레이크 성능이 높은 열차에 대해

ATS-SN형 속도조사장치는 자동열차정지장치(ATS : Automatic Train Stop)의 속도조사기능을 종래의 루프 코일+지상자 조합에서 지상자만으로 실현시킨 장치이다.
① 장내신호기 바깥쪽에 속도조사점을 설정하여 열차검지용 지상자(SD형 지상자)와 정지용 지상자(SS형 지상자)를 표준거리인 10m 띄워서 설치한다.
② 장내신호기의 진로조건에 의해 열차속도를 측정하여 속도가 초과된 열차에 대하여 ATS 차상수신기 경유로 브레이크를 동작시킨다.

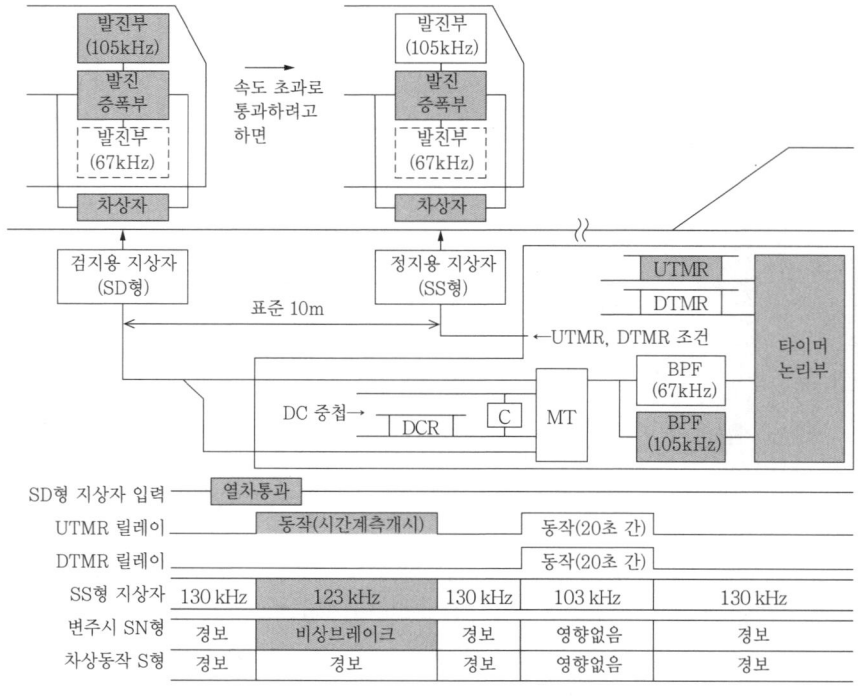

그림 4·11 ATS-SN형 속도조사장치 구성(지상자식)

서는 불필요한 경보를 감소시키도록 개발된 것이 ATS-SN형 속도조사장치이다(그림 4·11).

[2] 트랜스폰더를 이용한 ATS-P

(a) ATS-P의 기능   ATS-P는 속도조사의 기능을 실현한다. 또 지상 부호처리기와 차상 송수신기 간의 정보 전달은 트랜스폰더에 의한 디지털 정보전송을 채택하여 정보의 다종다양화를 꾀함으로써 속도조사기능을 실현한다. 다음에 기본기능과 부가기능에 관해서 설명한다.

(1) 기본기능

① 정지를 현시하고 있는 신호기에 대한 돌진 방지

② 분기기, 곡선, 하구배 그리고 임시 속도를 제한한 곳에 대한 속도 초과 방지

③ 구배 구간에서의 자연후퇴 방지

(2) 부가기능

① 신호 현시 제어 : 근접 열차의 성능 종별을 판별하여 필요에 따라 전방 신호기의 현시를 변화시킨다.

② 건널목 경보 시분의 적정화 : 역정차·통과 열차를 판별하여 필요에 따라 건널목에 대한 경보 시분의 적정화를 꾀한다.

③ 열차의 최고속도 초과 방지

④ 기타 : 차상의 열차번호정보 등을 열차진로제어와 여객안내정보로 전송

(b) ATS-P장치 구성   ATS-P는 차상장치와 지상장치로 구성되어 있다. 그림 4·12에 구성을 나타낸다. 다음에 각 부분의 동작을 설명한다.

(1) 지상장치

① 부호처리기 : 신호기의 현시 조건을 받아들여 송신출력용 전문(정지신호기까지의 거리정보 등)을 선별하여 중계기에 송신한다. 차상정보(열차번호정보 등)를 중계기로 수신하여 필요에 따라 다른 기기로 전달한다.

② 중계기 : 부호처리기로 수신한 송신출력용 전문을 지상자에서 차상장치로 송신한다. 차상장치에서 송신한 차상정보를 지상자로 수신하여 부호

처리기로 송신한다.

③ 지상자(유전원, 무전원) : 차상자와 정보를 송수신한다.

(2) 차상장치

① 송수신기 : 지상자에서 지상정보를 수신하여 제어기 등으로 전달한다.

차상정보(열차번호 등을)를 지상자로 송신한다.

또 무전원 지상자에 전원을 공급하는 전력파를 송신한다.

② 제어기 : 송수신기에서 지상 전문에 의해 조사 패턴을 발생시켜 열차속
도가 이 패턴을 초과하면 자동적으로 브레이크 지령(상용 또는 비상)을
출력한다.

③ 정보입력부 : 차상정보(열차번호정보 등)를 송수신기에 전달한다.

④ 차상자 : 지상자와 정보 송수신을 한다.

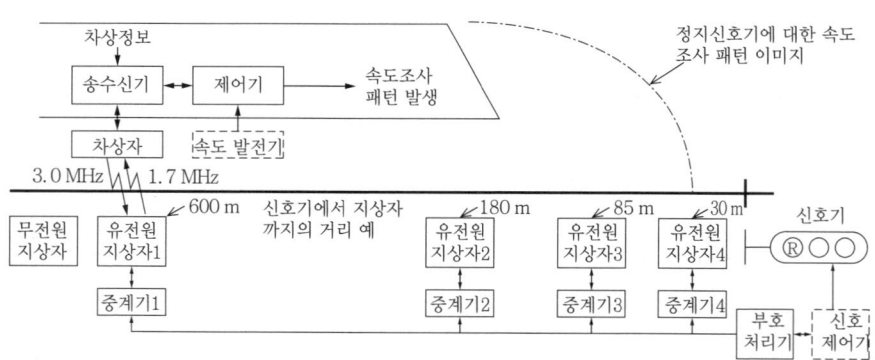

그림 4·12 ATS-P 장치 구성

🚂 4.4.3 차축 검지기

신칸센 대용보안용 자동열차검지장치나 재래선의 건널목용 열차검지 및 열차속도검출에 사용되고 있다.

차축검지기는 레일 부근에 차축검지를 위한 송수신 한쌍의 코일을 부착하여 이 검지 코일에 차륜이 접근하면 자속(磁束)분포가 변화하는 원리를 응용하여 차축검출을 하고 있다. 차축검지방식에는 위상검지방식과 노멀클로즈식이 있다.

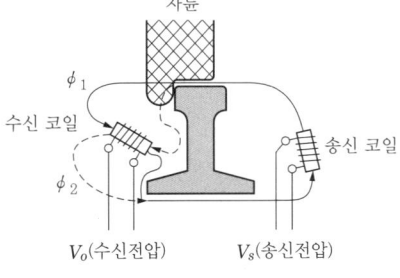

그림 4·13 위상검지식

[1] 위상(位相)검지방식

그림 4·13처럼 레일을 끼고 외궤측(外軌側)에 송신코일, 내궤측(內軌側)에 수신코일이 배치되어 레일 외궤측의 송신코일에서는 교류자계(交流磁界)를 발생시키고 내측의 수신코일에서 그 교류자계를 수신한다. 코일은 차륜이 없을 때, $\phi_1 \gg \phi_2$가 되는 위치에 설정하면 차륜이 없을 때의 수신전압(V_o)은 ϕ_1에 의한 기전력(송신과 동위상)이 발생한다. 차륜이 있을 때는 차륜에 의해 ϕ_1의 자로(磁路)가 차단되어 ϕ_2의 자로가 플랜지(frange)부에서 구성되므로 $\phi_2 \gg \phi_1$이 되고 수신 코일에는 차륜이 없을 때와 역위상(송신과 역위상)의 기전력이 발생한다. 이 수신신호를 송신신호 위상과 비교하여 검지 결과를 출력한다. 이 때문에 위상검지 방향을 바꿈으로써 노멀오픈 또는 노멀클로즈 검지가 가능해진다.

[2] 노멀클로즈식

동작 원리를 그림 4·14에 제시한다. 항상 레일 외측에 배치된 송신코일에서 교류자계를 발생시켜 레일 내측에 설치한 수신코일로 수신한다(그림 (a)는 평상시).

뒤이어 차륜이 자계의 강도 H_0 지점에 진입하면 차륜에는 H_0에 비례한 유도전류가 흐르고 그 전류에 의한 자계(H_r)가 H_0를 상쇄하는 방향으로 발생한다(그림 (b)가 차륜검출 시).

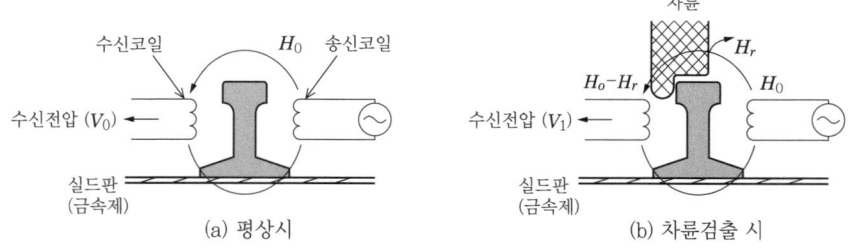

그림 4·14 노멀클로즈 방식의 동작 원리

따라서 차륜을 통과하는 자계의 강도는 (H_0-H_r)이 되고 수신 레벨은 감소한다. 이 수신 레벨의 변화를 검출하여 통과 차륜을 검출하고 있다.

평상시에는 잡음 등에 의해 자계 H_0를 상쇄하는 자계가 발생하고 있는 경우는 차륜 통과 시와 동일하게 수신전압이 저하하여 '차륜이 있음'이라고 판단한다.

🚃 4.4.4 유도선(루프)

고무타이어를 장착하고 안내궤조방식으로 주행하는 지하철, 새로운 교통시스템 등에서 열차제어와 열차검지를 위하여 유도선 등을 사용한 방식이 있다.

모노레일 등에서는 구조상 지상신호기 설치가 곤란하므로 차내 신호방식으로 하고 고무타이어 차량이므로 궤도회로에 의한 차축 단락식의 열차검지를 사용할 수가 없다. 이 때문에 연속 송수신식 열차검지 방식에 의한 차내신호, 다단(多段)제어방식인 ATC/TD장치(자동열차제어장치/열차검지장치)가 채택되고 있다.

유도선을 이용한 ATC/TD장치는 열차의 전두부 및 후미부에 설치한 안테나로 송신되는 차상열차검지신호(車上TD신호)를, 주행 거더 상면에 부설된 유도선에서 연속적으로 수신하여 열차검지를 하는 TD장치와 TD장치에 의해 검지한 선행열차의 위치조건, 진로조건, 곡선의 상태 등으로 결정되는 제한속도 조건에 근거한다. ATC신호를 발생시켜 유도선을 매개체로 하여 차상으로 전송하여 열차제어를 하는 ATC장치로 구성되어 있다.

유도선은 일반 철도의 궤도회로에 해당하는 것으로 폐색구간 전역의 주행 거더 상부(桁上部)에 부설된 1턴 루프 코일이다. 지상·차상 간의 정보전송은 유도선을 매개체로 하고 있으며 ATC장치와 TD장치로 공용하고 있다.

그림 4·15에 유도선을 이용한 열차검지장치 구성도를 제시한다.

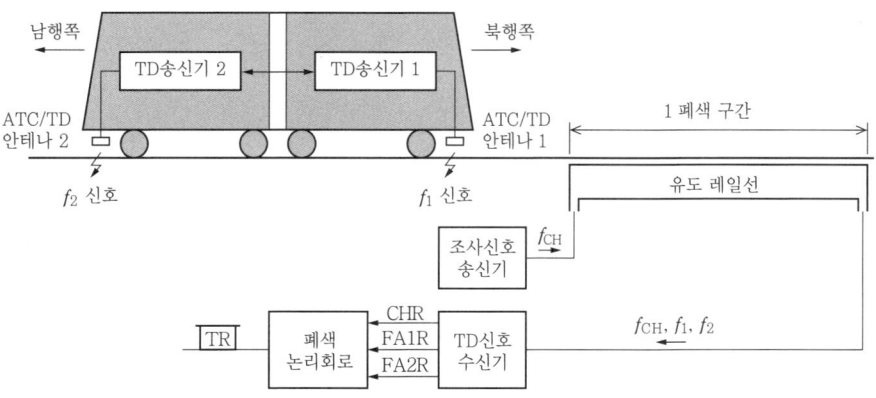

그림 4·15 모노레일 열차검지 구성도

열차검지방법의 설명 : 지상에는 폐회로(노멀클로즈)로 구성된 조사신호 수신회로와 개회로(노멀오픈) 구성의 TD신호 수신회로로 구성된 TD신호수신기를 설치하였다.

조사신호 수신회로는 유도루프선의 하나의 단(一端)에서 송신되는 조사신호 (f_{CH})를 다른 루프단에서 수신하여 조사신호수신릴레이(CHR)를 구동하고 있다. 열차에서 f_1 신호 또는 f_2 신호 둘 중에 하나는 차상 TD신호를 수신하면, CHR이 복구하도록 하고 있다.

또 TD신호 수신회로는 열차에서 f_1 신호 또는 f_2 신호 둘 중에 하나는 차상 TD신호를 수신하면, 수신신호에 대응하는 수신 릴레이(FA1R, FA2R)를 동작시킨다. 이러한 수신릴레이(CHR, FA1R, FA2R)에 의해 열차검지 논리회로를 구성하고 폐색구간에 대한 열차진입 및 진출을 검지하여 궤도릴레이(TR)를 제어하고 있다.

열차 폐색구간에 대한 진입검지는 조사신호 수신회로의 수신릴레이로 하고 진출검지는 TD신호 수신회로의 수신릴레이로 하고 있으므로 TD신호 수신기의 구성으로서는 조사신호 수신회로와 열차의 운전방향에 대하여 후미(後尾)에서 송신되는 차상 TD신호의 수신회로가 있으면 좋다.

🚉 4.4.5 차상장치(車上裝置)

차상장치에는 열차를 제어하기 위한 정보를 변주식 ATS장치나 트랜스폰더 방식 ATS-P장치처럼 지상자 설치위치에서 수수하는 장치와 레일에 흐르는 신호를 항상 수신하는 ATC장치와 연속식 ATS장치가 있다.

[1] 변주식(變周式) ATS장치

항상 기정 주파수를 발진시켜 현시 조건에 대응한 지상자와 차상자가 결합했을 때, 변주작용에 의해 제어정보를 수신하여 브레이크 제어를 한다. 혹은 제한속도가 어느 일정시간이 되도록 설치된 2개의 지상자 검지시간에 의해 열차 속도를 검출하여, 제한속도 초과 때 브레이크를 제어하는 장치이다. 구성을 그림 4·16에 제시한다. 사용 주파수대는 60~140kHz의 무변조파(無變調波)를 사용하고 있다.

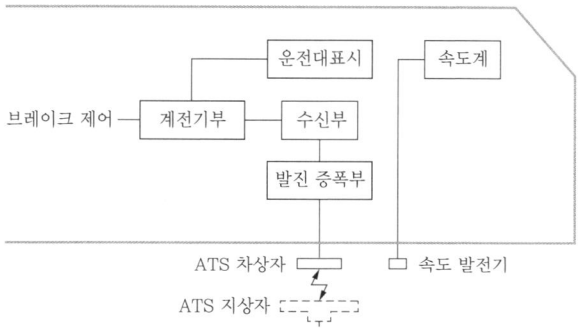

그림 4·16 변주식 ATS차상장치 구성도

[2] ATS-P장치

트랜스폰더를 이용하여 정지위치나 속도제한 개시 목표위치까지의 거리정보를 지상자에서 수신함과 동시에 열차종별 등의 차상정보를 지상으로 전송하는 장치이다. 수신한 정보에 의해 속도조사 패턴(주행거리에 대한 조사속도 지점의 집합)을 작성하여 속도 초과 시에는 브레이크 제어를 한다. 구성을 그림 4·17에 제시한다.

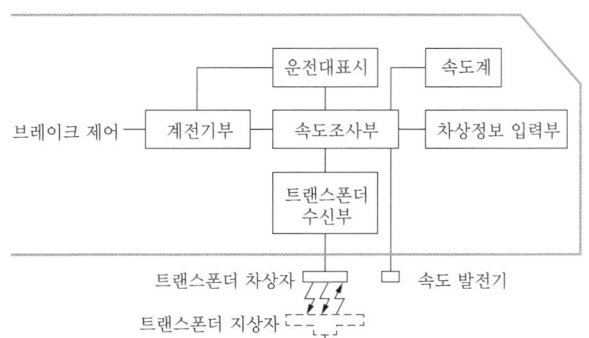

그림 4·17 ATS-P차상장치 구성도

사용주파수대는 지상에서 차상으로의 정보파는 반송파 1.7MHz의 변조파, 차상에서 지상으로의 정보파는 3MHz의 변조파, 차상에서 지상으로의 전력파는 245~757kHz의 무변조파를 사용하고 있다.

[3] ATC장치·연속식 ATS장치

레일에 흐르고 있는 속도제한정보를 수전기에서 전자유도결합에 의해 입력하고 수신한 정보내용으로 속도제한정보를 결정하고 속도초과 시에는 필요한 브레이크 제어를 하는 장치이다. 구성을 그림 4·18에 제시한다.

연속식 ATS장치는 50Hz 무변조파나 반송파 13kHz 이하의 변조파를, ATC장치는 반송파 550Hz~20kHz대의 변조파를 사용하고 있다.

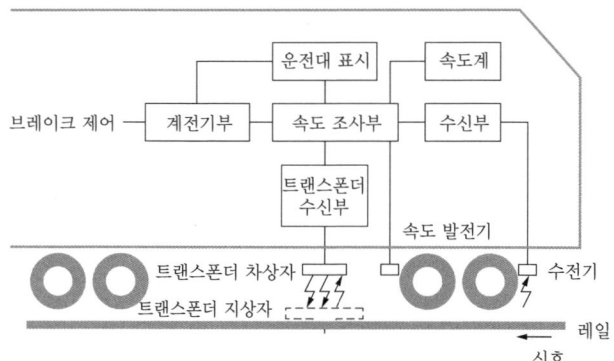

그림 4·18 연속식 ATS/ATC차상장치 구성도

4·5 신호설비 관점에서 본 방해와 그 평가 방법

4.5.1 방해허용치 고려사항

차량과 신호장치와의 EMC에 관해 방해 레벨로서 차량에서 발생하는 전자 노이즈 등으로 신호장치 일부가 손상을 받는 레벨이 있고 다음으로 신호장치 송신기와 수신기 간에서의 통신(신호 유무만 체크하는 것을 포함)을 저해하 거나 정상적인 통신 확률을 악화시키는 레벨(안전 동작 저해), 혹은 통신하고 있지 않은데도 불구하고 노이즈 등으로 의사통신이 성립되어버리는 레벨(위 험 측 오동작)이 있다. 방해에 대해서 어느 정도의 내량(耐量)이 있는지는 다 음에 제시하는 신호 변복조(모뎀) 방식, 사용주파수, 신호레벨 등 다양한 파 라미터로 영향을 받는다.

① 신호의 변복조(變復調) 방식과 시간 특성
CW(무변조 연속파), AM(단속, SSB), FM(FS전송, FSK, MSK 등), SS(스펙트럼 확산)

② 동작/복구시소(復舊時素), 전송속도

③ 사용주파수 대역

④ 신호레벨과 계속시간

⑤ 기기 동작 레벨(동작 측/복구 측)

노이즈 등의 방해가 위에 기술한 파라미터에 관해서 수신기에 어떻게 혼입 했을 때, 어떤 영향을 받는지에 대한 특성을 명확히 하는 것이 중요하다. 다 시 말하면, 바라는 전송품질을 확보하기 위한 각 변복조 방식의 S/N, 허용 가능한 노이즈 레벨과 계속시간 등을 명확히 하는 것이 필요하다. 동일한 노 이즈에서도 정상적인 신호가 존재할 때와 존재하지 않을 때 그 내량이 다를 수가 있다.

또한 사용대역 외의 노이즈에 대한 내량을 파악해두는 것도 중요하다. 또 방해내량은 최종적으로는 수신기 입력으로 평가되지만 차량 측으로는 레일 전류 등 현장에서의 동작레벨로 환산하여 판단할 필요가 있다. 이때 임피던 스 본드의 포화특성을 고려하는 경우가 있다. 궤도회로는 날씨 변화로 수신 레벨이 저하하는 경우가 있으므로 저하된 경우의 수신레벨을 전제로 한 노이 즈 허용치를 고려할 필요가 있다.

4.5.2 방해허용치 현황

현재 어떤 신호설비에 있어서 차량에서 발생하는 노이즈에 대하여 방해내 량이 과제가 되는 것은 신호방식이 무변조인 것을 말한다. 그 중에서도 장대 궤도회로와 AF 궤도회로는 레일 상에서의 수전전력이 작게되어 있다. 미래 의 설비에 있어서는 차량 노이즈 발생량이 밝혀지면 이에 견딜 수 있는 신호 설비로 경신되는 것이 바람직하다. 건널목 AF의 예를 들면 신호변조방식은 무변조→AM 변조, FM 변조→FSK 변조 식으로 내(耐) 노이즈성이 높은 것이 시대와 더불어 개발되어 있다.

특히 ATC장치는 종류가 많기 때문에 자세한 소개는 아쉽게도 여기서는 생 략하지만 다음에 제시하는 잡지에는 소개되어 있다.

「鐵道と 電氣技術」Vol.18, No.8, pp.69~96, No.9, pp.69~95, 2007년 8월, 9월의 ATC 현황표(철도전기기술협회)

표 4·4에 주요한 신호설비의 방해허용치 일람표를 제시한다.

표 4·4 신호설비 방해허용치[10]

궤도회로 종별	주파수[Hz]	안전동작 저해 방지	위험 측 오동작 방지
분주·분배주	25/30	신호파 성분 18A	신호파 성분 1.8A
장대	25/30	신호파 성분 3A	신호파 성분 0.3A
상용	50/60	신호파 성분 7A	신호파 성분 0.7A
MG	83.3/100	신호파 성분 9A/8A	신호파 성분 0.9A/0.8A
배주	100/120	신호파 성분 6A	신호파 성분 0.6A
AF3위 1중	AM 720~1,200	고조파 성분 0.6A	비트파 성분 21mA
AF3위 2중	AM 700, 900, 1,150, 1,500	고조파 성분 1.2A	비트파 성분 43mA
AF2주파	전원비동기 570~920	고조파 성분 18A	비동기 성분 동시 2파 23mA
TD혼시/ 신칸몬/세이칸	전원동기 SSB 1,440, 1,560, 1,550, 1,700	고조파 성분 20A	비동기 성분 27mA
3선식	1,475~1,825	고조파 성분 6A	비동기 성분 100mA
신칸센 ATC	전원동기SSB 730~1,238.5	고조파 성분 20A	비동기 성분 동시 2파 100mA (차상)
재래 ATC	AM 2,850, 3,150, 3,450, 3,750	고조파 성분 야마테0.86A 도키와 0.43A	피트파 성분 43mA 26mA
ATC-W	AM 6,750, 7,100, 7,300, 7,600, 8,000	고조파 성분 0.36A	피트파 성분 18mA
급전구분 제어	3,925, 4,225(동부 조에쓰) 7,825~9,325(호쿠리쿠)	고조파 성분 0.57A 0.33A	비트파 성분 80mA 16.5mA
건널목 제어자 구형	무변조 14, 20kHz 30, 40kHz	신호파 성분 60mA 170mA	신호파 성분 6mA 17mA
건널목 제어자 H형	무변조 8.5~10.5kHz	신호파 성분 1A	신호파 성분 100mA

🚋 4.5.3 평가 시험 방법

측정 결과나 시뮬레이션 등으로 차량에서 발생하는 방해의 최악치를 가늠하는 것이 중요하다. 반드시 최대 방해를 측정과 시뮬레이션을 실시하고 있다고는 할 수 없으므로 안전계수를 정하여 신호장치의 방해내량에 대하여 그 분량의 여유를 예상한 노이즈량을 평가시험 방해허용치로 한다.

[1] 방해원(妨害源)

신호장치에 대한 방해원으로서는 차량의 제어기기(인버터, 컨버터, SIV), 변전소 리플, 노치 ON/OFF나 팬터그래프의 이선 등에 의한 전류의 급격한 변화, 귀선전류의 불평형 전류의 증대 등이 있다. 이러한 발생량을 파악할 필요가 있다.

[2] 전달형태

방해가 궤도회로 등의 신호설비에 영향을 주는 전달은 다음의 형태를 열거할 수 있다.

(a) 귀선전류(변전소-전차선-차량-레일-변전소)　그림 4·19에 제시한 것처럼 변전소에서 전차선, 팬터그래프를 매개체로 하여 차량에 전력이 공급되어 차륜, 레일을 통해서 변전소로 되돌아간다. 이때 변전소 공급전력에 포함되는 리플, 혹은 차량의 주회로나 보조전원에서 발생하는 노이즈가 궤도회로나 건널목 제어자 등 레일을 전기회로의 일부로 사용하고 있는 궤도회로, 건널목 제어자나 레일 근방에 설치된 ATS 지상자, 차축검지기 등에 영향을 미치는 수가 있다.

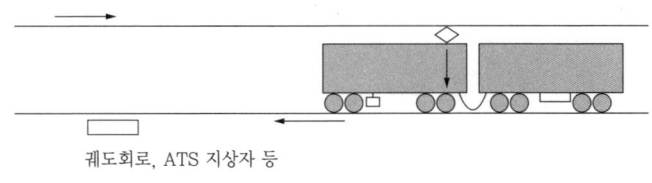

궤도회로, ATS 지상자 등

그림 4·19 귀선전류

(b) 차체 간(차상기기-차체·대차-레일-차체·대차-차상기기)

그림 4·20에 제시한 것처럼 차체 간을 흐르는 전류가 레일에 흘러 궤도회로 등에 영향을 미치는 경우가 있다.

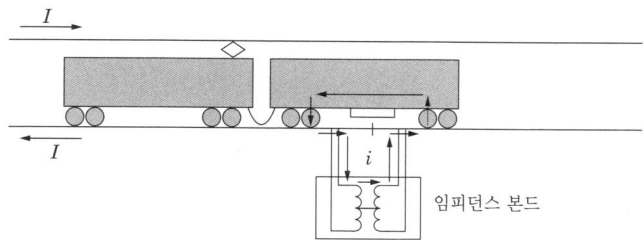

그림 4·20 차체 간을 흐르는 노이즈

(c) 차상기기에서 발생하는 직달자계 그림 4·21에 제시한 것처럼 차상의 주회로 제어기기 등과 그 배선에 흐르는 전류고조파가 발생시키는 전자계가 레일 부근에 설치된 ATS 지상자, 건널목 제어자, 차축검지기 등의 기기에 영향을 주는 경우가 있다.

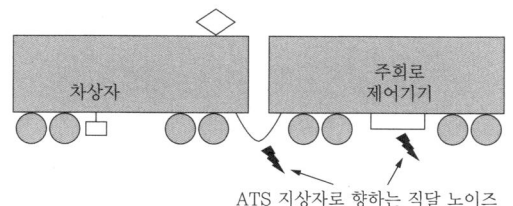

ATS 지상자로 향하는 직달 노이즈

그림 4·21 차상기기에서 발생하는 직달 노이즈

[3] 귀선전류 측정

임피던스 본드의 한쪽을 분리해서 실제로 레일 파단과 동일한 상태를 발생시켜 그 구간에 시험 열차를 주행시켜 궤도회로가 오동작하지 않는지 확인하는 방법과 열차의 전기차전류를 측정하여 그 고조파 분석 결과로 최악으로 어느 정도 궤도회로에 영향이 있는지 가늠하는 방법이 있다.

궤도회로 종류가 적은 경우는 전자의 방법으로 대응이 가능하지만 그래도 최악의 조건을 설정하기 위해서는 상당히 대규모의 시험이 된다. 후자는 전기차전류의 고조파 측정을 지상에서 하는 경우와 차상에서 하는 경우가 있다.

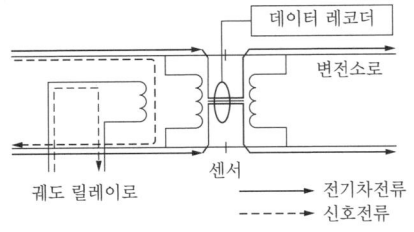
그림 4·22 지상에서의 귀선전류 측정

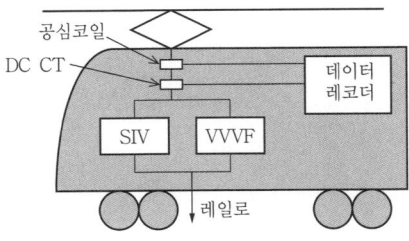
그림 4·23 차상에서의 귀선전류 측정

지상에서 하는 경우는 귀선전류를 궤도회로 경계나 변전소의 흡상용 임피던스 본드 중성점(中性點)에 전류센서를 부착하여 측정한다. 차상에서 측정하는 경우는 귀선전류가 흐르는 케이블에 전류센서를 부착한다(그림 4·22, 4·23).

전류센서는 전기차 전류에서 포화되지 않은 공심코일(로고스키코일)을 사용하고 있다. 로고스키코일 외관을 그림 4·24에 주파수 특성 예를 그림 4·25에 제시한다.

전기차 전류 고조파는 역행 시/회생브레이크 동작 시, 노치의 ON/OFF 시, 브레이크가 동작하기 시작할 때, 주행속도 등에서 발생 방법이 다르기 때문에 모든 운전 모드에서의 측정이 기본적으로는 필요하게 된다.

그림 4·24 로고스키코일 외관

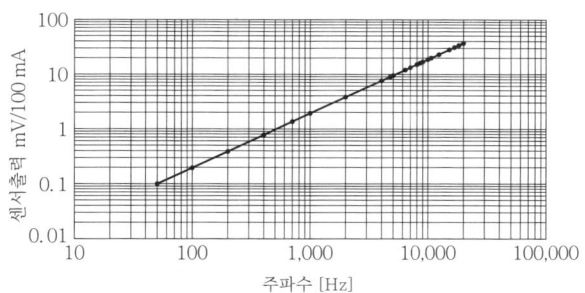

그림 4·25 주파수특성 주파수

　차상에서 전류를 측정하는 경우에 특정 유닛(unit)의 전기차전류만 측정할 때는 편성으로서의 고조파 발생량을 가늠할 필요가 있다. 열차에 따라 유닛 간에서 주회로 제어 반송파 위상을 조금 이동해서 고조파를 저감하는 것도 있다. 그와 같은 경우는 시뮬레이션 결과 등을 참조하여 측정한 유닛 고조파에서 편성 고조파 발생량을 가늠한다. 또 편성에서 일부 유닛컷하여 운전하는 수도 있으므로 그 경우는 유닛컷 했을 때의 고조파 발생량을 측정하는 것도 필요하다. 고조파 분석에는 발생 레벨 외에 궤도회로에서 사용할 주파수 대역폭, 동작/복구 시간 특성, 변복조 방식과 복조에 필요한 S/N 등을 고려하여 분석할 필요가 있다.

　차체 간을 흐르는 측정은 유도코일을 레일에 부착하여 차량 통과 시 고조파전류를 측정한다. 열차 주행 중 측정은 유도코일이 부착된 곳을 통과할 때, 측정하고 싶은 차량의 제어상태를 실현해야 하고 또 유도코일에 대한 차상에서 발생하는 직달 노이즈 영향을 제거할 필요 등이 있으나 정확한 측정은 어렵다.

[4] 직달자계 측정

　차상기기에서 발생하는 직달자계 측정에 있어 건널목 제어자 같은 궤도회로와 ATS 지상자 등의 측정이 있다. 실제의 장치 대신 수신회로를 모의(模擬)하여 조사하는 경우가 있지만 지상자 수신코일의 형상치수, 권수, 수신기

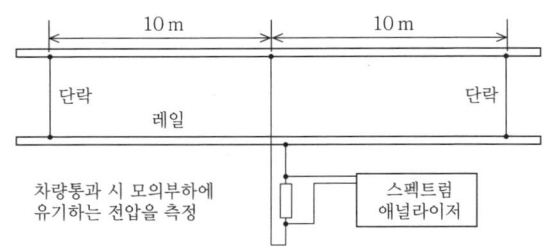

그림 4·26 건널목 제어자용 측정회로 예

임피던스 등을 합해서 실시하면 거의 등가 측정이 가능하다.

직달자계만을 측정하기 위해서는 측정구간 바깥쪽의 전기차 전류 등의 영향을 저감하기 위한 입력선에서 각각의 일정 거리가 떨어진 지점을 단락하고 레일 단락의 영향을 제외하기 위한 레일 표면을 연마한다(그림 4·26). 측정구간 상에서 역행이나 회생브레이크 동작상태 등의 직달자계가 발생하는 상태에서 통과하여, 그때 제어자나 ATS 지상자에 발생하는 릴레이 전압 등을 측정한다.

제어자나 ATS 수신기와 동등한 저항으로 종단하여 그 주파수 성분 발생량을 확인하는 경우 해석할 FFT 대역 등을 실제의 기기에 맞추는 것이 중요하다. 건널목 제어자에서의 측정 예를 그림 4·27에 제시한다. 차상기기에서 발

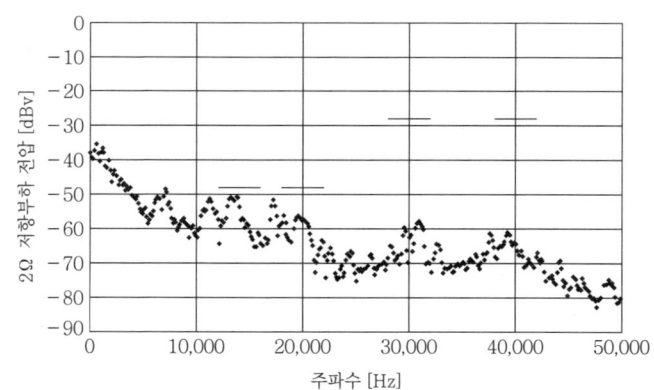

그림 4·27 건널목 제어자 측정 데이터 예

생하는 직달자계는 기기 배치, 기기 간의 배선, 차폐판의 유무 등에 의해서도 발생 방법이 다르다.

따라서 최종적인 의장 상태에서 확인할 필요가 있다.

[5] 신호장치들의 시험 구성 사례

여기서는 대표적인 신호장치이다. 상용주파수 궤도회로·차상 ATC 수신기(그림 4·28)·트랜스폰더 유전원 지상자(그림 4·29)·트랜스폰더 유전원 차상자(그림 4·30)에 관한 시험 구성 사례를 제시한다.

(a) **상용주파수 궤도회로** 임피던스 본드의 한쪽을 분리해서 실제로 레일 파단과 동일한 상태를 발생시키고 그 구간에 시험 열차를 주행시켜서 궤도회로가 오동작하지 않는지 확인하는 방법과 열차의 전기차 전류를 측정하여 그 고조파 분석 결과로 최악의 경우 어느 정도 궤도회로에 영향이 있는지 가늠하는 방법이 있다.

(b) **차상 ATC수신기** 그림 4·28은 재래선에서의 사례이다. 측정 대상에 따라 궤간이나 레일·수전기 간격·회로구성이 다른 경우가 있다.

(c) **트랜스폰더 유전원 지상자** 그림 4·29에 제시한 것처럼 시험할 지상자와 노이즈 시험 대상 간에 실제의 차량에 없는 전자계에 영향을 주는 것을 설치하지 않도록 한다. 또 설치 위치는 단지 하나의 예이므로 대상이 될 기기의 설비 기준에 따라 시험해야 한다.

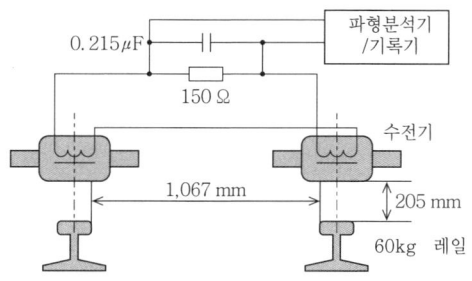

그림 4·28 ATC 차상수신기 시험 방법 예

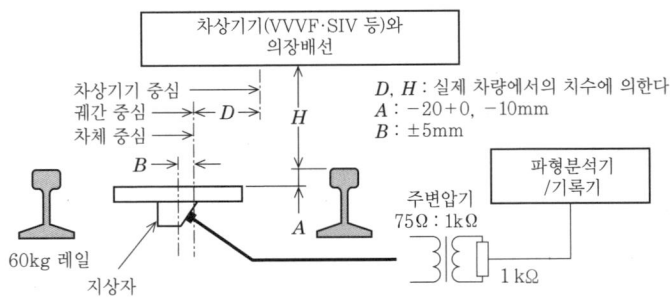

그림 4·29 유전원 지상자 시험방법 예

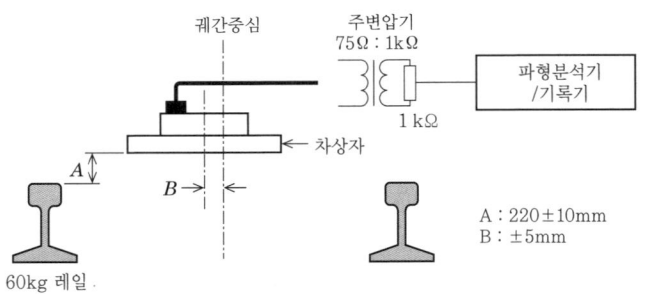

그림 4·30 유전원 차상자 시험 방법 예

(d) 트랜스폰더 유전원 차상자　그림 4·30에 제시한 것처럼 시험할 차상자와 노이즈 시험 대상 간에 실제의 차량에 없는 전자계에 영향을 주는 것을 설치하지 않도록 한다. 또 설치 위치는 단지 하나의 예이므로 대상이 될 기기의 설비 기준에 따라 시험해야 한다.

CHAPTER 4·6 설비 사례들

🚊 4.6.1 방해허용치 고려사항

방해허용치로 제시하는 값은 어디까지나 신호 측이 받는 허용치를 제시하는 것이며 발생한도치를 규정하고 있는 것은 아니다. 즉, 급전회로의 공진현상 등에 의해서 발생량의 몇 배나 되는 방해전류가 레일 등에 흐르는 경우가 있음에 유의할 필요가 있다. 다시 말하면 여기서는 궤도회로에서 사용하고 있는 주파수 대역에 관해서 기기 필터(이하 BPF라고 함) 특성에 주목하여 규정한 것이고 주변환경에 관한 방해허용치에 관해서는 언급하고 있지 않은 점은 미리 양해 바란다. 또 실제로 신호사용 대역 외에 있어서는 기기 및 보수하는 사람에 대한 보호를 위해 별도로 정하는 규정치 이상의 전류가 흐른 경우는 피뢰기 등의 보호장치가 동작한다.

[1] ATC차상장치에 대한 방해허용치

레일에 흐르는 ATC전류의 자계가 차체 선두부 레일 바로 위에 설치한 수전기에 전압을 유기하여 ATC차상수신기에 입력된다. 레일 전류에 의한 자계와 수전기 전압과의 관계를 그림 4·31에 제시한다. 신호전류는 좌우 레일에서 역위상의 환류전류이기 때문에 차동(差動)접속한 수전기에서의 출력은 화동(和動)이 된다. 한편, 전기차가 발생시키는 고조파전류는 레일의 동위상 종방향 전류가 주성분이므로 레일 전류의 불평형 성분이 유기된다. ATC차상수신기의 최소동작 전압이 방해내량이 되고 일반적으로는 1/2이 방해허용치가된다. ATC 차상수신기에 대한 방해는 수전기를 경유한 것이므로 귀선전류만이 아니고 그 밖의 급전회로를 구성하는 도체나 차체 등에 흐르는 전류에 의해 발생하는 직달전계의 방해를 받는 것을 평가할 필요가 있다.

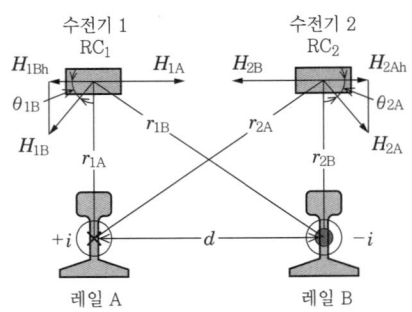

그림 4·31 레일전류에 의해 수전기에 발생하는 자계
(出典 : 「改訂電氣鐵道共學演習」學獻社)

[2] 방해전류치 측정 방법과 측정상 주의점

방해전류 등에 관해서 측정하는 경우, 측정기 종류와 설정 등도 측정치 평가에 영향을 주므로 이러한 것들을 규정할 필요가 있다. 이 값과 레일 전류와 급전회로의 도체에 의해 발생하는 방해의 합성치가 최종적인 방해량이 된다. 레일 전류의 불평형률을 포함한 방해량 측정 방법에 관해서는 앞으로 검토가 필요하다.

트랜스폰더에 대한 방해파는 비교적 고조파이므로 레일의 귀선전류만이 아니라 차체 혹은 제어장치에서 발생하는 직달자계에 특히 유의할 필요가 있다. 또 수 MHz대 신호를 다루므로 시험회로는 정합변성기를 조합시키고, 케이블 등도 배려하여 측정오차가 생기지 않도록 유의할 필요가 있다.

🚄 4.6.2 신칸센 신호보안설비의 방해허용치 및 확인 방법[4]

[1] 궤도회로에 대한 방해허용치

레일을 사용하여 열차검지와 신호전달을 하는 궤도회로의 방해허용치를 표 4·5에 제시한다.

표 4·5 신호보안설비 종류와 방해허용치

장치종별		주파수 [Hz]	방해허용치 (대역내 : 레일전류환산치)	방해허용치 (대역외 : 레일전류환산치)
분배주궤도회로		25	1.8A (100% 불평형)	180A (100% 불평형)
ATC 차상장치	O₃ (하행선)	1,238.5	20A	600A (대역외±9.5Hz)
	O₃ (상행선)	1,161.5		
	ATC/TD (하행선)	1,500±48	448mA	448A (대역외±48Hz)
	ATC/TD (상행선)	1,600±48		
ATC 지상장치	ATC/TD (하행선)	1,500±48	224mA *	224A * (대역외±48Hz)
	ATC/TD (상행선)	1,600±48		
급전구분 제어궤도 회로	MF (상행선) (100% 불평형)	7,825	61.2mA (대역내±20Hz)	15.4A (대역외±600Hz)
	MF (하행선) (100% 불평형)	8,125	30.6mA (대역내±20Hz)	7.69A (대역외±600Hz)

* 차상장치 허용치에서 정한 참고치

[2] 차상 ATC장치의 방해허용치

본선 구간의 ATC장치가 사용하는 주파수대는 1,500Hz 및 1,600Hz이다.

차상장치의 ATC신호의 최소단락전류는 환류레일 전류 환산으로 100mA로 규정되어 있고 MSK변조에 대한 CN비를 확보하기 위한 13dB을 고려하면, 환류레일에 환산한 노이즈 전류 허용치는 22.4mA가 된다. 이 값은 ATC신호대역 내에서의 전류치이며 이것을 수전기에서의 레일 불평형률을 포함한 불평형률 10%를 고려한다. 즉 귀선 종방향 전류에 환산하면 방해허용치는 448mA가 된다.

차상 수전기의 주파수 특성을 그림 4·32에 제시한다. 수전기는 비공진식으로 저주파수대(~500Hz)에서 유기 레벨이 저감된다[12]. 수전기는 동경(東北)·조에쓰(上越) 신칸센에 사용하고 있는 ATC-1D 형용과 동일하다. ATC 신호대역 외의 고조파는 그림의 차상 수전기 주파수 특성에 의해 저감된 후, 대역 외 감쇠도(減衰度) 60dB의 BPF를 통과하기 위해 모든 대역의 고조파 총 합계가 귀선전류 환산으로 448A 이하라면 영향은 발생하지 않는다.

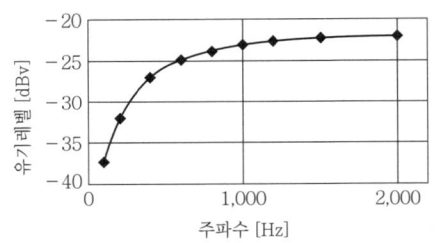

그림 4·32 ATC차상수전기 주파수 특성

또한 장내(場內)진로 및 출발진로 바깥쪽에는 안쪽 진로에 대한 잘못된 진입방지를 위해 무조건 정지구간용 설비(O_3장치)가 설치되어 있다. O_3장치는 레일 복부에 첨선을 설비하여 진로가 개통되어 있지 않을 때는 절대정지신호(O_3신호)를 송신하고 있다.

O_3파의 사용주파수는 1,161.5Hz 및 1,238.5Hz이며 O_3파에 대한 차상 측의 최소동작 레벨은 1A이다. 신호전류를 흘려보내는 방법이 레일 환류 전류와 동일하기 때문에 레일 불평형분을 고려하였다. O_3신호 대역 내의 방해허용치는 20A가 된다. O_3신호 대역 외에 관해서는 전원동기(電源同期) SSB방식이므로 방해허용 전류는 600A가 된다.

또한 ATC장치에 관해서 주파수가 기재되어 있는 값은 전원동기식을 채택하고 있기 때문에 전원 주파수가 50,000Hz 경우이다. 실제로 전원 주파수는 항상 변동하기 때문에 변동분에 대해서만 주파수를 변위해야 한다.

[3] 지상 ATC장치 방해허용치

ATC지상장치 측에서의 열차가 선로에 없을 때의 최소 동작레벨은 궤도회로 길이, 케이블 길이, 날씨에 따른 전송손실 변동 등에 의해 다르며 일정한 값으로 정해지지 않는다. 그러나 굳이 값을 나타내기 위해 차상장치의 최소 단락전류 100mA의 1/2인 50mA를 평상전류로 한 경우를 예시한다. 실제 평상전류는 이것과 다른 경우가 있음에 주의할 필요가 있다. MSK변조에서의 CN비 13dB을 고려하면, 레일 환류 전류에 해당하는 허용치는 11.2mA가 된다.

이 값을 귀선전류에 환산하면 224mA가 된다. 또 대역외 주파수에 대해서는 DSP부에 배치된 BPF 감쇠특성(-60dB)에서 방해허용전류는 224A가 된다. 이런 경우 50Hz에 대해서는 보안기 블록에 저지필터를 부가하고 있기 때문에 제외한다. 지상 ATC수신기에서는 귀선전류에 기인하는 방해전류에 의한 것이 지배적이다.

[4] 급전구분 제어 궤도회로 장치의 방해허용치

MF궤도회로에서 사용하는 주파수대는 7,825Hz 및 8.125Hz이다. 신호 대역 내의 방해내량 산출에는 궤도회로 불평형률 100%일 때를 고려하여 사용주파수 대역의 수신입력이 -8dBm 입력된 경우에도 정상 동작하는 걸로 하였다.

이러한 것들을 귀선전류로 환산하면 7,825Hz에서 61.2mA, 8,125Hz에서 30.6mA이다. 또 궤도회로 불평형 100%일 때의 경우 대역 외 주파수도 고려한다. 전원주파수에 대해서는 100dB의 BPF가, ATC에 대해서는 80dB의 BPF가 삽입되어 있기 때문에 충분한 내량이 있다.

또 그것 이외의 대역 외에 대해서는 48dB의 BPF가 삽입되어 있기 때문에 귀선전류 환산 고조파의 총 합계 허용치는 상행선 15.4A, 하행선 7.69A이다. MF궤도회로 신호파는 전원 비동기식을 채택하고 있기 때문에 주파수는 표기 값을 채택한다.

[5] 분배주 궤도회로

분배주 궤도회로에 있어서 레일로 흘려보내는 전류주파수는 전원주파수를 분주한 25Hz이다. 대역 내에서는 복궤조에서 100% 불평형 상태이며 궤도 릴레이 낙하전류 1/2이 발생하는 방해전류를 방해허용 레벨로 하여 그 값은 1.8A이다. 50Hz 전원주파수에 대해서는 40dB의 BPF 특성을 갖기 때문에, 귀선 전류환산 방해허용 레벨은 고조파 총 합계로 180A가 된다.

또한 25Hz 이하 방해허용치에 관해서는 불분명한 점이 있으므로 앞으로 조사할 예정이다.

[6] ATC차상수신기에 대한 직달자계에 의한 방해전류 측정 방법

레일 전류와 차상 ATC수신기에 대한 유기전압은 그림 4·31에 제시하는 것과 관계가 있지만 차체나 의장전선이 발생시키는 직달자계 측정은 그림 4·33에 제시하는 위치관계에서 수전기에 유기되는 전압을 측정하여 레일 전류에 환산한다.

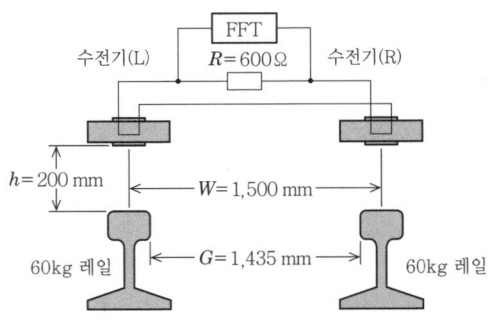

그림 4·33 ATC차상수신기에 대한 방해 시험 방법

[7] 트랜스폰더에 대한 방해허용치

트랜스폰더를 사용하여 신호전달을 하는 신호보안설비에 대한 방해허용치를 표 4·6에 제시한다.

표 4·6 트랜스폰더 방해허용치

장치종별		주파수 [kHz]	방해허용치 [dBv]
유전원 지상자	지상→차상 전송파	1,708±32	-53
	차상→지상 전송파	3,000±32	-53
무전원 지상자	지상→차상 전송파	1,708±32	-53
	차상→지상 전송파	3,000±32	-53
	전력파	757	-40

(a) 무전원 지상자·열번(列番) 지상자 방해허용치　무전원 지상자 및 열번 지상자는 1.708MHz 및 3.0MHz 주파수를 사용하고 있다. 이러한 것들의 방해허용치는 -53dBv(1V＝0dBv[1kΩ])이다. 또한 무전원 지상자 전원

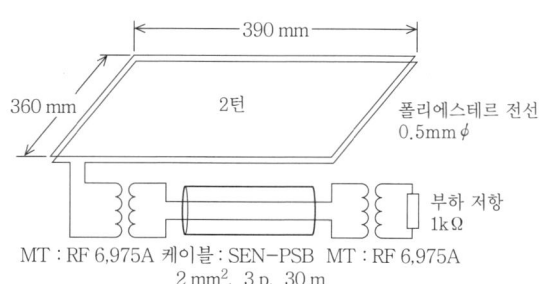

그림 4·34 1.708MHz 트랜스폰더 시험 방법

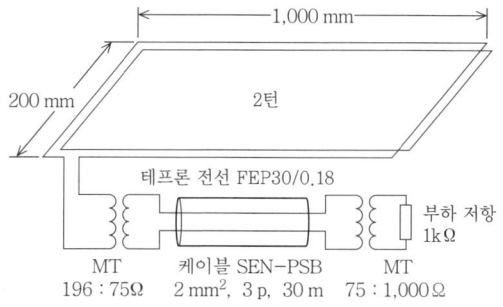

그림 4·35 3.0MHz 트랜스폰더 시험 방법

은 차상 측에서 송신하는 757kHz 전력파이며 지상자 측에 전력수신부가 배치되어 있다. 전력수신부 방해허용치는 −40dBm이다.

(b) **무전원 지상자·열번 지상자 시험 방법** 그림 4·34 및 4·35에 시험 회로 예를 제시한다.

[8] 차축검지자에 대한 방해허용치

(a) **차축검지자 방해허용치** 차축검지자에 사용하고 있는 주파수는 33~41kHz대 및 60~69kHz대이다. 수신전압 변동분에 여유를 가미하여 수신기 출력전압이 평상치를 3V 이상을 밑돌았을 때를 차축 있음으로 판정한다. 사용주파수 대역 내에서 허용되는 방해허용치는 표 4·7에 제시한 것처럼 주파수에 의해서 약간 다르며 −53~−56dBv 이하로 되어 있다.

이것을 귀선전류로 환산하면 사용주파수 대역 내에서 56~80mA가 된다. 사용주파수 대역 외에서는 주파수에 따라 BPF가 삽입되어 있기 때문에 귀선전류로 환산한 방해허용치는 33kHz대에서 4A 정도, 60kHz대에서 900mA 정도이다.

차축검지기 사용 주파수대는 지금까지 방해파가 적다고 생각되었지만 최근 조사에서는 변전소 등에서의 VCB 개폐 시에 발생하는 서지전류와 전기차

표 4·7 차축검지자의 방해허용치

장치종별		주파수 [kHz]	방해허용치 (대역내 : 레일전류환산치)	방해허용치 (대역외 : 레일전류환산치)
차축검지기	DT1	69.0	80mA (중심주파수±250Hz)	898mA (중심주파수±4kHz)
	DT2	69.0		
	DT3	63.5		
	DT4	33.0	56mA (중심주파수±250Hz)	3,964mA (중심주파수±3kHz)
	DT5	36.0	63mA (중심주파수±250Hz)	4,460mA (중심주파수±3kHz)
	DT6	41.0	71mA (중심주파수±250Hz)	5,026mA (중심주파수±3kHz)

가 발생시키는 고조파도 일정한 정도로 존재한다는 것이 밝혀져 주의를 요한다. 또 차량의 제어장치의 반송파의 고조파에 의한 직달전자계에 관해서는 특히 고조파 주파수가 합쳐지는 경우 주의가 필요하다.

(b) **차축검지기 시험 방법**   그림 4·36에 시험회로 예를 제시한다. 차량에서 발생하는 직달자계 측정은 차축검지기를 규정 방법으로 레일에 부착하고 수신 코일을 300Ω로 종단함으로써 한다. 또한 이 측정은 차량 측의 의장 상태의 영향을 받기 때문에 실제의 차축검지기 설비 위치에 일치시킨 시험이 필요하다.

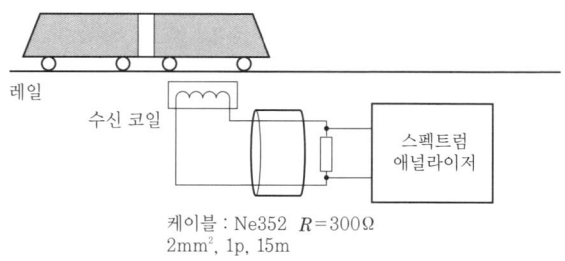

레일
수신 코일
스펙트럼 애널라이저
케이블 : Ne352 $R = 300\Omega$
2mm², 1p, 15m

그림 4·36 차축검지기 시험 방법

🚃 4.6.3 공영교통(지하철) 신호보안설비의 방해허용치 및 확인 방법[5]

[1] 궤도회로에 대한 방해허용치

공영교통(지하철) A선에서 사용하고 있는 신호설비 방해허용치를 표 4·8에 제시한다.

(a) **차상ATC장치의 방해허용치**   ATC장치에서 사용하는 주파수대는 10.0kHz 및 11.5kHz이다. 차상ATC수신기 방해허용치는 최소동작 레일전류에서 구해지며 그의 1/2로 규정하고 있다.

최소동작 레일전류가 60mA이므로 30mA가 레일을 환류하는 방해허용치이다. 궤도회로 불평형률 100%일 때를 고려하면 방해허용치는 60mA가 된다. 차상수전기 주파수 특성을 그림 4·47에 제시한다. 수전기는 2kHz보다

표 4·8 신호보안설비 종류와 방해허용치

장치종별		주파수 [kHz]	방해허용치 (대역내 : 레일전류환산치)	방해허용치 (대역외 : 레일전류환산치)
전자식 궤도 릴레이		0.06±0.005	1.4A	3.9A (30Hz 이하) 14A (120Hz 이하)
ATC 차상장치	주신호	10.0±0.15	600mA	6A (중심주파수 ±800Hz)
	부신호	11.5±0.15		
TD장치	채널 1	18.2±0.12	121mA	12.1A (중심주파수 ±750Hz)
	채널 2	19.7±0.12	103mA	10.3A (중심주파수 ±750Hz)
	채널 3	20.9±0.12	92mA	9.2A (중심주파수 ±750Hz)
	채널 4	22.4±0.12	80mA	8.0A (중심주파수 ±750Hz)
	채널 5	24.2±0.12	68mA	6.8A (중심주파수 ±750Hz)

낮은 주파수대에서 유기레벨이 저감된다.

ATC신호대역외 고조파는 그림의 차상수전기 주파수 특성에 의해 저감된 후, 대역 외 감쇠량 40dB의 BPF를 통과하기 때문에 모든 대역의 고조파 총 합계가 귀선전류의 환산이 6A 이하이면 영향은 발생하지 않는다.

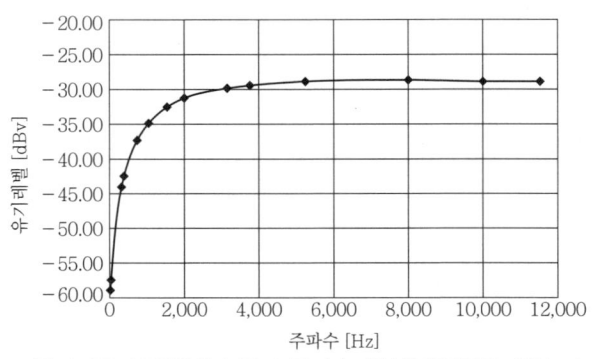

그림 4·37 ATC차상수전기 주파수 특성(레일전류 100mA 시)

(b) ATC차상수신기에 대한 직달자계로 인한 방해 측정 방법

레일 전류와 차상ATC수신기에 대한 유기전압은 그림 4·31에 제시하는 관계가 있지만 리니어 모터(linear motor) 방식에서는 대차에 부착한 유도전동기 1차 측이나 의장 배선에서 발생하는 잡음이 종래의 유도전동기와 구조가 다르기 때문에 대차 부근에 부착하는 ATC수전기 등의 안테나 종류에 대한 직달자계 측정은 불가결하다. 그림 4·38에 제시하는 위치관계에서 수전기에 유기되는 전압을 측정하여 레일 전류로 환산한다. 이 값과 레일 전류와 급전회로 도체에 의해 발생하는 방해와의 합성치가 방해가 된다.

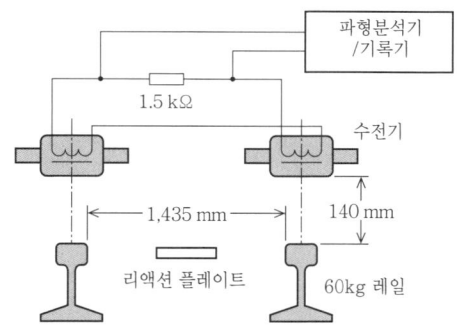

그림 4·38 ATC차상수신기에 대한 방해 시험 방법

(c) **TD장치의 방해허용치**   TD장치에 대한 방해허용치는 동일한 리니어 (linear) 방식의 B선으로 시험을 하여 잡음전류가 10kHz에서 20mA 이하였으므로 이것을 기준으로 하여 고조파 저감률을 $1/n^2$(n은 변전소 정류작용으로 수반하여 발생하는 전원주파수 6배의 고조파를 기본으로 한 고조파 차수)를 토대로 사용하는 5채널 각각에 관해서 규정하였다. 표 4·8은 좌우 레일 불평형률로서 10%를 고려하여 귀선 종방향 전류로 환산한 방해허용치이다. 또 대역 외 주파수에 대해서는 수신 BPF 감쇠 특성이 −40dB이므로 방해허용치는 각각 100배가 된다.

(d) **TD장치 시험 방법**   TD장치에서는 귀선전류에 기인하는 방해전류가 지배적이기 때문에 잡음 시험을

① 잡음 데이터 수록(공장 내 또는 실제 차량 주행)
② 수록된 데이터를 재생하여 TD장치에 주입하여 열차검지기능에 영향을
　주는 잡음이 내부에 침입하는지 여부를 측정한다.

로 나누어 실시하는 것이 가능하다. 그림 4·39는 공장 내에서 잡음 데이터를
수록하는 예를, 그림 4·40은 수록한 잡음 데이터를 재생하여 TD장치에 주입
하는 예를 제시한 것이다.

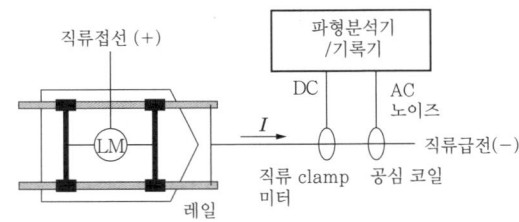

그림 4·39 귀선잡음 데이터 수록

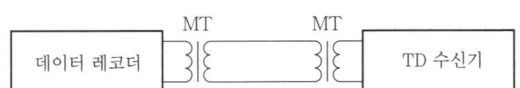

그림 4·40 TD장치 잡음 레벨 측정

(e) 전자식 궤도 릴레이 방해허용치　전자식 릴레이는 전자화되어 있지만
종래의 2원형 교류릴레이에 가까운 동작 특성을 갖고 있다. 사용주파수 대역
의 60Hz±5Hz에서는 열차 검지 릴레이 낙하전압의 1/2이 발생할 때의 레일
에 흐르는 방해전류를 허용치로 하고 그 값은 1.4A이다. 사용주파수대역 외
는 장치에 내장하는 BPF의 감쇠 특성에 의해 30Hz 이하에 대해서 9dB,
120Hz 이상에 대해서 20dB 방해허용치가 향상되어 있다.

(f) 전자식 궤도릴레이 시험 방법　전자식 궤도 릴레이에서는 TD장치와
동일하게 귀선전류에 기인하는 방해전류가 지배적이지만

① 잡음 데이터 수록
② 실제 기기에서의 잡음측정을 분리하지 않고 동시에 한다.

쪽이 효율이 좋고 현실적이라고 생각된다. 그 이유는 직류전화의 경우, 360Hz 이하의 저주파 영역에서는 잡음전류 레벨이 크기 때문에 수록한 잡음을 재생할 때의 시험 설비가 대형이 되는데, 잡음 영향이 현저해지는 궤도회로 불평형률이 100%인 상황 하에서는 임피던스 본드(이하 'ZB' 라고 함)가 귀선 직류전류로 포화되고 귀선잡음이 완화되어 전자식 릴레이에 입력된다.

따라서 잡음 데이터를 수록하여 100% 불평형 시에 환산하면 실제로 맞지 않다. ZB 포화특성이랑 귀선전류 직류성분 크기와 방해전류 관계를 고려하여 시험할 필요가 있다. 그림 4·41은 공장 내에서의 시험 방법의 예이다. 시험에서는 전자식 궤도 릴레이 입력에 해당하는 T-BPF에 인가되는 상용주파수 성분 레벨 V_t를 측정하여 가부를 판단한다.

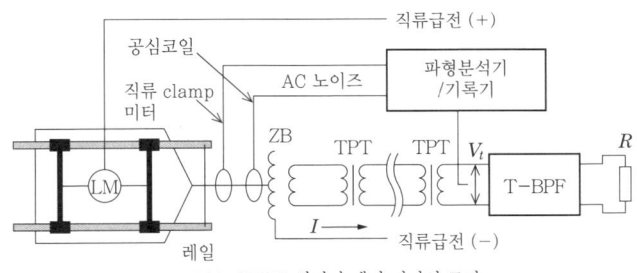

LM : VVVF 인버터 제어 리니어 모터

그림 4·41 전자식 궤도 릴레이에 대한 방해 시험 방법

(g) TASC장치에 대한 방해허용치　TASC장치에 사용하는 트랜스폰더의 방해허용치를 표 4·9에 제시한다.

표 4·9 TASC장치 방해허용치

장치종별		주파수 [kHz]	방해허용치	
			대역내[dBv]	대역외[dBv]
유전원지상자	지상→차상전송파	1,708±100	−44.2	−14.2 (중심 주파수±400kHz)
	차상→지상전송파	3,000±100	−44.2	−14.2 (중심 주파수±400kHz)
무전원지상자	전력파	275.0	+14.7	−
		257.5	+14.7	−

① 유전원 지상자 방해허용치와 시험 방법 : 유전원 지상자 수신 주파수는 3MHz이고 방해허용치는 −44.2dBv(1V＝0dBv)이다. 시험는 그림 4·42 위치관계에서 하고 부하저항 1kΩ 단에서 측정한다.

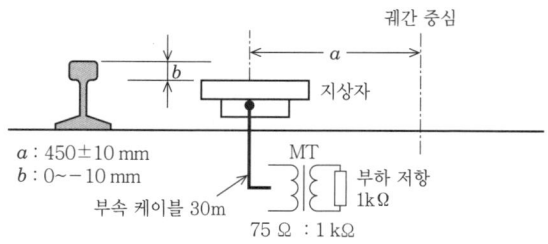

a : 450±10 mm
b : 0~−10 mm
부속 케이블 30m
75 Ω : 1 kΩ

그림 4·42 유전원 지상자에 대한 방해 시험 방법

② 유전원 차상자 방해허용치와 시험 방법 : 유전원 차상자 수신주파수는 1.708MHz이고 방해허용치는 −44.2dBv(1V＝0dBv)이다. 시험은 그림 4·43 위치관계에서 하고 부하저항 1kΩ 단으로 측정한다.

③ 무전원 지상자(차상자) 방해허용치와 시험 방법 : 무전원 지상자는 275kHz(무전원 차상자는 257.5kHz) 전력파를 차상자에서 수신하여 반신정보를 송신한다. 무전원 지상자가 차상에서 전력파를 수신하고 있을 때, 본래의 전력파와 역위상의 허용치 이상의 잡음이 침입하면, 양파가 서로 부정하여 송신전력을 수신할 수 없게 된다. 시험은 무전원 지상자 및 차상자 내부

그림 4·44에 제시하는 측정 지점에서 판단하기 때문에 측정 전용 지상자 및 차상자를 필요로 한다.

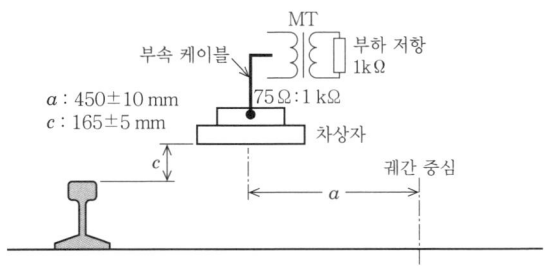

그림 4·43 유전원 차상자에 대한 방해 시험 방법

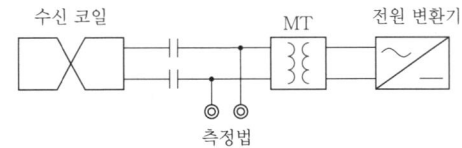

그림 4·44 무전원 지(차)상자에 대한 방해 시험 방법

4.6.4 민간철도 신호 보안설비의 방해허용치 및 확인 방법 사례[6]

[1] 궤도회로에 대한 방해허용치

민간철도 A선에서 사용하고 있는 신호설비의 방해허용치를 표 4·10에 제시한다.

표 4·10 신호 보안설비 종류와 방해허용치

장치종별	최소 동작 레벨		방해허용치	
	주파수 [kHz]	전류치 [mA]	대역내 [mA]	대역외 [A]
상용 주파수 궤도회로 장치	0.05±0.01	–	700	–
ATC 차상장치	f_0±0.085	50	50	0.281[주1] 5.00[주2]
	f_0=2.85/3.15/3.45/3.75/5.25			
TD장치	10.8±0.1	20	20	4.47[주3]
	11.8±0.1	18	18	4.02[주3]
	13.3±0.1	16	16	3.58[주3]
	15.4±0.1	14	14	3.13[주3]
	16.8±0.1	13	13	2.91[주3]
건널목 제어용 궤도회로장치	2.85±0.1	265	265	83.8[주4]
	3.15±0.1	244	244	77.1[주4]
	3.45±0.1	227	227	71.7[주4]
	3.75±0.1	212	212	67.0[주4]
	4.10±0.1	197	197	62.2[주4]
	4.60±0.1	179	179	56.6[주4]
	4.95±0.1	168	168	53.1[주4]

(주1) : 중심주파수±150Hz   (주2) : 중심주파수±600Hz
(주3) : 중심주파수±300Hz   (주4) : 중심주파수±300Hz

(a) 차상ATC장치 방해허용치   차상ATC수신기 방해허용치는 귀선 종방향 전류로 환산한 값으로 50mA이다. 표 4·10에 최소동작 레벨과 신호대역 내외에 대한 방해허용치를 제시한다. 차상수전기 주파수 특성을 그림 4·45에 제시한다. 수전기는 신호주파수 부근에서 공진시켜 신호대역 외의 잡음에 대한 유기전압을 저감시키고 있다.

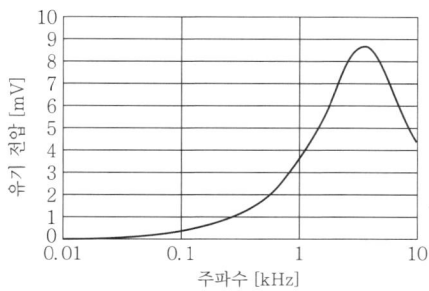

그림 4·45 ATC차상수전기 주파수 특성(레일전류 100mA 시)

(b) ATC차상수신기에 대한 직달자계에 의한 방해 측정 방법 그림 4·46
에 제시하는 위치 관계에서 수전기에 유기되는 직달 잡음전압을 측정하여 레
일전류로 환산한다. 이 값과 레일 잡음 전류와의 합성치가 방해가 된다.

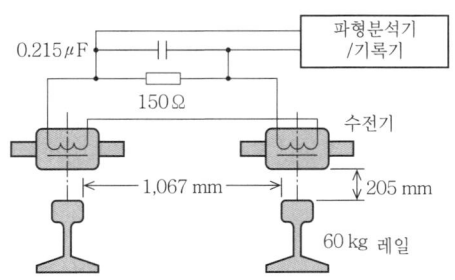

그림 4·46 ATC차상수신에 대한 방해 시험 방법기

(c) TD장치의 방해허용치와 잡음 시험 방법 TD장치에 대한 최소동작
레벨과 방해허용치를 표 4·10에 제시하였다. TD장치 귀선잡음 시험 방법은
그림 4·39 또는 그림 4·40에 제시한 방법과 동일하다.

(d) 건널목 제어용 궤도회로 장치의 방해허용치와 잡음 시험 방법

건널목 제어용 궤도회로 장치에 대한 최소 동작 레벨과 방해허용치는 표
4·10에 제시하였다. 귀선잡음 시험 방법은 TD장치와 동일하지만 수신회로에
루프코일을 사용하고 있으며 직달잡음 영향도 받기 때문에 그림 4·47에 제시

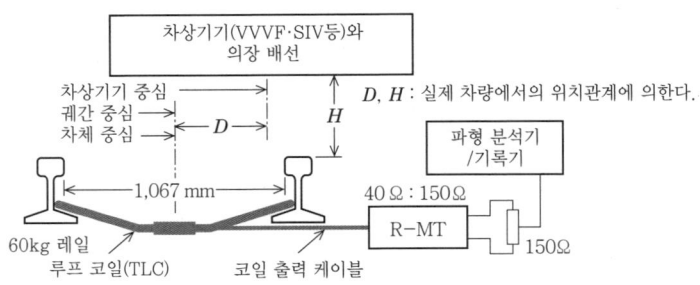

그림 4·47 직달잡음 데이터 수록

하는 직달잡음 측정도 필요하다. 잡음측정은 귀선잡음과 직달잡음 데이터를 가산하여 인가하는 방법 외에 귀선/직달 잡음측정을 단독으로 하여 양쪽 잡음 레벨의 2승 평균치로 평가하는 방법을 고려할 수 있다.

(e) **상용주파수 궤도회로 장치의 방해허용치와 시험 방법** 사용주파수대역 50Hz±10Hz에서 열차검지 릴레이 낙하전압의 1/2이 발생할 때의 레일에 흐르는 방해전류가 허용치이며 그 값은 0.7A이다. 상용주파수 궤도회로는 앞서 언급한 전자식 궤도릴레이 시험 방법과 동일하며 그림 4·48에 의한다. 시험에서는 릴레이에 인가되는 상용주파수 성분레벨 V_t의 50Hz 성분을 측정하여 가부를 판단한다.

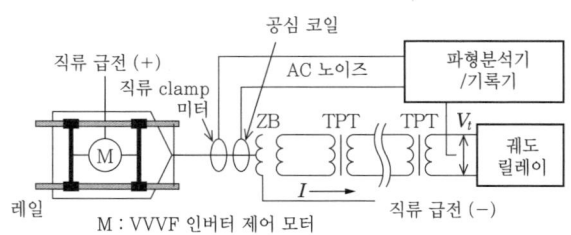

그림 4·48 상용주파수 궤도회로 시험 방법

[2] 정보전송장치에 대한 방해허용치

정보전송장치에 사용하는 트랜스폰더 방해허용치를 표 4·11에 제시한다.

표 4·11 정보전송장치의 송수신장치 방해허용치

장치종별		주파수 [kHz]	방해허용치 [dBv]	
			대역내	대역외
유전원 지상자 및 차상자	지상→ 차상 전송파	1,708±100	① 연속 노이즈 : −49.5 ② 간헐 노이즈 : −39.5 노이즈 펄스 폭 : 1.3ms 이내 노이즈 발생 간격 : 15s 이상	−19
	차상→ 지상 전송파	3,000±100		
무전원 지상자 및 차상자	전력파	256	① 연속 노이즈 : −40 ② 간헐 노이즈 : −30 노이즈 펄스 폭 : 2ms 이내 노이즈 발생 간격 : 5s 이상	−

(a) 유전원 지상자 및 차상자의 방해허용치와 시험 방법 유전원 지상자의 수신주파수는 3MHz, 유전원 차상자 수신주파수는 1.708MHz에서 방해허용치는 어느 것이나 연속 노이즈로 −49.5dBv(1V＝0dBv)이다. 펄스성 노이즈에 관해서는 펄스 폭 1.3ms 이하, 주기 15s 이상의 조건에서 −39.5 dBv까지 허용한다. 시험은 그림 4·49 및 그림 4·50의 위치 관계에서 하고 부하저항 1kΩ 양단 측정한다.

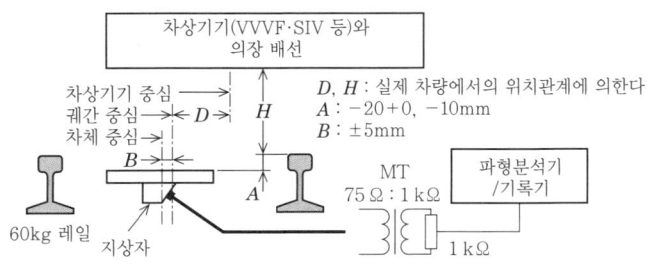

그림 4·49 유전원 지상자 방해 시험 방법

259

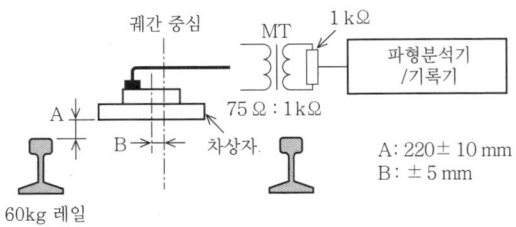

그림 4·50 유전원 차상자의 방해 시험 방법

(b) 무전원 지상자 방해허용치와 시험 방법 무전원 지상자는 256kHz의 전력파를 차상자에서 수신하여 반신(返信) 정보를 송신한다. 무전원 지상자 가 차상자에서 전력파를 수신하고 있을 때, 본래의 전력파와 역위상 허용치 이상의 잡음이 침입하면 양측의 파가 서로 상쇄하여 반신전력을 수신할 수 없게 된다. 그림 4·51에 측정회로를 제시한다.

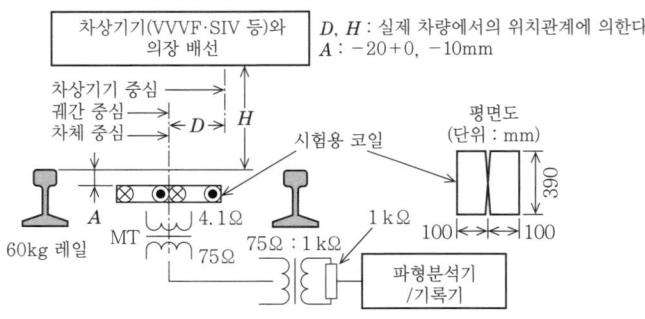

그림 4·51 무전원 지상자 방해 시험 방법

🚃 4.6.5 JR재래선의 신호보안설비의 방해허용치 및 시험 방법 사례[7]

[1] 궤도회로에 대한 방해허용치

레일을 사용하여 열차검지와 신호전송을 하는 궤도회로 방해허용치를 표 4·12에 제시한다. 여기서 소개하는 장치에서는 3종류(SMET장치, TD장치, 건널목 제어용 궤도회로 AFO(Audio Frequency Overlay)장치가 있다.

표 4·12 궤도회로장치 종류와 방해허용치

장치종별	주파수 [Hz]	방해허용치 (대역내 : 레일전류 환산치)	방해허용치 (대역외 : 레일전류 환산치)
SMET 장치	120±10 144±10	0.14A (중심주파수±20Hz)	–
TD장치	4,150±10 5,800±10 6,400±10	18mA (중심주파수±28Hz)	1.8A (중심주파수±300Hz)
	7,050±10 7,650±10	18mA (중심주파수±28Hz)	1.8A (중심주파수±400Hz)
건널목 제어용 궤도회로	2,300±10	140mA (중심주파수±15Hz)	14A (중심주파수±100Hz)
	3,700±10 4,150±10 5,800±10 6,400±10 7,650±10	100mA (중심주파수±15Hz)	10A (중심주파수±100Hz)
	8,550±10 9,820±10 10,950±10	70mA (중심주파수±15Hz)	7A (중심주파수±100Hz)

[2] SMET장치의 방해허용치

SMET장치는 역 구내에서 사용된다. 사용주파수대는 120Hz 및 144Hz이다. 노이즈를 신호로 인식할 가능성이 있기 때문에 귀선 불평형도가 100%인 경우(노이즈에서 신호가 없는데도 '신호가 있음'이라고 하는 경우)와 10%인 경우(노이즈에서 신호가 있는데도 '신호가 없음'이라고 하는 경우)를 생각하지만 방해내량이 작은 것은 100% 불평형 시의 값이기 때문에 100% 불평형 시의 값으로 평가한다. 방해허용치는 표 4·12에 의한다.

[3] TD장치의 방해허용치

TD장치는 역 중간에서 사용된다. 신호는 FSK변조방식을 채택하고 있으며 수신한 각각의 반송파를 협대역에서 선별함과 동시에 상보성을 검정하여 열차의 유무를 판정한다. 이 때문에 잡음에 의해 오동작할(선로에 열차가 있을 때, '열차 없음'이라고 판정) 가능성은 지극히 낮다. 따라서 방해내량은 노이즈로 신호가 있는데도 '신호가 없음'이라고 판단하는 경우를 고려한다. TD장치에서 열차가 없을 때의 최소 동작 레벨은 장치사양에서 정의된 최소가 되는 평상전압으로 규정하여 레일전류 환산치는 8.9mA가 된다. 평상시와 최소 동작 시의 레벨 차를 14dB로 하고 궤도회로 불평형률 10%를 통상적으로 있을 수 있는 최악의 조건으로 하면, 최소 동작 전류와 동일한 값이 되는 귀선전류는 36mA가 된다. 귀선전류에 대한 허용치는 최소 동작 전류의 절반으로 규정하여 18mA가 된다.

[4] AFO장치의 방해허용치

건널목 제어용 궤도회로는 TD장치와 동일한 FSK변조방식을 채택하고 있고 수신한 각각의 반송파를 협대역에서 선별함과 동시에 상보성을 검정하여 열차의 유무를 판정한다. 또 이 장치의 궤도회로 수신점은 궤도에 루프코일을 부설하기 때문에 귀선전류에 의한 잡음과 차량에서 발생하는 직달 잡음이 영향을 끼치게 되지만 앞서 언급했듯이 잡음에 강한 신호방식을 채택하고 있기 때문에 잡음에 의해 오동작 할(열차가 선로에 있는데도 '열차 없음'이라고 판정) 가능성은 지극히 낮다. 그 때문에 루프코일에 차량에서 발생하는 직달 잡음에 의한 방해를 받아도 그 때는 이미 열차검지('열차 있음'이라고 판정)하고 있기 때문에 위험 측 동작이 되지 않는다. 그러므로 방해내량은 노이즈 신호가 있는데도 '신호 없음'이라고 판단하는 경우를 고려하여 귀선전류에 의해 규정한다. AFO장치 측에서 열차가 없을 때의 최소 동작하는 귀선전류 환산치는 2.3kHz의 경우를 예로 들면, 14mA이고 방해허용치는 7mA가 된다. 궤도회로 불평형률 10%일 때, 허용방해전류치에 상당하는 귀선전류 환산치는 140mA가 된다.

[5] ATS-SN장치의 방해허용치와 시험 방법

지상장치 측의 방해허용치를 표 4·13에 차상장치 측의 방해허용치를 표 4·14에 제시한다.

유도장애시험은 차상에서 수신하는 지상자(SD형) 및 루프코일에 관해서 열차가 정지해 있을 때 및 열차가 통과할 때 유기하는 전압(BPF 출력)을 측정한다. 그림 4·52에 SD코일 시험 방법, 그림 4·53에 루프코일 시험 방법을 제시한다.

표 4·13 ATS-SN지상장치의 방해허용치

장치종별	주파수 [kHz]	방해허용치 (대역내)	방해허용치 (대역외)
지상자 수신기	67	13mV (중심주파수±2kHz)	1,300mV (중심주파수±3.5kHz)
	105	13mV (중심주파수±2kHz)	1,300mV (중심주파수±9kHz)
루프코일 수신기	105	6mV (중심주파수±5kHz)	600mV (중심주파수±9kHz)

표 4·14 ATS-SN차상장치의 방해허용치

장치종별	주파수 [kHz]	방해허용치 (대역내)	방해허용치 (대역외)
ATS수신기	105	0.72V (중심주파수±5kHz)	40.5V (중심주파수±9kHz)

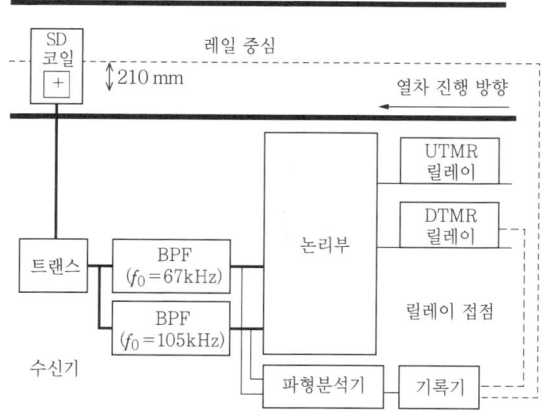

그림 4·52 SD코일 시험 방법

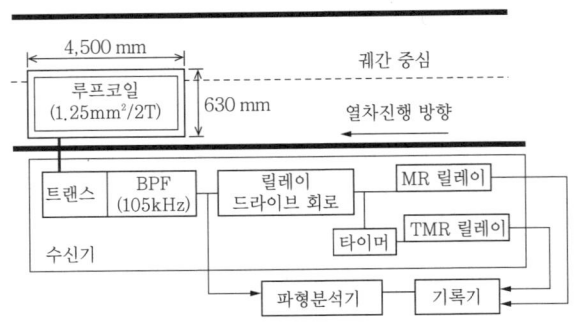

그림 4·53 루프 코일 시험 방법

[6] ATS-P장치에 대한 방해허용치

ATS-P장치에 사용하고 있는 트랜스폰더의 방해허용치를 표 4·15에 제시한다.

표 4·15 트랜스폰더(ATS-P) 방해허용치

장치종별		주파수 [kHz]	방해허용치	
			대역내	대역외
유전원	차상자	1,708±100	−44.2dBv	−14.2dBv (중심주파수±400Hz)
	지상자	3,000±100	−44.2dBv	−14.2dBv (중심주파수±500Hz)

[7] 유전원 지상자의 방해허용치와 시험 방법

유전원 지상자의 수신 주파수는 3MHz이고 허용치는 −44.2dBv(1V = 0dBv)이다. 이것은 지상자의 최소 CD 검지 동작 레벨에 대해 −8dB, 최대 CD 검지 복구레벨에 대해 3dB의 여유를 확보하고 있다. 잡음 시험은 그림 4·54 위치 관계에서 한다.

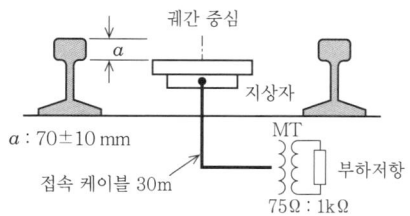

그림 4·54 유전원 지상자 시험 방법

[8] 유전원 차상자의 방해허용치와 잡음 시험 방법

유전원 차상자 수신주파수는 1.708MHz이고 방해허용치는 −44.2dBv (1V=0dBv)이다. 이것은 차상자의 최소 동작 레벨에 대하여 −6dBv의 여유를 확보하고 있다. 잡음 시험은 그림 4·55 위치 관계에서 한다.

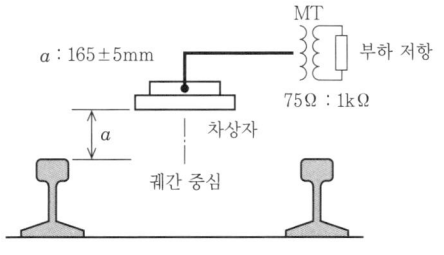

그림 4·55 유전원 차상자 시험 방법

4.6.6 츠쿠바 익스프레스 신호 보안설비의 방해허용치 및 시험 방법 사례[9], [13], [14]

[1] 방해허용치와 측정 방법의 제시

종래 차량으로 신호설비에 대한 영향조사 시험은 신호설비 담당 측(이하 신호 측이라고 함)이 실시하고 있었다. 신호설비 방해허용치도 일부 밝혀졌지만[15] 차량담당 측(이하 차량 측이라고 함)에서 신호설비에 대한 영향을 측정하는 것은 아니고 평가·대책 입안상의 효율이 손상되었다. 그래서 츠쿠바 익스프레스선을 건설할 때쯤 사전에 교류구간에서 차량의 PWM 컨버터·인버터 반송주파수로 고조파 전류를 시뮬레이션으로 예측함과 동시에

ATC/TD 주파수로 확보 가능한 전류값을 구하고 필요한 방해내량을 얻을 수 있는 쌍방 주파수를 선정하였다. 또한 차량 측에서 공장 내 시험을 실시 가능하게 하기 위하여 다음에 제시하는 EMC 시험 항목, 측정 방법 및 평가 방법을 책정하여 신호 측에서 차량 측으로 제시하였다.

① 신호기기(ATC/TD, 트랜스폰더)의 방해허용치
② 수신기 입력부까지의 전기·전자적 접속회로와 레일전류 등으로부터 수신기 입력전압에 대한 환산식
③ 수신기 입력전압·방해전류/전압치의 측정 방법
④ 측정치로부터의 평가 방법

차상ATC수신기는 수신기의 최소 동작 전압이 방해허용치가 된다. 귀선전류에서의 허용치는 이 전압으로 환산하기 때문에 귀선전류와 수신기 입력전압 관계를 명시하였다. 또 측정기 종류와 설정 등도 측정치 평가에 영향을 주기 때문에 이러한 것들도 규정하였다.

[2] 제시한 방해허용치와 측정회로

표 4·16에 ATC/TD의 방해허용치를 제시한다. ATC수신기에 대한 허용치는 최소 단락전류 110mA에서 산출하였다. 그림 4·56에 측정회로를 제시한다. 궤도회로와 수전기 합계 불평형률을 10%로 하면 귀선전류 허용치는 224mA가 된다. TD수신기에 관해서는 레일환류 최소 전류인 15.4mA에서 방해허용치로서 78mA를 규정하였다.

표 4·16 방해허용치

종별	주파수 [kHz]	방해허용치 [mA]	
		수신기입력 환산치	레일전류 환산치
ATC 차상수신기	5.1 6.3	11.2	224
TD 지상수신기	10.55, 12.85, 13.35, 13.95, 14.45, 15.80	3.9	78

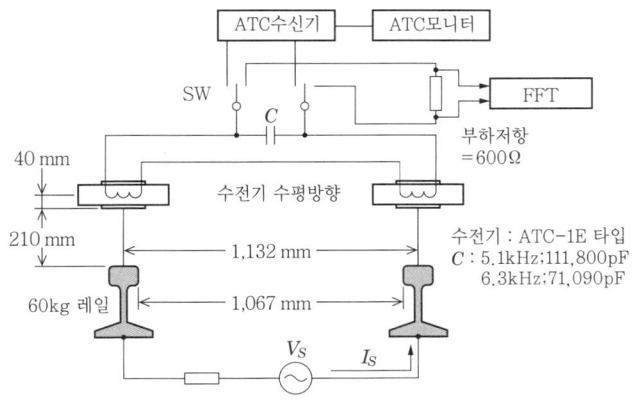

그림 4·56 ATC 방해전류 측정회로

표 4·17 트랜스폰더에 대한 방해 허용치

No	종별	구분		주파수 [kHz]
		연속파	간헐파	
1	정보파 지상→차상	−48dBm	−38dBm	1,708
2	정보파 차상→지상	−48dBm	−38dBm	3,000
3	전력파	−40dBm	−30dBm	256

　다음 표 4·17에 제시한 것처럼 트랜스폰더에 대한 방해허용치를 정보주파수 2파와 전력파 1파에 관해서 책정하였다. 이 선구에는 ATC 및 자동운전장치(ATO)의 위치 보정용 등에 트랜스폰더를 사용하고 있다. 이 방식은 다른 선구에서 많이 이용되고 있는 자동열차정지장치(ATS-P)와 ATO 등에 사용되고 있는 것과 동일하다. 특정 지점에서만 동작하는 설비이기 때문에 항상 장치의 건전성을 자기조사하는 조사신호를 일정주기로 시간 윈도를 설치하여 송수신하고 있으므로 일정 조건 하에서의 간헐적인 방해파에 대하여 연속파보다도 10dB 높은 값을 허용하였다. 공장 내에서의 시험 결과, 방해전류는 허용치 이하임이 확인되었다.

[3] 실제 차량시험과 그 결과

해당 선구는 도쿄 쪽은 직류 1,500V 급전이고 츠쿠바 쪽은 교류 50Hz, 20,000V 급전의 복급전 방식이 채택되었다. 직류구간에서는 직류변전소 및 차량이 발생시키는 고조파가, 교류구간에서는 차량이 발생시키는 고조파가 대상이 된다.

직류구간에서는 실제 측정한 결과, 변전소의 PWM 컨버터가 발생시키는 고조파 전류가 레일에 흐르는 것이 확인되었다. 이것은 PWM 컨버터와 대지 사이에 부유용량에 의해 유출하는 고조파 전류이고 TD 주파수대에서는 허용치에 가까운 값이 실제 측정되었기 때문에 필터를 귀선회로에 삽입하여 허용치 이하로 하였다.

한편 교류구간에서의 고조파 전류는 차량의 PWM 컨버터·인버터가 발생시키는 것이지만 PWM 제어의 위상차 운전에서 고조파 전류를 억제하고 있기 때문에 일부 PWM 컨버터가 고장에 의해서 분리되면 저차 고조전류가 증대한다. 그래서 실제 차량 시험에 있어 일부 PWM 컨버터를 정지시키고 차상에서 발생하는 고조파 전류 측정을 하였다. 측정 결과를 그림 4·57에 제시한다. 또 변전소에서 귀선전류의 고조파 전류도 동시에 측정하였다. ATC파에 사용하고 있는 5~6kHz 전후에서는 컨버터 1대가 분리된 경우, 정상동작일 때의 4차 고조파 발생량의 최대치가 0.2A에서 0.6A로 3배 정도 증가하지만 ATC 신호 부근에서는 최대 0.05A 정도밖에 증가하지 않아 방해허용치 이하였다. 또 그림 4·58에 제시하는 변전소 측정에서는 차량이 정상동작할 때 발생시키는 고조파가 선로 공진현상에 의해 11.6 kHz 부근의 고조파가 5배 정도 확대된다. 이 그림은 정상동작일 때 차상 측정한 것으로 그림 4·57(a)에 대응한다. 이 부근의 고조파는 1유닛(컨버터 4대) 분리 시에 특히 증대하고 변전소 측정에서는 최대 1A에 달하지만 가장 근접하는 TD파대의 최대치는 0.06A로 허용치 이하이다.

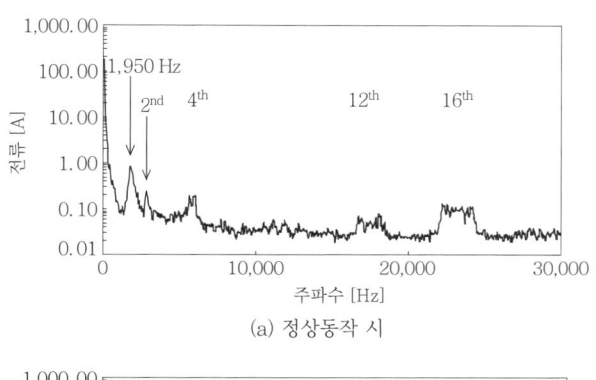

(a) 정상동작 시

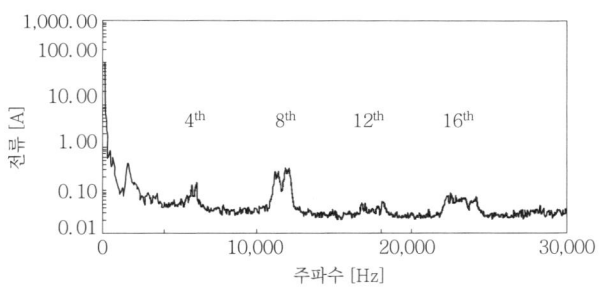

(b) 1유닛 1M 분리할 때 전류

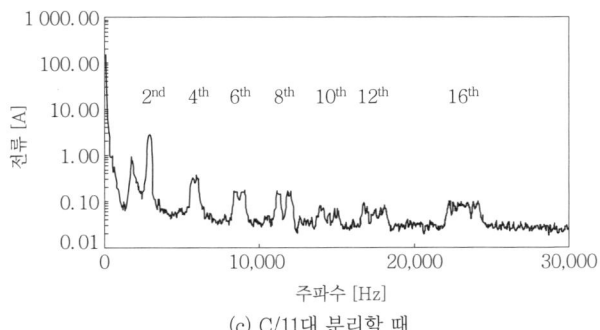

(c) C/11대 분리할 때

그림 4·57 차상측정 전기차전류의 고조파전류 측정치

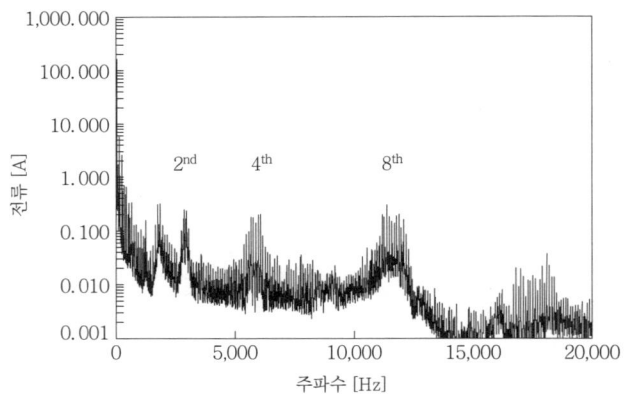

그림 4·58 변전소 측정 귀선전류 고조파(차량 정상동작 시)

4.6.7 장대(長大)궤도회로

[1] 장대궤도회로

(a) 개요   장대궤도회로(25Hz, 30Hz)는 한산한 선구를 대상으로 저렴화된 근대적인 간이자동폐색장치에 적용하는 역 중간 열차검지장치로서 탄생

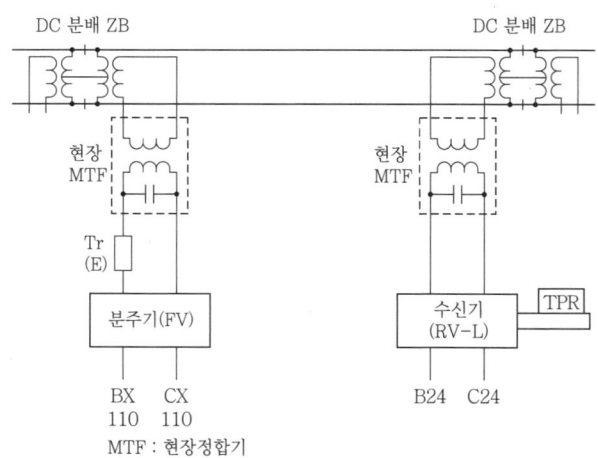

MTF : 현장정합기
Tr(E) : 궤도회로 저항자 E형
FV : 분주기(FV-012)
RV-L : 장대궤도회로수신기 25형 또는 30형
TPR : 궤도릴레이(2초 이상 동작타이머를 가진 것)

그림 4·59 직류전화구간 1궤도회로 구성도

했다.

한산한 선구의 역 중간구간을 보다 적은 궤도회로장치로 제어 가능하게 하고, 제어 길이가 전화구간에서 5km, 비전화구간에서 6km로 되어 있다. 이와 같은 거리를 전송 가능하게 하기 위해 궤도전송 손실이 작아지는 30Hz 이하의 주파수를 이용하고 있다. 최근에 차량제어 보조전원장치가 경신됨으로써, 이 궤도회로장치에 사용하고 있는 주파수성분이 귀선전류에 나타나는 데이터도 측정하고 있다.

(b) **구성** 직류 전화구간의 1궤도회로 구성의 구성도를 그림 4·59에 제시했다. 수신기는 1원형으로 레일에서 발생하는 과도적인 서지에 의해 오동작을 방지하기 위한 2초 이상의 타이머 릴레이(TPR)를 사용하고, 시스템 안정도를 높이고 있으며 수신기 조건은 모두 TPR에서 선택하는 방법으로 되어 있다.

표 4·18 LPF의 감쇠성능(25형)

주파수[Hz]	감쇠량[dB]
25	5 이하
50	32 이상
100	28 이상

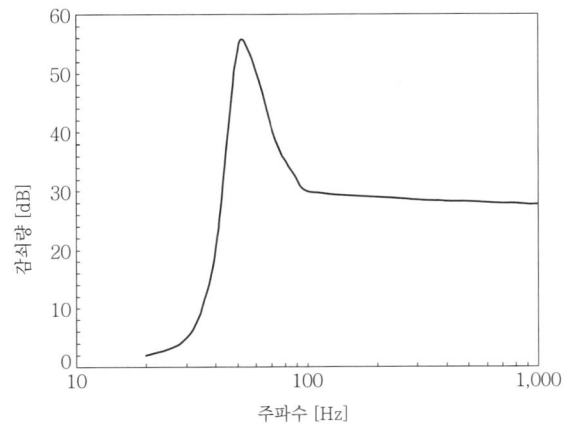

그림 4·60 장대수신기(25Hz) LPF 감쇠주파수 특성 예

또 수신기(RV-L) 내에 상용주파수(50Hz, 60Hz)를 제거할 목적으로 저주파 통과 필터(LPF)가 있다. 수신기 내 LPF 감쇠성능(25Hz)을 표 4·18에 LPF의 특성 예를 그림 4·60에 제시했다.

(c) **방해허용치** 장대궤도회로는 사용하는 주파수에서 귀선전류가 작다는 전제로 개발되었다. 이 때문에 신호전류 자체가 작아 귀선전류에 대한 위험 측 동작 허용치는 0.3A이고 안전 측 오동작 방지허용치는 3A로 되어 있다. 또 앞서 언급했듯이 수신기의 신호분별기능에 있어서는 상용주파수에서의 규정이 되기 때문에 신호에 사용하고 있는 25Hz, 30Hz 부근의 주파수에 있어서도 오동작에 대한 배려가 필요하다.

(d) **최근의 귀선전류 데이터 예와 장대궤도회로에 대한 영향** 그림 4·61에 장대궤도회로를 주행하는 열차의 전기차 전류 주파수 분석 결과를 제시한다. 저주파일수록 노이즈가 크고 이와 같은 영역에서 위험 측 동작허용치를 클리어(clear)하는 것이 곤란한 상황이 되었다. 또 그림 4·62에 장대궤도회로에서 사용하는 30Hz 성분의 시간 변화 측정 결과를 제시한다. 장시간 계속하지 않은 것이 순간적으로 커지는 수가 있다.

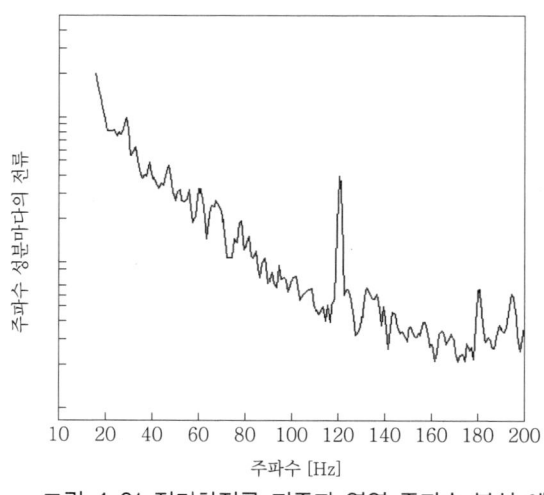

그림 4·61 전기차전류 저주파 영역 주파수 분석 예

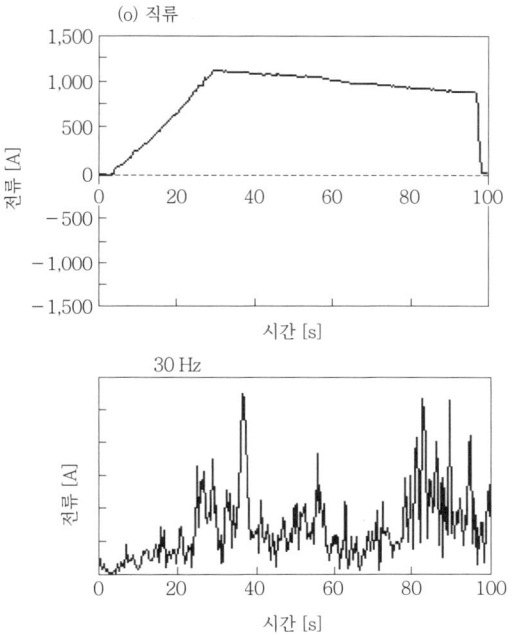

그림 4·62 직류전류와 30Hz 성분 시간변화 측정 예

[2] 80Hz 궤도회로

(a) 개요 80Hz 코드궤도회로는 종래의 상용주파수 궤도회로, 분배주 궤도회로, 장대궤도회로, 83/100Hz INV 궤도회로 등 저주파의 궤도회로에 치환되는 궤도회로로 개발되어 신호주파수(이하 반송파)는 상용주파수와 그 고조파를 피한 80Hz이고 비전화구간, 직류전화구간(신칸센 유도지장구간을 포함), 교류전화구간의 구별없이 사용할 수 있다. 또 단속변조방식으로 3위 제어를 가능하게 하기 위한 4개의 코드파를 보유하고 있다.

(b) 궤도회로 구성 80Hz 코드궤도회로는 기본적으로 단락감도의 확보와 단락불량을 방지하기 위하여 임피던스 본드(ZB)의 3차 권선을 사용하여 커패시터를 병렬로 접속하여 공진회로를 구성하고 있다.

기기 집중식 궤도회로 구성 예를 그림 4·63에 제시한다.

(c) 성능 및 방해허용치 표 4·19에 80Hz 코드궤도회로의 방해허용치를
제시한다.

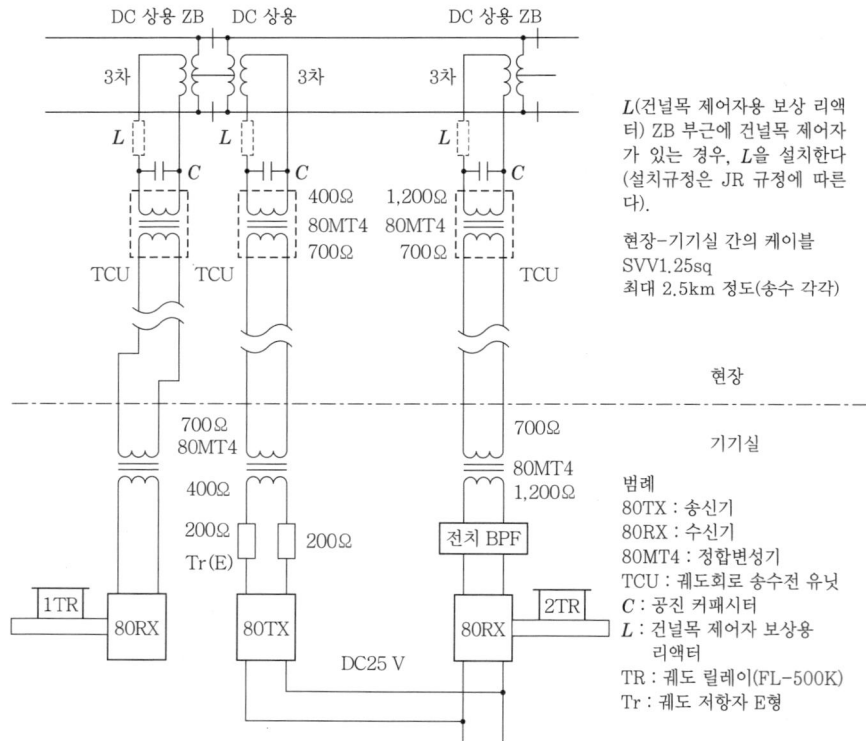

L(건널목 제어자용 보상 리액터) ZB 부근에 건널목 제어자가 있는 경우, L을 설치한다 (설치규정은 JR 규정에 따른다).

현장-기기실 간의 케이블
SVV1.25sq
최대 2.5km 정도(송수 각각)

범례
80TX : 송신기
80RX : 수신기
80MT4 : 정합변성기
TCU : 궤도회로 송수전 유닛
C : 공진 커패시터
L : 건널목 제어자 보상용
　　리액터
TR : 궤도 릴레이(FL-500K)
Tr : 궤도 저항자 E형

그림 4·63 기기집중식 궤도회로 구성

표 4·19 80Hz 코드궤도회로 방해허용치

안정 동작확보	허용치	4.44A
	평가대상 주파수	74~86Hz
	순시초과 허용조건	225ms 이하 또는 최대 26.6A 이하
위험 측 오동작 방지	허용치	0.444A
	평가대상 주파수	74~86Hz
	순시초과 허용조건	250ms 이하 또는 최대 2.66A 이하

(주) 잡음이 허용치를 크게 올리는 방법은 다음 페이지 (d)항에 의거한다.

(d) **방해허용치를 올리는 방법 예**   잡음 허용치는 표 4·19에 의하지만 잡음이 크고 허용치를 초과하는 경우의 대책 예로서 S/N을 올리는 방법이 있다. 궤도회로 레일에 흘려보내는 신호전류 값은 송신전력과 케이블 길이, 궤도회로 길이, 구성기기 등에 의해 결정된다. 이 중에서도 가장 큰 비중을 차지하는 것이 궤도회로 길이이다. 예를 들어 송신전력을 그대로 두고 허용치를 두 배로 하기 위해서는 최대 제어 궤도회로 길이를 3km에서 1.75km로 하면 제어가 가능해진다.

4.7 미래의 전망

앞으로 신호장치를 둘러싼 전자환경은 더욱 엄격해지고 있다. 차량 측에 대한 요구를 단순히 제시하는 것뿐만 아니라 철도시스템 전체를 고려한 균형적인 대응을 할 필요가 있다.

여기서는 신호설비 측에서 고려될 대응책과 바람직한 방향에 관해서 검토한다.

일반적으로 노이즈 대책은

① 노이즈 발생량을 저감한다.

② 노이즈를 받는 환경을 개선한다.

③ 노이즈 내량을 향상시킨다.

방법이 있다. 신호설비 입장에서는 ③의 대책에 관해서 고려하게 된다.

4.7.1 SN(signal to noise ratio)비 향상

잡음 발생원 측에서의 대책에도 불구하고 잡음 억제에 한계가 있다면, 신호전류 레벨을 올림으로써 대처하는 것을 고려할 수 있다. 이것은 지상장치 신호레벨에 여유가 있는 경우 적용할 수 있다.

4.7.2 신호조합과 변조화

이상(異常) 방해전류에 의한 신호설비의 외란(外亂)은 과거에도 경험이 있다. 이를테면, 신칸센 전원동기 SSB방식의 ATC 장치에 있어서도 과거에 이상 ATC 신호수신 사고가 있었고 그 대책으로 2주파(周波)조합 ATC가 개발되어 안전성 향상에 큰 도움이 되고 있다.

재래선 AF 2주파 궤도회로에 있어서도 교류 전기기관차 사이리스터 제어

방식에 의한 노이즈를 고려한 것으로 되었다. 건널목 제어용 궤도회로장치 등은 신호로서의 정보는 한 가지로 족하기 때문에 처음에는 무변조였지만 차량 제어방식의 변화에 따라 신호로서 노이즈 내성이 요구되어, 무변조 → AM변조, FM변조, FSK변조(상보성 식별방식)식으로 오동작 내량이 높은 방법으로 바뀌었다.

🚂 4.7.3 부호화

노이즈에 의한 오인식(誤認識)을 피할 방법으로 부호화가 있다. 오검출(誤檢出)을 위한 제어정보에 부가하여 프레임 단위로 정보를 송수신함으로써 노이즈에 의해 다른 정보로 바뀌는 확률 즉, 위험 측에 잘못될 확률을 대폭 저감할 수 있다. 단, 1비트라도 오판정(誤判定)하면 1프레임 분의 데이터를 사용할 수 없게 되기 때문에 안정동작에 필요한 S/N을 확보할 필요가 있다.

🚂 4.7.4 인텔리전트화

미래는 지상장치와 차상장치의 인텔리전트화와 양자의 협조에 의해 EMC 문제를 해결하는 방법도 고려해볼 수 있다. 이를테면, 차상 제어기기에서 발생하는 노이즈 출력 상황을 항상 감시하고 신호방해가 되는 노이즈가 발생한 경우, 영향을 받는 기기가 그 정보를 수신하여 문제가 없으면, 제어를 계속하는 방법이나 합리성 체크로 이상하게 잘못된 정보를 검지하는 것 등을 고려해볼 수 있다. 또 지상에 관해서도 인접궤도의 상태와 더욱 인접한 궤도의 정보 등 지상장치 시스템 전체의 정보를 이용하고 또 경우에 따라서는 차상장치 정보를 이용함으로써 노이즈에 의한 가동률 저하를 저감할 수 있는 가능성이 있다.

4.7.5 철도설비로서의 신호 표준화

철도사업자끼리나 선구 설비수준에서 신호설비가 서로 다르면, 철도 노선 연장 등의 시점에서 차량 노이즈에 대한 평가를 다시 실시할 필요가 있다. 차량 노이즈는 가능한 한 저감하는 것이 바람직하지만 비용이 뒤따른다. 차량에서 발생하는 노이즈 주파수대역의 제약이 가능하다면, 미래에는 차량과 신호설비에서 사용할 주파수대역의 권역별 분리를 함으로써 EMC 대책에 관계되는 비용을 대폭 저감할 가능성도 있다.

≪참고 문헌≫

(1) Takashi Wada, Ikuo Watanabe, Michio Seto, Yoshihiro Youda ： EMC between signaling systems and rolling stocks, JIASC（2005）. 3-S2-3, IEE Japan, （in Japanese）（2005）.
和田貴志，渡辺郁夫，瀬戸通夫，陽田芳博：信号設備側からみた車両との EMC, 電気学会産業応用部門大会講演論文集 JIASC（2005）. 3-S2-53（2005）.

(2) 田名井正博：講座「ATC（25）」，鉄道と電気技術, 18, 6, pp.77 ～ 85（2007）.

(3) 田名井正博：講座「ATC（26）」，鉄道と電気技術, 18, 7 pp.80 ～ 89（2007）.

(4) Tamio Okutani, Takahiro Sugai, Tomoki Watanabe, Kenichi Manabe, Ikuo Watanabe, Tetsunori Hattori, Korefumi Tashiro, Takashi Wada, Minoru Sano, Yoshihiro Youda ： An EMC Solution for Signalling Systems, The Papers of Technical Meeting on Transportation and Electric Railway, IEE Japan, TER-06-88,（in Japanese），（2006）.
奥谷民雄，須貝孝紀，渡邉朝紀，真部健一，渡辺郁夫，服部鉄範，田代維史，和田貴志，佐野実，陽田芳博：新幹線信号設備の EMC, 電気学会研究会資料 交通・電気鉄道研究会, TER-06-88,（2006）.

(5) Minoru Sano, Kunio Maeda,Daisuke Ito, Takashi Wada ： An EMC Solution for Signalling Systems, The Papers of Technical Meeting on Transportation and Electric Railway, IEE Japan, TER-07-22,（in Japanese），（2007）.
佐野実，前田邦雄，伊藤大介，和田貴志：大阪市交通局信号設備の EMC, 電気学会研究会資料 交通・電気鉄道研究会, TER-07-22,（2007）.

(6) Minoru Sano, Hiroaki Suganuma, Takashi Wada ： An EMC Solution for Signalling Systems, The Papers of Technical Meeting on Transportation and Electric Railway, IEE Japan, TER-07-38,（in Japanese），（2006）.
佐野実，菅沼弘明，和田貴志：東京急行電鉄東横線信号設備の EMC, 電気学会研究会資料 交通・電気鉄道研究会, TER-07-38,（2007）.

(7) Takashi Wada, Tadao Miura , Minoru Sano, Yoshihiro Youda ： An EMC solution for High Density Commuter Line signalling systems, The Papers of Technical Meeting on Transportation and Electric Railway, IEE Japan, TER-07-48,（in Japanese），（2007）.
和田貴志，三浦忠雄，佐野実，陽田芳博： JR 首都圏高密度線区信号設備の EMC, 電気学会研究会資料 交通・電気鉄道研究会, TER-07-48,（2007）.

(8) T.Okutani, N.Nakamura, S.Irie, H.Osa, M.Sano, K.Ikeda, H.Ozawa ： Development of ATC for High Speed and High Density Commuter Line, The Papers of Technical Meeting on Transportation and Electric Railway, IEE Japan,

Trans.IA, 127, 10,（in Japanese），（2007）.

　奥谷民雄，中村信幸，入江章二，長宏樹，佐野実，池田圭吾，小澤寛之：高速・高密度・通勤線区用 ATC 装置の開発，電気学会論文誌（産業応用部門），127-D, 10,（2007）.

(9) T.Okutani, N.Nakamura, S.Irie, H.Osa, M.Sano, K.Ikeda, H.Ozawa : Development of ATC for High Speed and High Density Commuter Line, The Papers of Technical Meeting on Transportation and Electric Railway, IEE Japan, TER-05-42,（in Japanese），（2005）.

　奥谷民雄，中村信幸，入江章二，長宏樹，佐野実，池田圭吾，小澤寛之：高速・高密度・通勤線区用 ATC 装置の開発，電気学会研究会資料，交通・電気鉄道研究会，TER-05-42,（2005）.

(10) 渡辺郁夫，市川和男：VVVF 制御車の高調波が信号設備へ与える影響，鉄道と電気技術，6，12，p.32（1995）.

(11) 宮下一雄，奥村宏：改訂 電気鉄道工学演習，学献社，pp.200 〜 201（1977）.

(12) 日本国有鉄道電気局信通課：ATC（1D 形）システム設計資料集，p.274（1983）.

(13) 奥谷民雄：つくばエクスプレス線での EMC 対策事例紹介，電気学会産業応用部門大会講演論文集 JIASC2005, 3-S2-5（2005）.

(14) 奥谷民雄，中村信幸，入江章二，長宏樹，佐野実，池田圭吾，小澤寛之：高速・高密度・通勤線区用 ATC 装置の開発，電気学会論文誌，127-D，10，pp.1033 〜 1042.

(15) 交流電気鉄道用車両の高調波対策協同研究委員会：交流電気鉄道用車両の高調波対策，電気学会技術報告 676 号，pp.45 〜 61（1998）.

5장

전기철도에서 외계로 향한 방사

통신설비에 대한 유도에 관해서 급전설비에서 발생하는 정전(靜電)유도와 전자(電磁)유도를 소개한다. 전파잡음에 관해서는 그 발생원과 「전기설비에 관한 기술기준을 규정하는 성령(省令)」 및 국제규격 IEC 62236에 근거한 측정 방법 및 대책 사례를 소개한다.

전기설비기술기준 제42조 및 해석 제102, 261, 265조 등에서는 전차선로가 무선 및 약한 전류 전선로에 장애를 미치지 않도록 규정하고 있다.

전차선에 근접한 통신선에는 전차선 전압에 비례한 정전적(靜電的)으로 유기되는 정전유도와 전차선로에서 전자적으로 유기되는 전자유도 작용에 의해 유도전압과 잡음을 만드는 전자유도가 있다.

교류전차선에 병행하고 있는 통신선에는 예를들어 BT 급전방식에서는 트롤리선에 흐르는 전류와 부급전선에 흐르는 전류의 불평형에서 전자유도전압을 유기하여 통신지장의 원인이 된다. 트롤리선의 전류와 NF전류가 모두 동일하고 양자가 모두 대칭 위치에 있다면, 통신선에 대한 전자유도전압은 0이 되지만 실제 회로는 전기차의 귀전류가 레일에서 흡상선을 통해 NF로 흘러 레일에서 발생하는 누출전류 때문에 유도장애가 된다.

일본 전기철도에서는 실용상 지장이 없는 유도범위로서 통화에 대한 유도잡음전압은 가청주파수 300~3,400Hz에서 선 간 전압은 케이블 통신선의 경우 1mV, 나(裸)통신선의 경우 2.5mV, 상시 유도위험전압은 대지전압 60V, 이상 시 유도위험전압이 300V, 정전유도전압 150V 이하가 되도록 제한되어 있다.

🚃 5.1.1 정전유도

[1] 전선배치에 의한 정전유도

전차선 전압에 의해 통신선에 유도전류를 만드는 경우와 전차선 주위에 있는 공간전위에 의해 인체에 영향을 주는 경우가 있다. 후자는 초고압 송전선 아래의 정전유도에 의한 경우가 대부분이다.

그림 5·1처럼 전차선과 통신선이 커패시터 결합회로에 해당하는 회로를 구성하고 전차선의 대지전압을 E[V], 전차선의 대지정전용량을 C_a[F], 통신선 대지용량을 C_b[F], 전차선과 통신선과의 상호 정전용량을 C_{ab}[F]로 한다면, 통신선에 유기되는 전압 E_s[V]는 다음 식이 된다. 정전유도전압은 전차선 주파수와 부하전류와는 관계가 없으며 전차선 대지전압에 비례한다는 것을 알 수 있다.

$$E_s = \frac{C_{ab}}{C_{ab} + C_b} E \tag{5·1}$$

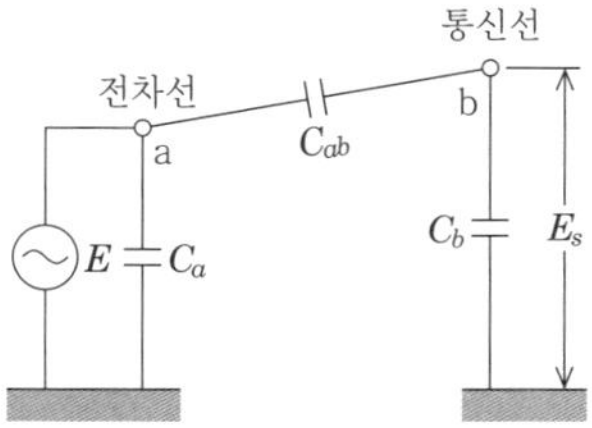

그림 5·1 정전유도

표 5·1 및 그림 5·2에 제시한 것처럼 20kV 교류 전차선로의 경우는 접근하는 전화선의 길이 12km마다 정전유도전압에 흐르는 전류를 계산하여 그 값이 2μA를 초과해서는 안 된다. 계산식은 다음과 같다(전기설비기술기준 해석 제102조). 또한 JR의 정전유도전류(접지전류) 제한치는 10mA로 하고 있다[1].

$$i_T = V_k D_1 \times 10^{-3} \left(0.33n + 26 \sum \frac{l_1}{b_1 \, b_2} \right) \tag{5·2}$$

여기서 i_T는 전화기에 통하는 유도전류[μA], V_k는 전선로 사용전압[kV], D_1은 전선로 선간거리[m], b_1, b_2는 전선과 전화선 서로의 이격거리[m](단 60m 이상의 값은 생략), l_1은 b_1, b_2 간의 전선 길이[m], n은 교차점수(단, 60kV 이하일 때는 교차점 각 전후 50m는 계산에 포함하지 않음)이다.

표 5·1 정전유도 전류제한치(전기설비기술기준해석
제102조)

사용 전압	전화선 길이	정전유도 전류
60kV 이하	12km 마다	2μA를 초과하지 않음
60kV 초과	40km 마다	3μA를 초과하지 않음

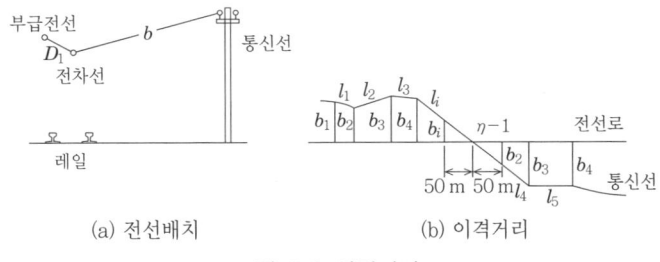

(a) 전선배치   (b) 이격거리

그림 5·2 이격거리

[2] 정전유도 방지대책

정전유도는 전차선 전압, 전차선과 통신선과의 상호정전용량에 비례한다. 전차선 전압은 일정하기 때문에 상호정전용량을 가능한 한 작게 하도록 다음과 같은 방지책이 마련되어 있다.

① 통신선을 전차선에서 가능한 한 멀리 떼어놓는다.

② 전차선과 통신선과의 중간에 부급전선을 시설한다. 부급전선 차폐효과에 의해 약 30% 유도전압이 저하한다. 차폐선 높이가 전선 지상높이의 1/2일 때 가장 효과가 좋다.

③ 통신선 케이블화로 완전히 차폐할 수 있다.

5.1.2 전자유도

[1] 통신선에 대한 전자유도

교류 전차선로의 경우 그림 5·3처럼 전차선이 변압기 1차 권선에 해당하며, 통신선은 그 2차 권선으로 간주되는 변압기 회로가 성립되어 전차선에서 발생하는 전자유도에 의해 통신선에 전압을 발생시킨다.

여기서 I_T, I_R, I_g는 각각 전차선전류[A], 귀선전류[A], 대지전류[A], M은 전차선과 통신선의 대지 귀로 상호인덕턴스[H/km], l은 전차선과 통신선이 평행하고 있는 길이[km], f는 주파수[Hz]로 하면, 통신선에 유기되는 전압 V_m은 다음과 같은 식이 된다.

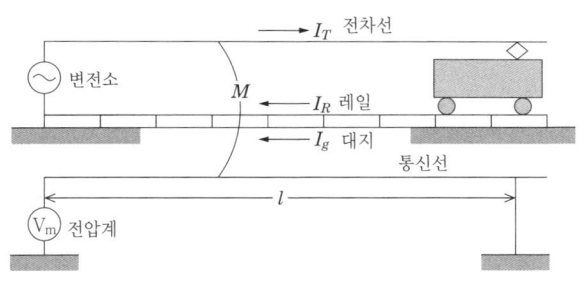

그림 5·3 전자유도 개념

$$V_m = 2\pi f M \, (I_T - I_R) \, l \qquad\qquad (5\cdot3)$$
$$= 2\pi f M I_g l$$

단, M은 Carson-Pollaczek 식에 의한다.

식 (5·3)에서 전자유도전압은 전차선 교류주파수, 대지전류 및 양선 간의 상호인덕턴스에 각각 비례한다.

교류전차선은 귀선인 레일이 도상 매개체로 대지 위에 놓여 있기 때문에 부하전류의 많은 양이 대지로 누설되고 3상 교류 송전선의 지락사고와 동일한 상태가 항상 존재하고 있는 것이다.

[2] 전자유도 방지대책

전자유도전압은 대지전류, 상호인덕턴스·양선 평행구간의 길이 등에 비례하므로 이러한 것들의 값을 가능한 감소시키는 것이 필요하다.

(a) 대지전류 억제　전차선과 평행하여 부급전선을 설치하여 귀선저항을 줄임과 동시에 흡상변압기에 의해 레일전류를 적극적으로 부급전선에 흡상하여 변전소로 반환한다.

(b) 상호인덕턴스를 작게 한다 통신선을 가능한 이격시키든가 차폐케이블을 사용한다.

(c) 평행구간을 짧게 한다 통신선에 절연변압기 또는 중계코일(차폐코일)을 넣어서 유도구간을 분할한다.

(d) 전기차에 관해서 전기차에 관해서도 필터를 설치하여 전차선에 대한 고조파를 억제하여 유도경감을 한다.

🚂 5.1.3 직류 전화구간의 유도장애

교류를 실리콘 정류기 등으로 직류로 변환하면 직류에는 맥동하는 전류·전압이 포함되며 이 맥동에 의해서 교류전차선의 경우와 동일하게 통신선에 커다란 유도장애를 준다.

이 때문에 전차선에 평행하는 통신선은 4m 이상 이격이 필요로 하며 모든 구간에 걸쳐서 등가 평균 이격거리를 가능한 7m 이상으로 하도록 통신선을 전차선에서 떼어놓거나 케이블화하고 있다. 변전소에는 귀선에 직렬 리액터를 설치하여 맥류(脈流)를 저지함과 동시에 커패시터와 리액터에 의한 병렬 공진분로를 만들어 맥류를 흡수하고 있다.

🚂 5.1.4 통신 유도장애의 제한치

[1] 통신장애 평가지표(指標)

고조파전류에 의한 장애로서 전력선이 근접함에 따라 통신선에 대한 장애가 있다. 유도잡음의 주성분은 음성주파수대 중 거의 300~3,000Hz 범위 내에 있다. 그리고 이것과 전화 수신기 감도 주파수 특성을 고려하여 중점을 두고 한 것을 통신장애 지표로 삼고 있다. 일본에서 가장 흔히 사용되는 통신선에 대한 영향을 나타내는 고조파전류 지표는 등가방해전류 J_P이며, 그림 5·4에 제시된 고조파전류를 800Hz를 기준으로 한 잡음평가계수(Sf_n : ITU-T 계수, ITU-T : 국제전기통신연합 전기통신표준화부문)에 중점을 둔 것이다.

등가방해전류 J_P는 다음 식으로 나타낸다.

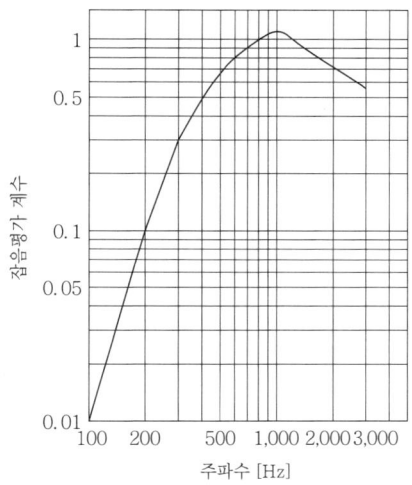

그림 5·4 잡음평가 중요 계수

$$J_p = \sqrt{\sum (Sf_n \cdot I_n)^2} \quad [A] \tag{5·4}$$

[2] 유도전압 및 잡음전압 제한치

일본 유도전압 및 잡음전압 제한치 기준과 ITU-T에서 정한 값을 표 5·2 에 제시한다. 교류전기철도에서는 이 제한치를 고려한 급전회로 구성 및 통신선로 유도대책을 이행하고 있다.

표 5·2 유도전압·잡음전압 제한치

종별	조건	허용치	기사
위험전압	이상시	300V	교류 전기철도 등 기타 송전선(일본 기준) ITU-T 일반 송전선, 1.0초 이내 차단
		430V	고안정 송전선(지락시 0.1초 차단, 일본 기준) ITU-T 일반 송전선, 0.1초 이내 차단
		650V	ITU-T 고신뢰도 송전선, 0.06초 이내 차단
	상시	60V	종류에 관계 없음(일본 기준)
잡음전압	평상시	1mV	교류전기철도(일본 기준)

위험 전압은 전자 유도전압 실효치

전파잡음이란 불필요하게 방사되는 전자계 중, 9kHz 이상의 전자방해파 (단순히 '방해파' 라고도 한다)를 말하며 기기 혹은 시스템 동작을 방해하여 악영향을 끼치는 전파 같은 것을 말한다. 또 이러한 전파잡음이 발생하는 현상을 전파장애(Radio Interference)라고 부른다. 일반적으로 전파잡음은 표 5·3처럼 분류할 수 있다.

5.2.1 전기철도에 의한 주요 전파잡음 발생원과 대책

[1] 지상 급전설비에 의한 것

고정설비에 의한 주요 발생원으로서는 트롤리선, 배전선, 변전소, 급전구분소 등을 열거할 수 있다. 트롤리선·배전선 관계에서는 급전전류 등에 포함된 고조파 성분이 전선로에서 전파로 방사될 가능성이 있다. 또 애자(礙子)의 오염에 의한 방전, 금속끼리의 접촉불량에 의한 방전, 전선표면에서의 코로나 방전 외에 개폐기 동작 시 방전현상이 전파잡음의 발생원이 될 수 있다.

표 5·3 주요 전파잡음 분류

대분류	분류	주요 발생원
자연 잡음	대기 잡음	대기 중에서의 방전 등
	태양 잡음	태양에서 오는 흑체 방사, 자기폭풍 등
	우주 잡음	우주공간에서 오는 배경방사 등
인공 잡음	가정용 전기기기	접점부 전기기기, 정류자 모터기기, 방전관, 반도체 제어기기(인버터 등)
	고주파 이용 설비	공업용설비, 의료용설비, 초음파 응용설비 등
	전력 설비	전력선과 전기철도 등
	내연 기관	자동차 등
	무선통신 설비	대전력방송설비, 수신기 등
	핵	핵폭발에 따라 발생

고조파에 의한 전파잡음에 대해서는 이미 2장에서 언급되어 있는 각종 대책에 의해 공진 등에 의한 방사 강도의 증가를 방지하는 것은 가능하지만 급전 설비만으로 전파잡음 방사를 저감하는 것은 어렵고 고조파성분 발생원의 하나인 차량 측도 포함해 대책을 세울 필요가 있다. 이외에 변전소나 급전 구분소 등에서는 개폐기나 차단기 등에서 전파잡음이 발생하는 경우가 있지만 진공차단기나 가스 봉입 등의 기술을 도입함으로써 부차적인 효과로 불필요한 방사 저감을 기대할 수 있다.

[2] 차량 자체에 의한 것

차량 자체 발생원으로서는 차상에 탑재되어 있는 구동용·보조전원용 전력변환기를 비롯한 각종 전기기기가 있다. 이러한 기기들이 동작함으로써 발생하는 고조파 성분이 기기 외함에서 직접 방사된다. 혹은 기기에 입출력하는 각종 배선에 흘러 의장배선 부분이나 차량 간의 도선 부분 등에서 방사되는 경우를 열거할 수 있다. 접지선에 관해서도 선재(線材)의 굵기나 배선 형태에 따라 수 MHz 이상의 높은 주파수 영역에서 전파잡음의 방사원이 될 수 있다.

차상의 각 기기단품에 관해서는 전파잡음을 방사하지 않도록 방지대책이 시행되어 있는 경우가 대부분이다. 그러나 각 기기단품에는 문제가 없어도 차량이라는 시스템으로 모두 완성되었을 때, 의장 상태에 따라서는 예상 밖의 전파잡음이 발생하는 수가 있다. 특히 최근 차상에 탑재된 전력변환기 고성능화에 의해 클록(clock) 주파수나 스위칭 속도가 높아져 있어 전파잡음이 발생할 가능성도 높아졌다. 차상탑재기에서의 전파잡음의 방사 방지 대책으로서는 주로 다음과 같은 것이 있다.

① 접지(어스)의 개선, 최적화(最適化)

② 기기 자체의 실드(환풍로도 포함한 실드)

③ 기기의 입출력부에서의 필터 장착(페라이트 코어 장착, LC필터 삽입 등)

④ 기기 자체 및 기기에 대한 배선 실드(실드케이스나 덕트에 넣는다, 실드 케이블을 사용한다 등)

⑤ 배선 배치 연구(큰 루프를 만들지 않고 페어, 트위스트를 한다 등)

⑥ 기기의 스위칭 동작의 개량(소프트 스위칭, 위상차 운전 등)

차상탑재 기기의 대책으로는 기기단품에서의 실시 뿐만 아니라 의장 시 배선부분에서 발생하는 불필요한 복사를 억제하는 것과 차상에 흐르는 고조파 전류도 유의할 필요가 있다.

[3] 열차 주행에 수반하는 것

열차 주행에 수반하는 발생원으로서는 그림 5·5와 같은 종류가 있고 다음과 같은 특징이 있다.

① 주행 속도와 운전 상태, 주위환경에 의해 주파수 특성과 강도가 변화한다.

② 철도연선에서는 열차통과 전후에만 과도적·순간적으로 장애가 발생하는 경우가 있다.

③ 주파수에 따라서는 트롤리선이나 레일에 의해 멀리까지 전자파가 전반하는 경우가 있다.

④ 현상의 재현성이 낮다.

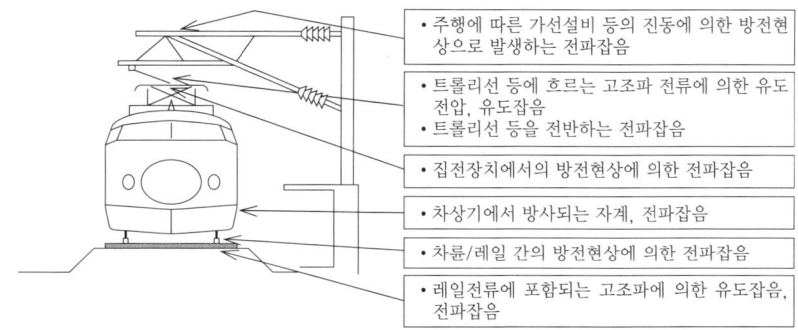

• 주행에 따른 가선설비 등의 진동에 의한 방전현상으로 발생하는 전파잡음

• 트롤리선 등에 흐르는 고조파 전류에 의한 유도전압, 유도잡음
• 트롤리선 등을 전반하는 전파잡음

• 집전장치에서의 방전현상에 의한 전파잡음

• 차상기에서 방사되는 자계, 전파잡음

• 차륜/레일 간의 방전현상에 의한 전파잡음

• 레일전류에 포함되는 고조파에 의한 유도잡음, 전파잡음

그림 5·5 주행에 따르는 주요 전파잡음 발생원

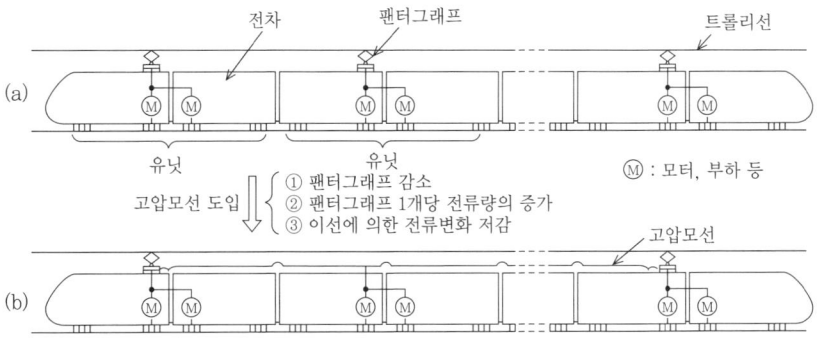

그림 5·6 고압모선 인통[6]

주행에 수반하여 발생하는 전파잡음 중 팬터그래프와 트롤리선과의 사이에서 이선에 의해 방사되는 전파잡음강도는 발생조건에 따라 크게 변화하기 때문에 종래부터 전파잡음 발생 방지대책이 연구되어 왔다. 신칸센에 있어서도 팬터그래프 개량이나 고압모선의 인통(그림 5·6) 등 많은 대책이 실시되어 전파장애 저감에 많은 효과를 올리고 있다.

🚃 5.2.2 측정법과 기준치

[1] 전기설비에 관한 기술기준을 정하는 성령(省令)

전기사업법에 근거한 경제산업성령(經濟産業省令)「전기설비에 관한 기술기준을 정하는 성령(省令)」에서는 '제2장 전기공급을 위한 전기설비 시설」의 제42조(통신장애 방지)에 있어서 '전선로 또는 전차선로는 무선설비 기능에 계속적으로 또한 중대한 장애를 미치는 전파를 발생할 우려가 없도록 시설해야 한다'라고 되어 있으며 같은 조항 제2항에서는 유도작용에 의해 약전류 통신전선로에 통신상의 장애를 일으키지 않도록 시설할 것을 요구하고 있다.

또 제43조에 지구자기(地球磁氣) 관측소 등에 대하여 관측상의 장애를 일으키지 않도록 해야 한다는 점이 규정되어 있다.

경제산업성에서 공표한「전기설비 기술기준 해석에 관해서」에는 성령(省令) 제42조에 관한 해석으로 제244조가 있으며 구체적인 측정 방법과 한도치가 제시되어 있고 전차선 직하에서 선로 직각방향으로 10m 떨어진 지점에 루프안테나(루프면은 선로와 평행)를 설치하고 전파잡음 강도를 6회 측정하여 매회 최대치 평균이 300kHz~3MHz 범위에서 36.5dB(준첨두치) 이하여야 한다고 되어 있다. 또한 제42조에서 말하는 전파장애는 전차선에서 발생하는 것을 대상으로 하고 있으며 전차 차량은 기술기준의 대상 외이다. 이 때문에 상기의 측정은 전차가 루프안테나 앞을 통과하지 않을 때 실시한다.

[2] 국제규격(IEC 62236 Ed.1 : 9kHz~1GHz의 전파잡음)의 개요

(a) IEC 62236-2 Ed.1 : 철도시스템 전체에서 발생하는 방사   IEC 62236-2는 철도시스템이 외계로 방사하는 전파잡음(radiated emission)에 관한 IEC 규격이며 열차가 주행하고 있는 철도연선 및 변전소 주변의 측정 방법과 한도치를 규정하고 있다(IEC 62236 전체 개요 등에 관해서는 제7장을 참조).

철도연선에 대한 측정 시험에서는 그림 5·7에 제시한 철도의 맨 바깥쪽 선로 중심에서 10m 떨어진 위치에 안테나를 설치하고 CISPR 16(측정기 사양을 정한 국제규격)에 정의되어 있는 측정기로 측정해야 한다고 되어 있다. 실제 측정안테나 배치와 측정 기자재 예를 그림 5·8에 제시한다. 10m에서 측정할 수 없는 경우, 10m 이상 떨어진 위치에서 측정하고 지정된 환산식으로 측정 결과를 10m 상당의 값으로 환산한다.

고가철도인 경우, 그림 5·9에 제시한 것처럼 안테나에서 열차가 보이는 위치까지 수평 이격거리를 늘려 안테나를 기울여 지향 방향을 열차 쪽으로 향하도록 해야 한다고 되어 있다. 이 측정 방법은 일본이 제안한 방법이다.

표 5·4에 측정 설정을 제시한다. 철도연선에 대한 측정 시험의 검파 방식으로 첨두치 검파방식이 지정되어 있는 것은 주행열차에 의한 전파잡음의 순간적인 변화를 포착하기 위해서다. 또한 변전소 주변에 관해서는 측정 대상이 움직이지 않기 때문에 준첨두치 검파방식이 지정되어 있다. 철도연선이나 변전소 주변의 측정에 있어서는 일반적인 EMC 시험이 행해지는 전파암실처럼 측정환경을 일정하게 제어할 수 없으므로 측정사이트 주변의 조건, 기상조건, 선로 조건, 철도 운전조건 등 복수의 조건을 만족시킬 수 있는 장소를 선정하여 시험해야 한다고 되어 있다. 철도 운전조건에서 주행 속도에 관해서는 최고 속도 90% 이상의 속도로 주행해야 한다고 규정되어 있다.

측정 주파수는 1디케드 당 3주파수 이상 선정할 것이 규격으로 지정되어 있다. 단 측정 주파수는 방송파나 통신파가 존재하는 주파수를 피해서 설정한다.

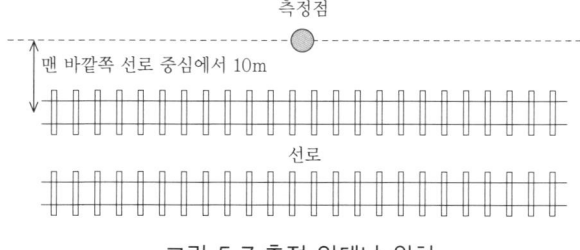

그림 5·7 측정 안테나 위치

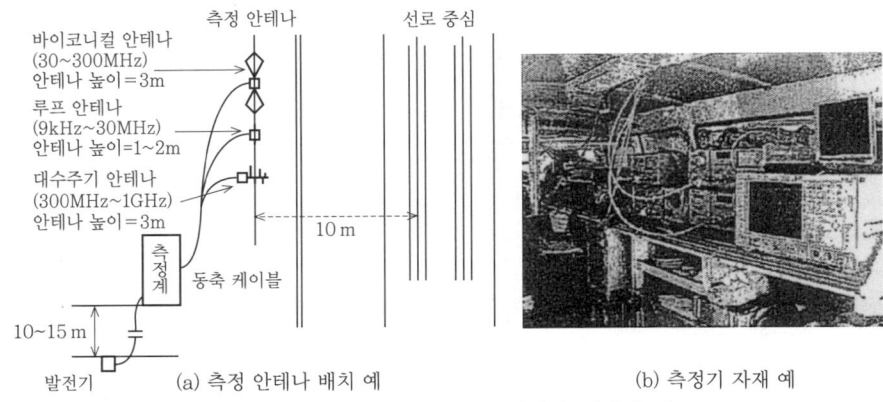

(a) 측정 안테나 배치 예   (b) 측정기 자재 예

그림 5·8 실제 측정 안테나 배치와 기자재 예

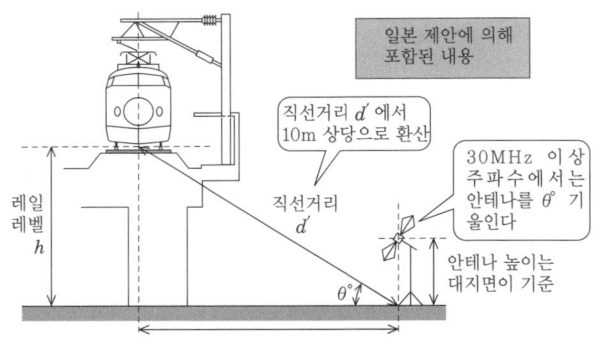

그림 5·9 고가철도 경우의 측정 위치

표 5·4 측정계 설정

	9~150kHz	150kHz~30MHz	30~300MHz	300MHz~1GHz
사용 안테나	루프		바이코니컬	대수주기
안테나 방향	루프면이 대지에 수직, 선로(또는 변전소 펜스)에 평행		수직 편파면 수평 편파면	수직 편파면 수평 편파면
안테나 높이	1~2m	1~2m	2.5~3.5m	2.5~3.5m
수평 이격	10m(10m 이상의 경우, 규정된 환산식으로 보정한다)			
측정기	CISPR 16 준거 전파잡음 측정기			
검파 방식	철도연선은 첨두치, 변전소 주변은 준첨두치			
측정대역 폭(BW)	200Hz	9kHz	120kHz	120kHz

294

한도치가 설정되어 있는 주파수 범위는 철도연선, 변전소 모두 9kHz ~1GHz이지만 9~150kHz에 관해서는 다른 곳에 장애를 주고 있지 않다는 것이 증명되면, 한도치를 초과하는 것이 허용가능하다고 되어 있다. 또 이러한 한도치는 무선통신이나 전력전송을 의도하여 발사되는 전파 주파수에는 적용되지 않는다. 철도연선에 대한 한도치(첨두치)는 그림 5·10에 제시한 것처럼 급전전압에 따라 AC25kV·20kV용, AC15kV·DC3kV·DC1.5kV용, DC750V용 세 종류로 분류되어 있다. 변전소 주변에 대한 한도치(준첨두치)는 그림 5·11에 제시한 것처럼 급전전압에 관계없이 한 종류만 정의되어 있다.

(b) IEC 62236-3-1 Ed.1 : 열차·차량 단품에서 발생하는 방사

IEC 62236-3-1은 열차 혹은 차량에서 방사되는 전파잡음에 대한 측정 방법과 한도치가 규정되어 있다(IEC 62236 전체의 개요에 관해서는 7장을 참조)

시험 대상 열차·차량 운전 상태로서 정지 중 및 저속 주행 중의 두 가지 상태를 시험하는 것으로 하고 있다. 정지 시험에서는 구동용 전력변환기 이외의 기기가 동작하고 있는 상태의 열차·차량에서 발생하는 전파잡음 강도를 측정한다. 저속 주행 시험에서는 구동용 전환변환기도 포함한 거의 모든 차상기기가 동작하고 있는 상태의 열차·차량에서 발생하는 전파잡음 강도를 측정한다. 저속으로 주행시키는 것은 팬터그래프~트롤리선 간의 방전에 의한 방사 등의 영향을 제외하기 위해서이다. 저속 주행 시험을 실시할 때 주행속도는, 간선은 50km/h±10km/h, 근교선은 20km/h±5km/h로 하고 있다. 또한 저속주행 시험은 정지 상태의 기동 시험(기계 브레이크를 건 채 구동용 전력변환기를 동작시키는 시험)으로 대체할 수 있다는 것이 조건부로 인정되어 있다.

측정 방법은 IEC 62236-2에 규정되어 있는 철도연선에서의 측정 방법에 준하지만 측정사이트, 차량 상태, 주위환경, 피시험 대상 차량 이외의 차량, 다른 열차의 상태 등 이 부분에 규정되어 있는 측정 조건도 충족시킬 필요가 있다. 검파방식은 정지 시험에서는 준첨두치 검파방식을, 저속 주행 시험에서는 첨두치 검파방식을 사용한다.

한도치가 설정되어 있는 주파수 범위는 앞서 언급한 IEC 62236-2와 동일

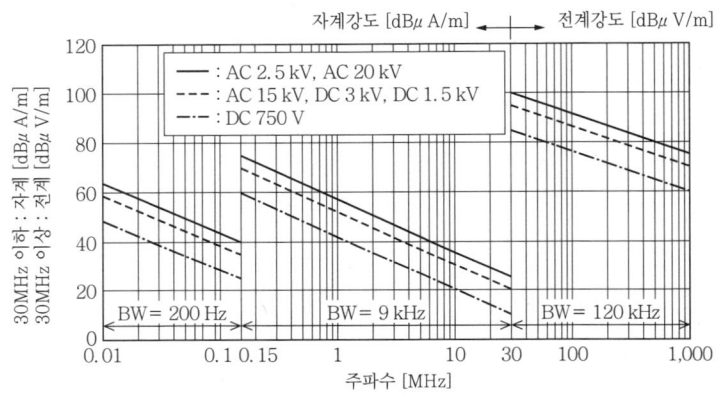

9kHz~1GHz 방사허용치(고정설비용 : 준첨두치)

(주) 1 : 한도치가 불연속으로 되어 있는 것은 BW가 변하기 때문
2 : 값은 궤도에서 10m 떨어진 것이다.
3 : 150kHz 이하에 관해서는 실제로 다른 곳에 장애를 주지 않는 것이 증명
가능하다면, 허용치를 초과해도 된다.

그림 5·10 IEC 62236-2 Ed.1의 한도치(주행 열차용)

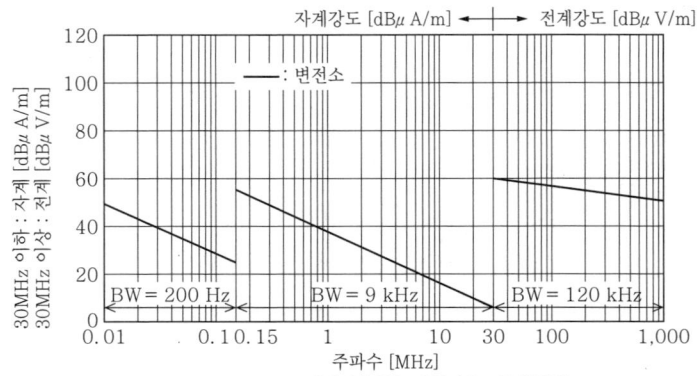

9kHz~1GHz 방사허용치(고정설비용 : 준첨두치)

(주) 1 : 한도치가 불연속으로 되어 있는 것은 BW가 변하기 때문
2 : 값은 궤도에서 10m 떨어진 것이다.
3 : 150kHz 이하에 관해서는 실제로 다른 곳에 장애를 주지 않는 것이 증명
가능하다면, 허용치를 초과해도 된다.

그림 5·11 IEC 62236-2 Ed.1의 한도치(변전소용)

하게 9kHz~1GHz이다. 9~150kHz에 관해서도 다른 곳에 장애가 주어지지 않다는 것이 증명되어 있다면, 한도치를 초과하는 것이 허용된다. 또 무선통신이나 전력전송을 의도하여 발사되는 전파 주파수에는 적용되지 않는다. 정지 시험에 대한 한도치는 IEC 62236-2의 변전소에 대한 한도치(그림 5·11)와 동일한 값이다. 저속 주행 시험에 대해서는 그림 5·12에 제시한 한도치가 설정되어 있다.

이외에 신호통신기기와의 양립성에 관해서는 신호통신시스템 측의 지정에 따르기로 하고 있다.

또한 열차 혹은 차량 전체의 이뮤니티에 관해서는 시험을 요구하고 있지 않지만 IEC 62236-3-2(차상 탑재기기의 EMC에 관한 부분)의 요구를 충족시키는 기기를 탑재함으로써 20V/m의 전계에 견뎌낼 수 있는 것으로 하고 있다.

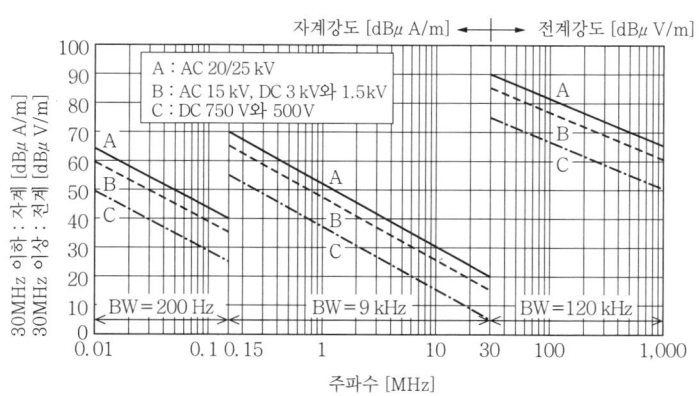

(주) 1 : 한도치가 불연속으로 되어 있는 것은 BW가 변하기 때문
2 : 값은 궤도에서 10m 떨어진 것이다.
3 : 150kHz 이하에 관해서는 실제로 다른 곳에 장애를 주지 않는 것이 증명 가능하다면 허용치를 초과해도 된다.

그림 5·12 IEC 62236-3-1 Ed.1의 한도치(열차 단품 : 저속용)

5.2.3 구체적인 사례

[1] 주행 열차에 의한 방사의 IEC 62236-2, -3-1 준거 측정

IEC 62236-2의 주행 열차에 대한 시험 및 IEC 62236-3-1의 저속주행 시험에서는 그림 5·8에서 제시한 것처럼 측정 안테나를 철도연선에 가설하여 측정 안테나로 수신되는 전압을 전계강도계로 측정(검파방식은 첨두치 검파방식)하여 수신전압의 시간 변화를 기록한다. 이때 열차통과에 따른 최대치가 열차통과 순간에 나타난다고는 할 수 없기 때문에 기록은 열차통과 전후 수분 간 연속으로 한다.

측정 주파수는 규격 규정에 따라 선정하고 순차적으로 측정 주파수를 바꾸면서 데이터를 수집한다. 또한 측정주파수는 방송파나 통신파가 존재하는 주파수와 암(暗)잡음 강도가 높은 주파수를 피해 설정할 필요가 있다. 더욱이 동일 차종·동일 조건 하에서 주파수 1점 당 복수 샘플을 얻는 것이 바람직하기 때문에 규격으로 규정되어 있는 운전 조건 하에서의 주행 시험을 여러 차례 할 필요가 있다. 주행 시험 횟수나 시간 제한 등이 있는 경우, 주파수 1점 당 데이터를 줄이는 것이 아니고 방송파대역 부근에만 측정주파수를 낮추는 등 주파수 점수를 줄여 대응하는 경우가 많다(시험 목적에 따라 대응한다). 측정 시험 종료 후, 기록된 수신전압 시간 변화 데이터에 대하여 안테나 계수와 측정 측의 손실·비직선성 등의 보정을 한 다음 최대치를 추출한다.

이 최대치를 추출할 때 기계적으로 추출하는 것이 아니라 주위환경 상태나 피시험 대상 시스템의 동작 상황 등을 토대로 하여 명확히 피시험 대상 시스템에 의해 기록된 최대치를 선택한다. 이 선택작업에는 예상보다 시간이 걸리지만 대단히 중요한 작업이다. 이 작업을 위해 열차가 측정 장소 부근에 존재하지 않을 때의 암(暗)잡음 데이터와 측정 중인 주위상황 등에 관한 기록이 불가결하게 된다.

추출한 최대치 데이터를 토대로 규격에 대한 적합여부를 판단한다. 또한 측정할 때, 스펙트럼 애널라이저 등으로 최대방사 주파수를 짐작하는 경우가 있지만 주파수 소인형(掃引型) 스펙트럼 애널라이저는 그 원리 상, 통과열차에 의한 순간적인 전파잡음 발생을 완전히 포착하는 것이 불가능하기 때문에 주의가 필요하다. Max Hold 기능을 활용했더라도 소인 시간(Sweep time)이나 측정대역폭(Band Width)의 설정에 따라서는 제대로 측정할 수 없는 경우가 많다. 부득이하게 스펙트럼 애널라이저를 사용하는 경우는 반드시 필터 등을 우선 장착하여 측정주파수 스펜(span)을 세밀히 구분하여 소인 시간을 가장 빠르게 하는 등의 세심한 주의를 기울일 필요가 있다.

IEC 62236-2의 변전소에 대한 시험 및 IEC 62236-3-1 차량 단품에 대한 시험에서도 기본적인 측정 방법은 주행 열차의 경우와 거의 동일하다. 단 검파방식은 시험 대상의 규격에 따라 적절히 설정한다. 측정 시험은 변전소가 무부하 상태의 암잡음 혹은 전차에 전혀 통전(通電)되어 있지 않은 상태에서 암잡음 측정도 반드시 한다. 또한 피측정 대상이 움직이지 않으므로 전계강도에 의한 시간 변화 측정이 아니라 스펙트럼 애널라이저를 사용한 주파수 소인에 의한 측정(단, IEC 62236-3-1의 Annex B에 준거하여 설정하고 프리셀렉터(Pre-selector))를 반드시 전치하거나 방해파 전용 측정기가 갖고 있는 스캐닝 등의 측정기능을 이용한 측정도 가능하다.

이와 같은 현장 시험을 하는데 가장 중요한 것은 측정 장소 선정과 주행 조건 설정이다. 측정 장소 적합 여부가 그대로 시험 성공 여부에 직결되기 때문에 측정할 장소 선정 작업은 신중하게 해야 한다. 또 한도치에 대한 적합 여부를 판단할 수 있는 데이터를 얻기 위해서는 열차 주행 조건을 규격대로 설정할 필요가 있다.

본 절의 마지막에 실제로 IEC 62236-2에 따라 실시한 측정 시험에서 얻어진 전파잡음 강도의 시간 변화 예를 그림 5·13, 그림 5·14에 제시한다. 또한 그림 5·13, 그림 5·14 모두 선로중심에서 10m 떨어진 위치에서 측정한 결과다.

30MHz 이상의 주파수대역에서는 열차가 측정 안테나 바로 앞을 통과하는 수초~수십초 사이의 전파잡음이 측정되는 경우가 많지만 수십kHz~수MHz 주파수 영역에서는 열차 통과 전후 수분 간 걸쳐 전파잡음이 측정된다. 또 열차주행에 따르는 전파잡음 강도의 변화폭은 10~50dB로 넓은 범위에 이른다.

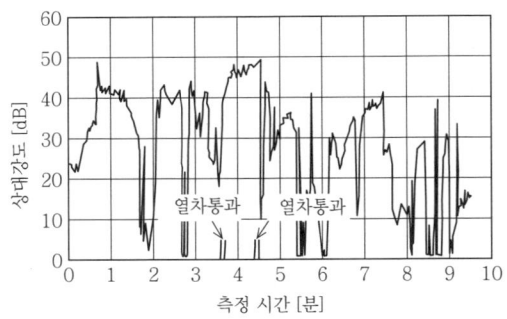

그림 5·13 전파잡음강도의 시간 변화 실측 예(주파수=36kHz)

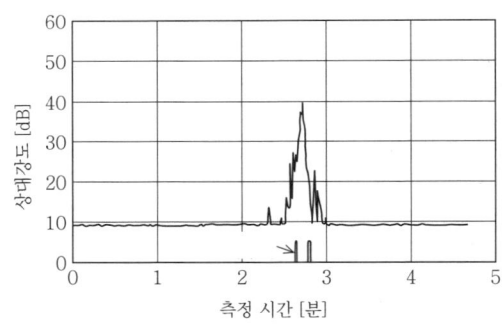

그림 5·14 전파잡음강도의 시간 변화 실측 예(주파수=50MHz)

　IEC 62236-2에 대한 적합성을 평가할 때는 그림 5·13, 그림 5·14와 같은 측정 데이터를 수집하여 한 열차가 통과할 때마다 최대치를 추출하여 평가를 위한 하나의 샘플로 하지만 이러한 것들의 샘플 값이 흐트러지는 범위도 넓고 최저에서도 10dB, 가장 넓은 범위에서 40dB에 이르는 수가 있다. 최종적으로는 횡축을 주파수(9kHz~1GHz), 종축을 전파잡음강도(30MHz 이하는 자계강도 dBμA/m, 30MHz 이상은 전계강도 dBμV/m)로 한 그래프에 샘플 값을 구성하여 규격에 대한 적합성을 평가한다.

　최근 일본 철도연선에서의 전파잡음 경향으로서는 이선에 수반하는 펄스 잡음 발생은 저감되었고, 특히 300MHz 이상의 주파수 영역에서는 강도·빈도 모두 낮아졌지만 주로 전력변환기가 발생원으로 추정되는 10MHz 이하의 전파잡음 발생이 나타나고 있다.

규격에 근거한 측정 방법은 아니지만 EMC 대책을 전혀 시행하지 않는 구동용 VVVF 인버터 단품이 동작하고 있을 때 방사되는 전파잡음 강도를 VVVF 인버터에서 1m 떨어진 위치에서 측정한 예를 그림 5·15에 제시한다. 그림에 제시한 전파잡음은 기기 본체에서 발생하는 직접방사가 아니고 입출력 케이블에서 발생하는 방사가 지배적이므로 실제로 전차에서 이용될 때는 전력변환기 입출력부분의 대책이 시행되어 방사를 저감하고 있다.

또한 현행 IEC 62236-2에서 9~150kHz 주파수 범위에 관해서는 조건부로 한도치를 초과하는 것을 용인하고 있다. 전력변환기를 이용하고 있는 전차에 있어서는 대책이 곤란한 주파수 영역이지만 앞으로 한도치 적용을 요구받을 가능성을 부정할 수 없기 때문에 더욱 효과적인 대책 연구·개발이 요구된다.

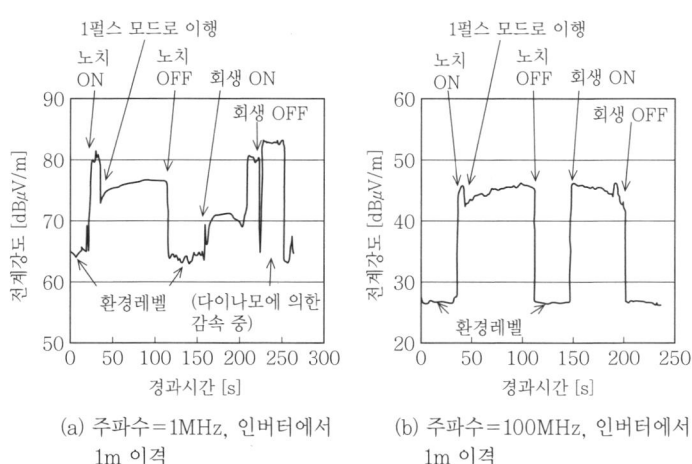

(a) 주파수＝1MHz, 인버터에서 1m 이격

(b) 주파수＝100MHz, 인버터에서 1m 이격

그림 5·15 대책을 하지 않은 VVVF 인버터 단품이 동작했을 때의 방사 측정 예(구내 실험)

[2] 전파장애 현상과 대책 사례

여기서는 인버터 기기에서 방사되는 전파잡음의 전반 경로와 기본적인 대책 수법에 관해 언급하고 몇 가지 사례를 소개한다.

(a) **전파잡음 전반 루트**   인버터 기기에서 발생하는 전파잡음이 주변 기기로 전반하는 루트는 크게 나누면 다음 세 가지가 된다.

(1) 전도(傳導(그림 5·16)) : 인버터 내에서 발생한 전파잡음이 도체를 통해 주변 기기에 영향을 준다. 그 전반 루트는 다음과 같다.

① 전원선을 통해 전해진다.

② 어스선을 통해 전해진다.

③ 센서 등의 신호선이나 실드선을 경유하여 전해진다.

이러한 전파잡음에 의한 영향은 노멀모드(디퍼런셜 모드)보다도 코먼모드(어스를 매개체로 한 전반)가 지배적이다.

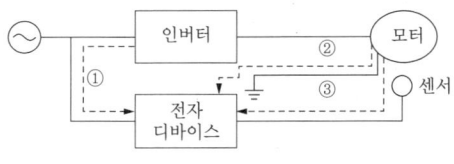

그림 5·16 전도성

(2) 크로스 토크(cross talk(그림 5·17)) : 전파잡음을 포함한 전류가 흐르고 있는 인버터 입력라인이나 출력라인에 주변기기의 전원선이나 신호선을 접근시키면, 유도결합 및 정전결합에 의해 cross talk(혼선)가 되어 주변기기로 전파한다.

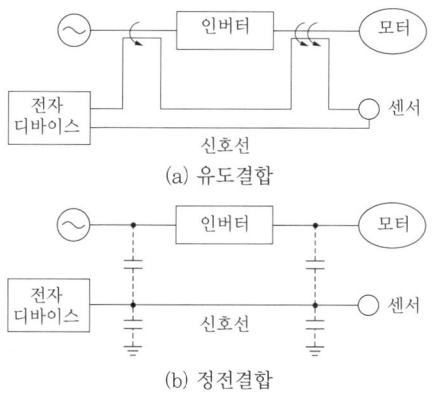

(a) 유도결합

(b) 정전결합

그림 5·17 크로스 토크

(3) 방사(放射(그림 5·18)) : 인버터 내에서 발생한 전파잡음이 입력라인이나 출력라인 전선에서 공중으로 방사되어 주변기기에 영향을 준다. 이 전파잡음에 의한 영향은 전도성과 동일하게 노멀모드보다도 코먼모드에 의한 것이 지배적이다.

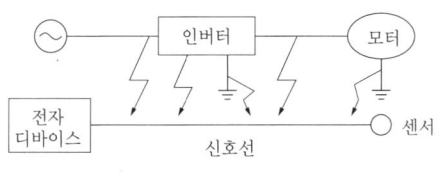

그림 5·18 방사 노이즈

(b) 대책 수법 다음의 대책 수법을 전파잡음 주파수에서 선정 혹은 조합한다.

① 어스
② L(코어, 코일)과 C(커패시터)에 의한 필터링
③ 실드
④ 배선 루트의 최적화

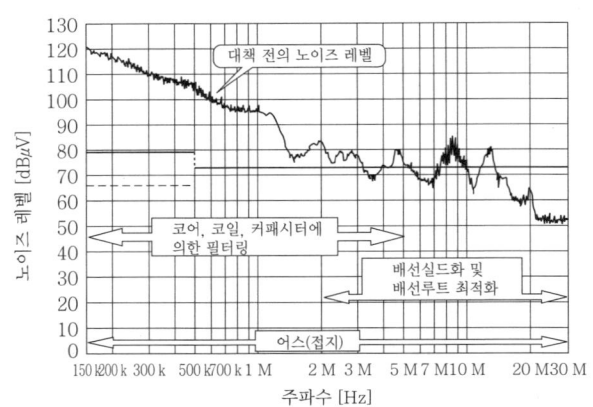

그림 5·19 인버터의 노이즈 대책과 대책 수법

그림 5·19에 인버터 입력선으로 전도하는 노이즈 레벨과 주파수대역별로 유효한 대책 수법을 제시한다.

인버터에서 발생하는 이미션 레벨은 PWM(Pulse Width Modulation) 스위치 주파수, 출력선 길이, 용량 등으로 차이는 보이지만 약 150kHz에서 120dBμV 전후 값을 제시하고 주파수가 높아짐에 따라서 감소한다.

코일이나 커패시터 및 그 복합 부품인 노이즈 필터는 고요한 특성에서는 수십 MHz까지 큰 감쇠특성을 갖고 있지만 실제로 사용함에 있어서는 150kHz~수MHz까지로 큰 감쇠를 얻을 수 없는 경우가 있다. 이것은 수 MHz 이상의 주파수대역은 방사 노이즈 영향이 커서 크로스 토크(혼선)가 발생하기 쉽기 때문이다. 노이즈 필터 감쇠효과를 발휘시키기 위해서는 인버터 출력선 등의 배선 실드화나 배선 루트 최적화가 필요하다.

그림 5·20에 노이즈 필터 1차·2차 배선을 결속하였기 때문에 크로스 토크(혼선)가 발생하여 충분한 노이즈 감쇠효과를 얻을 수 없었던 예를 제시한다.

또 이런 대책을 효과적으로 하기 위해서는 노이즈 필터 어스 강화가 중요하며 모든 주파수대역에 영향을 준다.

그림 5·21에 노이즈 필터 어스가 가늘고 긴 어스선을 사용한 결과, 어스 임피던스가 커져 감쇠효과를 얻을 수 없었던 예를 제시한다. 노이즈 필터 설치는 부착하는 외함의 도장을 벗겨내고 어스선은 굵고 짧게 하는 것에 주의하며 어스 임피던스를 작게 하는 것이 필요하다.

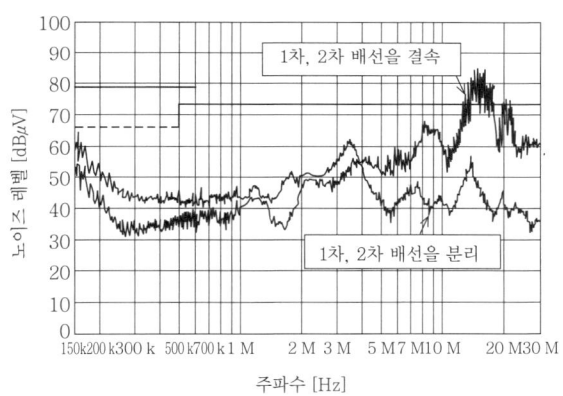

그림 5·20 노이즈 필터 1차·2차 배선의 근접 상태에 의한 전파잡음 강도 차이

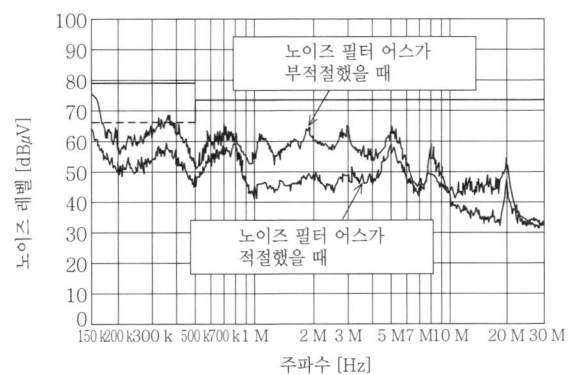

그림 5·21 노이즈 필터 어스 처리에 의한 전파잡음 강도 차이

또 방사에 관해서도 앞서 언급한 ①~④의 대책 수법을 사용한다.

(c) **전파장애 대책의 사례**　전항에서 언급한 대책 수법을 사용한 전파장애 대책 사례를 다음에 소개한다.

(1) AM 라디오 수신장애와 대책 예 : 어떤 공조용 인버터에서 발생하는 전파잡음이 근접한 AM 라디오로 방사하여 수신장애가 발생했을 때 방사 전계 강도의 주파수 해석한 사례를 그림 5·22에 제시한다. 인버터 정지 시 AM 라디오 방송파 SN비는 20dB 이상이지만 인버터 동작 시는 AM 라디오 방송파가 전파 잡음에 묻혀 있다. AM 라디오 방송파 SN비는 약 10dB 이상 필요하기 때문에 이 상태에서 라디오는 들리지 않는다.

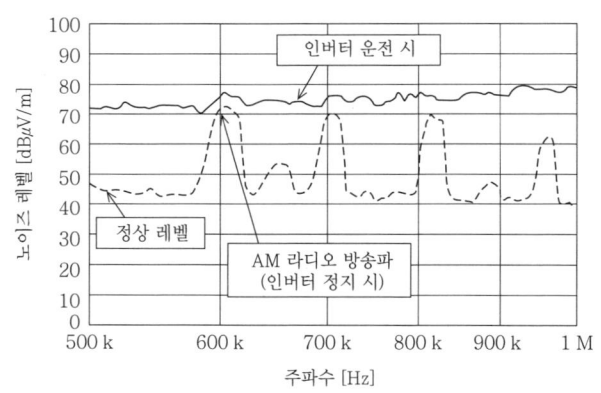

그림 5·22 전파 잡음과 AM 라디오 방송파의 주파수 해석

다음에 공조용 인버터 전원 입력 커패시터와 코먼모드 코일로 된 노이즈 필터를 설치하여 전파장애 대책을 한 결과를 그림 5·23에 제시한다.

AM 라디오 방송파의 SN비는 약 20dB까지 개선되었고 그 결과, 라디오 수신 상태는 양호해졌다.

(2) 엘리베이터에 의한 전파장애 : 엘리베이터가 운행되면 무선(주파수 : 100~300kHz) 교신이 불가능해지는 장애가 발생하는 사례가 있다. 엘리베이터는 인버터로 모터를 구동하고 있으며 이 인버터 입력선 및 모터선에서 발생하는 방사성 전파 잡음이 무선에 영향을 준다는 것이 판명되었다.

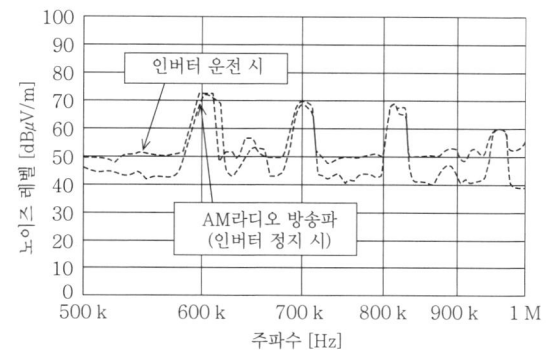

그림 5·23 노이즈 필터에 의한 대책 효과

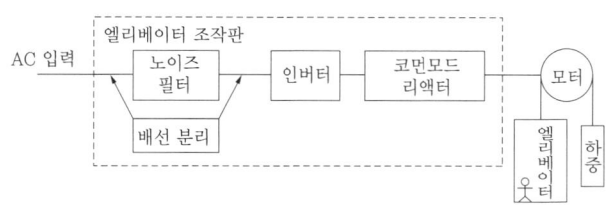

그림 5·24 엘리베이터의 인버터 대책 개요

대책으로 인버터 입력에 노이즈 필터(300×170×150mm, 약 3kg), 인버터 출력(모터선 측)에 코먼모드 리액터(ϕ90mm, 약 1kg)를 각각 설치하였다. 그때 노이즈 필터의 1차·2차 배선을 분리하였다(그림 5·24)

이 대책에 의해 인버터 입력선 및 모터선에서 방사되는 전파 잡음이 감쇠하고 전파장애는 해소되었다.

노이즈 감쇠효과 확인으로 CISPR 11의 측정 방법은 인버터 입력선의 전도성 전파잡음 측정을 하여 무선 주파수대인 150~300kHz 전파 잡음이 약 50dB 정도 감쇠한 것을 확인할 수 있었다(그림 5·25).

(3) 차량보조 전원 EN 규격 대응 : 1996년부터 유럽 지역 내에서 유통되는 모든 제품은 CE 마킹(marking)이라고 불리는 안전규격 대응이 필요해졌지만 철도에 있어서도 마찬가지로 CE 마킹을 취득하지 않은 제품은 판매할 수 없다.

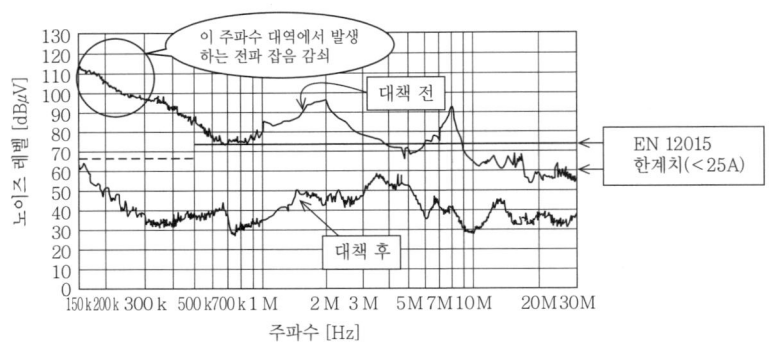

그림 5·25 인버터 입력에 대한 노이즈 대책 효과 확인

　CE 마킹을 취득하기 위한 규격으로 철도 및 철도시설에 대한 전자방해에 관한 규격 EN 50121 시리즈가 있다(7장 참조). 여기서는 차량보조 전원(인버터 전원)의 규격 EN 50121-3-2의 적합성에 관한 대책을 소개한다.

　이 사례의 차량보조 전원은 DC750V 입력과 AC400V 출력 및 DC100V 출력 사양으로 각각 입출력부에 전도성 전파 잡음 한도치가 정해져 있다.

　DC 입력 측에서는 대책 전에 450kHz 부근에서는 10dB, 1.5MHz 부근에서는 약 20dB 한도치를 초과하고 있어서 대책으로 DC 입력부에 접지 커패시터 0.47μF를 추가함으로써 450kHz 부근에서 약 30dB, 1.5MHz 부근에서 약 25dB 감쇠하여 한도치를 만족시킬 수 있었다.

　AC 출력 측의 대책 전에는 450kHz 부근에서 약 10dB, 1~2MHz 부근에서 약 3dB 각각 한도치를 초과하여 대책으로 AC 출력부에 접지 커패시터 0.047μF를 추가함으로써 450kHz 부근에서 약 35dB, 더욱이 0.3mH 코어 (ϕ75mm×4개, 약 1kg)를 추가함으로써 1~2MHz 부근에서 약 5dB 감쇠하여 한도치를 만족시킬 수 있었다(그림 5·26).

　이런 접지 커패시터나 코어 값은 측정하면서 한도치에 대한 노이즈 마진을 보며 저 코스트가 되는 용량을 선택하기 위해 컷 앤 트라이로 결정하고 있다.

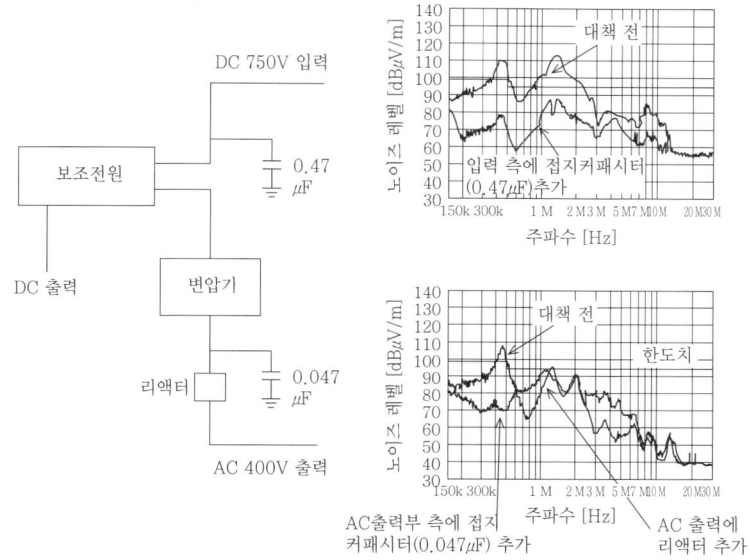

그림 5·26 차량 보조전원의 노이즈 대책

(4) 차량 공조에 의한 AM 라디오 장애 : 노면전차에서 차량 상부에 설치된 공조에서 방사되는 전파 잡음이 전차와 나란히 달리는 자동차의 AM 라디오의 수신장애를 발생시킨 사례가 있다. 이 공조는 인버터로 실외기 모터를 구동하는 방식으로 제어판 내에는 노이즈 필터(300×170×100mm, 약 2kg)와 인버터 입출력부에 코먼모드 리액터(ϕ100mm, 약 1kg)가 이미 설치되어 있다. 제어판 내부를 보면 노이즈 필터 1차 측과 인버터 출력선이 근접하여 다발로 묶여 있고 인버터 출력에서 발생하는 전파 잡음이 노이즈 필터 1차 측(전원입력 측)으로 유도되었고 그 결과, 전원입력선이 방사 안테나가 되고 있다는 것이 상정되었다. 대책으로 인버터 출력선에서 노이즈 필터 1차 측 배선으로 노이즈 유도를 억제하기 위하여 양자 배선을 적극 분리하는 배선 루트로 변경하였다. 또 노이즈 필터 감쇠량을 증가시키기 위해 접지 커패시터 0.5μF를 노이즈 필터 2차 측에 추가하였다(그림 5·27).

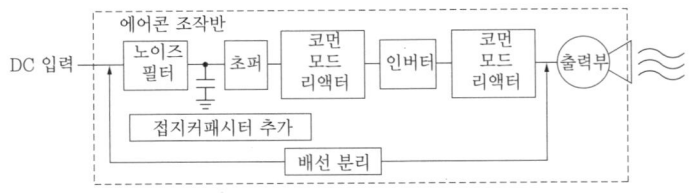

그림 5·27 차량공조기 대책 개요

이 대책에 의해 AM 라디오 수신장애가 해소되었다.

접지 커패시터 용량 및 추가 위치에 관해서는 AM 라디오 수신상태를 확인하면서 최적화를 꾀하였다.

차량에서 발생하는 전파 잡음 감쇠효과의 확인으로서 차량 측면에 루프 안테나를 설치하여 방사 강도 측정을 하여 AM 라디오 주파수대(500kHz~2MHz) 전파 잡음이 약 20dB 감쇠한 것을 확인할 수 있었다(그림 5·28).

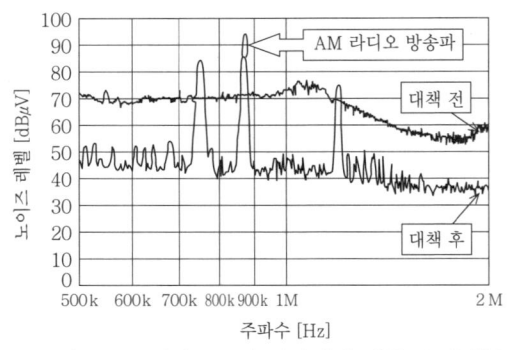

그림 5·28 차량공조기 전파장애 대책 효과 확인

(5) 전파장애 대책에 대한 과제 : 전파장애 대책 시뮬레이션 기술은 IT 기기의 실장기판에서는 정밀도가 향상되어 실제 측정치와 차이도 적은 소프트웨어도 제품화되어 있다. 한편 인버터 탑재기기와 복수 유닛으로 구성되는 기기에 관해서는 시뮬레이션 기술은 뒤떨어져 있으며 현재 상황에서는 책상 앞에서 하는 설계가 불가능한 분야이다. 많은 노력을 기울여 컷 앤 트라이로

대책하고 있고 흔히 말하는 경험과 직감에 의존하는 경우가 많다. 전파장애 대책은 여기서 말하는 대책 수법이 기본이며 벽에 부딪친 경우는 이 기본을 되짚어보며 하나하나 검증하는 것이 중요하다.

[3] 변전소에서 발생하는 방사

여기서는 해외 지하철용 변전소에서의 IEC 62236-2에 준거한 전파잡음강도 측정 예에 관해서 소개한다. 더욱이 IEC 6223612에서는 지하에 설치된 변전소의 경우 공간상의 제약으로 인해 정확한 측정과 영향 평가가 곤란하므로 규격 대상 외로 하고 있기 때문에 이 측정 시험 결과는 참고만 하였다.

(a) 측정 조건과 결과 측정 대상으로 삼은 변전소는 지하에 설치된 직류 변전소에서의 정류기와 회생 인버터는 고조파 억제를 위해 12펄스 구성으로 되어 있다.

이 변전소에서 사용되는 변전기기는 인증된 EMC 시험 사이트의 기기 단품 시험 및 공장 내의 조합 시험을 클리어(clear)한 것이다.

지하라는 한정된 공간의 측정이다 보니 차량이나 다른 전기 기기로부터 받는 영향을 피하기 위해 측정 안테나 배치를 연구하였고 더욱이 변전소 부하가 될 차량의 역행 조건을 사전에 설정하여 효율 좋게 측정할 수 있도록 배려하였다. 또 IEC 62236-2에서는 9~150kHz에서의 측정대역폭을 200Hz로 하고 있지만 스펙트럼 애널라이저 주파수 소인 시간을 가능한 한 짧게 하기 위해 1kHz로 변경하여 측정하였다.

측정 시험 결과, 측정대역폭의 변경에 따른 영향 등을 고려하여도 해당 변전소에서 방사되는 전파 잡음 강도가 한도치를 초과하는 경우는 없을 것이라는 것이 확인되었다.

(b) 규격 과제 변전시스템 내에서 사용되는 기기의 이미션과 이뮤니티는 IEC 62236의 Part 5에 규정되어 있고 변전소에서 외계로 향하는 이미션은 Part 2에 규정되어 있다. Part 2에 정의되어 있는 변전소에서 외계로 향하는 이미션에 대한 한도치는 EN 50121 Ed. 1(2000년 발행)에서는 첨두치로 정의되어 있지만 IEC 62236 Ed.1(2003년 발행) 및 EN 50121 Ed. 2(2006

년 발행)에서는 준첨두치로 변경되었다. EN 50121 제1판의 측정 방법에서는 스펙트럼 애널라이저 만으로 모든 주파수대역을 측정할 수 있었지만 현재는 우선 스펙트럼 애널라이저에 의한 첨두치에서의 측정으로 전파 잡음 강도가 높은 주파수 목표를 정하고 그 후 리시버(전계강도계)로 그 주파수마다 준첨두치를 측정할 필요가 있기 때문에 현장에서의 작업이 번잡해진다. 또 시험 중인 변전소의 운전 조건(부하조건)에 따라 측정치를 보정할 필요가 있지만 실제로는 부하와 비례 관계에 없는 전파 잡음 강도 보정방법 등 규격에 따른 측정 평가를 실시하는 면에서 과제가 많이 남아 있다.

≪참고 문헌≫

(1) 電気鉄道ハンドブック, コロナ社 (2007).
(2) 経済産業省：電気設備に関する技術基準を定める省令, 及び, 電気設備の技術基準の解釈について
(3) 交流電気鉄道用車両の高調波協同研究委員会：交流電気鉄道用車両の高調波対策, 電気学会技術報告 第 676 号, 電気学会 (1998).
(4) IEC ： IEC 62236 Railway Application - Electromagnetic Compatibility, IEC (2003).
(5) 川村武彦, 吉田順重：列車の高速走行に伴う電波雑音, 鉄道総研報告, 5, 12, pp.1 ～ 8, 鉄道総研 (1991).
(6) 川﨑邦弘, 佐々木孝一：電力設備における EMC, 月刊 EMC, No.67, pp.150 ～ 156, ミマツコーポレーション (1993).
(7) 川﨑邦弘：鉄道用 EMC 国際規格 IEC 62236 の概要と課題, 平成 19 年電気学会全国大会シンポジウム S18-2, 電気学会 (2007).
(8) 碓氷哲之：ノイズ対策と対策事例, 平成 19 年電気学会全国大会シンポジウム S18-4, 電気学会 (2007).
(9) 桝井健, 宮崎千春, 小根森章雄, 菅原賢悟：鉄道用変電システムにおける EMC, 平成 17 年電気学会産業応用部門大会シンポジウム S2-6, 電気学会 (2005).

6장

저주파 자계

철도 분야에서의 저주파 자계 발생과 영
향에 대하여 국제 가이드라인을 살펴보고
다양한 저주파 자계에 대한 대응을 자세
히 알아본다.
아울러, 특히 유럽 UIC 동향이나 EN에
대한 것뿐만 아니라 WHO 등 국제기구에
의한 저주파 전자계를 한정하여 그에 따
른 동향도 언급한다.

최근 송전선에서 발생하는 자계나 휴대전화 기지국 혹은 휴대전화기에서 발생하는 전자파 영향에 관해서는 사회의 관심이 높아졌다. 그 때문에 국제보건기구(WHO)에서는 국제전자계 프로젝트에 의해 건강영향평가를 진행하고 있으며 지금까지 정상전계, 자계에 관한 환경보건기준(EHC)[22] 및 100kHz까지의 변동전계, 자계에 관한 EHC[23]를 발행했다. 이 중에서는 특히 신경자극 등의 작용이 발생하지 않게 하기 위한 가이드라인으로서 국제비전리(非電離)방사선방호위원회(ICNIRP)의 가이드라인 참조를 적극 추천하고 있다. 실제로 EU 등 많은 나라에서 ICNIRP 가이드라인에 준거한 시책을 시행하고 있다.

이 배경으로 1999년 공중에 관한 EU 이사회 권고[29], 2004년 EU 가맹국의 노동환경 건강 리스크 평가 의무화를 요청한 EU 지령(指令)이 가결된 것이 큰 역할을 하고 있다고 사료된다.

철도에 있어서는 주변환기, 주전동기 등의 차량탑재 기기나 변전소, 급전선 등 지상설비에서 저주파 영역의 복잡한 변동자계가 발생하고 있다. 그러나 대체로 그 강도는 작고 일반적으로 운전 상황을 고려한다면, ICNIRP의 가이드라인을 충분히 충족시킨다고 사료된다.

이 6장에서는 이 저주파 자계가 일반적으로 어떻게 취급되고 있는지에 관해 개설하고 철도 분야에 있어서 대처하는 방법의 일부분을 대충 살펴보는 것을 목적으로 한다. 또한 주파 전자계 범위에 관해 여기서는 각종 규격·가이드라인과 관련하여 '직류에서 9kHz까지의 전계 및 자계'를 지칭하는 것으로 한다.

또 저주파 전자계는 철도에 한정된 경우라도 다방면에 걸쳐 있기 때문에 여기서는 각 사례를 상세히 파고들지는 않고 개요 소개에 그친다. 특히 유럽·UIC의 동향이나 EN(EU 규격)에 더하여 WHO 등의 국제기구에 의한 평가 동향도 포함하여 언급한다.

철도에서의 저주파 전자계[20],[38]

철도에 있어서 저주파 전자계를 다루는 경우, 다음의 각 관점으로 나누어 고려하는 것이 이해하기 쉽다고 사료된다.

6.1.1 전기기기 등에 대한 영향의 관점에서[23]

자성체를 이용하는 기기·미디어와 브라운관식 디스플레이(CRT)[9], 일부 생체매입형 의료기기 등이 고려 대상이 된다. 전자현미경이나 반도체 스퍼터링 장치 등 더 미약한 자계 영향을 받는 기기에 대한 배려가 필요한 경우도 있다.

6.1.2 EN 규격(유럽규격)[7]

EN 50121은 철도시스템이 철도내외기기에 대한 전자적 간섭을 방지한다는 취지에서 정해진 것이다. 이 규격에는 9kHz 이하의 저주파 전자계에 관해서도 약간의 기술이 있다. 한편, 이 EN 50121을 토대로 정해진 국제규격 IEC 62236에서는 저주파 전자계에 관한 기술은 삭제되었기[21] 때문에 일본 철도에서는 법적으로 고려할 의무는 없지만 철도계에서의 EN 영향력이 크기[4] 때문에 앞으로 주시할 필요가 있다. 또 최근 유럽규격 중에서 철도 관련 저주파 자계 측정 표준으로 prEN50500 같은 규격도 제출되었고 일본에서도 그 내용을 분석하여 그에 걸맞는 입장을 확보하는 것이 중요하다고 사료된다.

🚃 6.1.3 생체방호 지침의 관점에서[11], [13]

현재 생체에 대한 직접적인 영향의 관점에서 저주파 전자계에 대해서도 그 방호지침(ICNIRP 가이드라인)이 규정되어 있다. 이 방호지침 그 자체는 구속력을 갖는 것은 아니지만 유럽을 중심으로 자국 법규로 받아들이는 국가가 증가하는 경향이다. 현재 일본은 법규로 채택하고 있지 않지만(일부 고조파 영역에서는 총무성령(總務省令)으로 채택하고 있다) 이 가이드라인이 앞으로 국제적인 표준으로 뿌리내릴 가능성도 있어서 그 동향을 파악하여 두는 것은 철도 관계자로서도 필요하다고 사료된다.

그런데 철도에 대한 저주파 전자계의 평가 대상은 다음과 같이 두 종류로 크게 나눈다. 또 전자계 발생원으로는 지상 측(급전계)과 차량탑재 기기로 크게 나눈다.

① 차량 내부의 자계

② 철도 연선(변전소·역사를 포함)의 전자계

급전선 등에 기인하는 전자계는 직류 혹은 상용주파수(급전방식에 따라 다름)가 주된 것이지만 차량탑재 기기 중 몇 개인가에 관해서는 가변주파 전자계를 방사한다. 따라서 취급하는 대상과 목적에 따라 고려해야 할 주파수 영역은 일반적으로 다르다.

EN 50121은 '철도시스템이 철도 내외의 전기기기에 대하여 전자적인 간섭을 일으키지 않도록'이라는 취지로 제정된 철도 독자의 EMC 규격이며 이미 EU지역 내에서 발효되어 정착되었다. 해당 규격에 있어 저주파 전자계에 관해서 주로 간섭을 받는 측으로 상정하고 있는 것은 브라운관(CRT 디스플레이) 등이다. 저주파 전자계에 대해서는 현재 변전소 주위의 자계에 관해서만 규정되어 있다(주파수대는 기본 주파수~9kHz이고, 값은 실효치).

변전소에서의 측정하는 곳은 전파잡음측정의 기준으로 삼는다(EN 50121의 4.4항 (Emission from the substation at power frequencies and har-monics up to 9kHz)). 전파잡음에 관해서는 더욱이 철도연선에서의 허용잡음 레벨에 관한 기술이 있지만 저주파 전자계에 관해서는 그 허용 전자계 레벨 규정은 없다. 또한 표 6·1의 기술은 EN 50121이 국제규격 IEC 62236으로서 채택될 때 시기상조라 하여 삭제되었다[33]. 따라서 일본에서는 현시점에서 직접 영향을 받는 것은 아니지만 차량과 철도시스템 수출 시에는 유럽 지역 외에서도 EN이 실질적인 국제규격이 되어 있는 경우도 있어 유의할 필요가 있다고 사료된다.

국제 규격이 앞으로 개정·정비되어갈 때, 일본 사정(고빈도(高頻度)·장편성(長編成) 차량이 운행되어 엄청난 전력을 소비하는 것, 민가가 철도 연변에 밀집해 있는 것)을 감안하여 저주파 전자계 기준에 관해서도 일본이 불리하게 되지 않도록 앞으로도 의견을 제시해가는 것이 중요하다[20]. 또 주장해 나갈 때는 그 기초자료가 될 측정 데이터를 사전에 수집해 두는 것이 중요하다고 사료된다(더구나 최근 발행된 EN 50121(2006년판)에서는 IEC 기술에 맞추는 형태로 표 6·1에 관계된 기술이 삭제되었다).

표 6·1 변전소 주위 저주파 전자계에 관한 규정

평소 운용 시	변전소 주위 울타리에서 3m, 지상 높이 1m 지점에서 실효치 레벨로 변전소 최대 정격 환산 시에 50A/m 이하(각 축 모두)
이상 시	변전소 주위 울타리에서 3m, 지상 높이 1m 지점에서 500A/m 이하(각 축 모두)

전자환경의 건강영향에 대한 일반대중의 관심은 여전히 높은 수준에 있다. 이것은 1970년대 후반에 제기된 송전선과 소아 백혈병 상관 관계가 발단이 되었고, 최근 휴대전화의 폭발적인 보급이나 IH 가전, RFID 등의 상품관리 장치 보급 등 다양한 전자계에 노출되는 기회와 종류가 증가하고 있다는 것을 일반대중이 인식하여 전자계가 눈에는 보이지 않기 때문에 막연한 걱정을 하고 있는 것이다.

현재 이와 같은 세계적인 사회적 요청에 따라 국제보건기구(WHO)에서는 주파수 0~300GHz까지의 전자계에 의한 건강영향에 관해서 과학적인 지식의 재검토를 「국제전자계 프로젝트[21]」에 의해 실시하고 있다. 지금까지 특히 사회적 관심이 높은 극저주파대역의 전력주파수(50/60Hz) 및 휴대전화에서 이용하는 주파수대(800MHz~2.45GHz)에 온힘을 쏟아 추진하고 있다. 이 것과 협조하는 형태로 각국 및 관련된 각 산업계에서도 다양한 대처가 이루어져 2006년에는 정상자계에 관한 환경보건기준(Environmental Health Criteria) 232호[22], 또한 2007년 6월에는 100kHz까지의 환경보건 기준 EHC 238호[23]를 발행했다.

한편, 관점을 전기철도로 옮겨보면 실제의 전기철도에서는 급전선에서 발생하는 전자계에 더하여 차량탑재기기 리액터, 전동기, 인버터 등에서 다양한 전자계가 발생하고 있으며, 특히 차량 내의 전자환경은 시간·공간적 불균일 또한 복수 주파수 중첩이라는 특징을 갖고 있다[24]. 또 차량 내에 존재하는 전자계는 송전선 등과 비교하면 순간적인 강도가 높다는 것에도 관심이 집중되었고 최근 전기학회, 일본산업위생학회 등 여러 학회에서는 개인의 전자계 노출량 조사가 보고되어 있다.

그러나 철도 분야에서는 생체방호(生體防護) 관점에서 관찰한 전자환경 생체영향평가 등의 대처는 일부를 제외하고는 대부분 하지 않는다.

여기서는 일반적인 전자환경 생체영향평가 동향에 관해서 WHO의 대처와 국제비전리방사선방호위원회(ICNIRD), 미국전기학회 등의 가이드라인, 철도 전자환경의 인체방호와 관련된 연구 동향 등을 언급하고 철도총연(鐵道總研)의 대처를 소개한다.

6.3.1 국제전자계프로젝트 − WHO에서의 대처 −

현재 WHO에서는 국제전자계프로젝트(http://www.who.int/peh-emf/en/)가 실시되고 있다. 이것은 송전선과 백혈병 발증 위험과의 상관 관계를 시사하는 역학 보고가 발표된 이래 사회적으로 커다란 관심사가 된 전력주파수 50/60Hz의 건강영향에 관한 논의를 올바르게 이끄는 것을 큰 목적의 하나로 제시하여 300GHz 이하의 비전리방사선(전자계)의 건강영향에 관한 과학적 지식의 재검토를 하는 프로젝트로 1996년 개시되었다. 그 후 휴대전화의 폭발적인 보급에 따라 사회적 관심이 고주파로 옮겨간 점도 있어 고주파 생체영향에 관한 평가에 역점을 옮겨가면서 많은 우여곡절을 겪으며 현재에 이르렀다.

구체적인 프로젝트의 내용은 많지만 그 개요는

① 전자계의 건강영향에 관한 과학적 지식을 집약하여 다양한 각도에서 이 문제를 올바르게 다루기 위한 자료 작성

② 각국의 연구와 규제 등 데이터베이스 작성과 정보 제공

③ 노출 제한을 위한 가이드라인을 세계적으로 협조하기 위한 활동이다.

이 중에서 ①은 가장 중요한 프로젝트 활동이다. 구체적인 내용으로는 일반 시민은 물론이고 각각 국가적인 차원에서의 시책을 서포트하기 위한 다양한 자료(Fact sheets, Information sheets, Handbook, Committee reports 등)가 작성되었고 일부 자료는 여러 언어로 제공되고 있다.

그 중에서도 가장 주된 것은 환경보건기준(Environmental Health Criteria)의 발간이며 2006년 봄에 정상자계에 관한 EHC 232호[22], 또한

2007년 6월에는 100kHz 이하의 변동자계에 관한 EHC 238호[23]가 발간되었다. 이 EHC는 대상으로 하는 작용(여기서는 전자계)에 관해서 그 정의, 발생원, 지금까지의 과학적 보고를 토대로 한 생물영향에 관한 평가 등으로 된 보고서이며 직접 가이드라인이나 규제를 제안하는 것은 아니다(단 국제비전리방사선방호위원회(ICNIRP)의 가이드라인이 적극 추천되고 있다).

따라서 구체적인 가이드라인이나 규제에 관해서는 각국 정부나 각 지역사회 레벨에서 이 EHC를 참고로 하여 시책 등을 검토하게 된다. 앞으로 고주파 전자계에 관한 EHC도 간행될 예정이며 뒤에 나오는 EU 지령과 중복되는 사항부터 유럽에서는 다양한 움직임이 활발해지리라 사료된다.

🚂 6.3.2 생물영향평가·가이드라인·EU의 동향

여기서는 특별한 개별적인 연구 결과는 언급하지 않고 전체 흐름을 살펴보는데 중요한 부분만 설명하기로 한다.

[1] 생물영향평가

국제암연구기관(the International Agency for Research on Cancer : IARC)은 WHO 하부조직으로 화학물질, 환경 등에 관해서 인간에 대한 발암성을 평가, 암 발생의 구조 및 암 치료에 관한 연구를 주 목적으로 하는 국제기구이다.

이 IARC는 2001년 정상자계/전계와 극저주파자계/전계에 관하여 발암성 평가 결과를 공표하였다[25]. IARC의 발암성 분류에 있어서는 인체에 대한 연구 결과(역학 등), 동물을 이용한 발암 시험, 시험관 레벨에서의 발암 시험 등에 중점을 두면서 평가한다.

그 결과 전자계와 백혈병 발증 상관 관계를 보고한 역학 결과와 생체영향을 인정하지 않았던 생물 실험 보고를 종합하여 극저주파 자계에 관해서는 발암성을 Group2B(발암성이 있는지도 모름), 그 밖의 정상자계/전계, 극저주파 전계에 관해서는 Group3(발암성 여부 분류 불가능)으로 분류하였다. 이 결과 평가 절차를 고려한 후 타당한 것이라고 생각되는 경우가 많았고 국제적으로도 공통된 인식이 되고 있지만 극저주파 자계 Group2B의 근거가된 것은 역학의 한정적인 결과일 뿐이고 그 의미를 부여하는 것에 관해서는신중한 해석이 필요하다.

또 현재는 휴대전화에서 이용되는 고조파의 발암성을 평가하기 위하여 대규모 역학조사 등을 각국과 협조하여 진행하고 있으며 분류 결과가 공표되었다.

[2] 가이드라인

여기서는 WHO와 협력하면서 가이드라인을 작성하고 있는 국제조직인 국제비전리방사선방호위원회(ICNIRP)와 ICNIRP와는 전혀 다른 논의 수법으로 작성된 미국전기전자학회(IEEE)의 규격을 주로 소개한다.

(a) 국제비전리방사선방호위원회(ICNIRP) 국제비전리방사선방호위원회(the International Commission on Non-Ionizing Radiation Protection : ICNIRP)가 작성한 인체보호를 위한 전자계 노출제한에 관한가이드라인은 현재 국제적으로도 가장 많이 참조되고 있는 가이드라인이다.

이 ICNIRP는 14명의 전문가로 구성된 독립적인 국제위원회이며 국제방사선방호위원회(the International Radiation Protection Association : IRPA) 내부에 비전리 방사선 영향평가를 하는 위원회로 발족한 것이 시초이다. 그 후 1992년 독립하여 현행 체제로 옮겨갔다.

현재의 전자계에 관한 ICNIRP의 가이드라인은 정상자계(1994년)[26] 및300GHz까지의 변동자계·전계·전자파(1998년)[11]로 되었다. 이런 가이드라인은 과학적으로 확립된 생물영향에 근거한 건강에 대한 유해한 영향을 방지하기 위한 것이며 작성 시에 대상으로 삼았던 것은 단기적인 노출에 따른 즉각적인 영향, 이를테면 저주파 변동자계에 의해서 체내로 유도되는 전류에의한 신경자극이나 감전 및 열상, 고주파 노출에 의해 흡수되는 전자계 에너지에 의한 생체조직 온도상승 등에 근거한 것이다.

가이드라인은 이런 건강영향을 방지하기 위한 기본제한을 근간으로 하지만기본제한으로 정해지는 모든 주파수의 참고레벨도 동시에 정해져 있으며 어느정도 간편하게 가이드라인을 충족시킬 수 있는지 판단하는 것이 가능하다.

여기서 주의가 필요한 것은 일반적으로 ICNIRP 가이드라인을 충족시키고 있다면 건강에 대한 악영향은 없다는 설명이 이 참고레벨를 이용해 행해지는 경우가 많지만, 실제로는 사회적 관심이 높은 발암 영향에 관해서 ICNIRP의 평가 중에는 과학적으로 확립되어 있지 않다고 판단하여 가이드라인 책정 요소로는 취급하고 있지 않다는 것이다.

따라서 설명자는 피설명자의 관심과 ICNIRP의 가이드라인의 성격을 충분히 이해한 다음 오해가 없도록 ICNIRP의 가이드라인을 참조하여 설명할 필요가 있다.

ICNIRP는 WHO 및 IARC와 협조하면서 전자계 노출 가이드라인 책정을 추진하고 있지만 이런 3개 기관의 전자계 안전성 평가에 대한 역할은 우선 IARC가 앞서 언급한 대로 발암성에 관한 평가를 하고 그 결과를 수용하여 WHO가 리스크 평가를 하기 위한 자료로서 EHC를 발행한다. ICNIRP는 이 결과를 수용하여 가이드라인 재검토를 한다는 일련의 흐름이 있기 때문에 가까운 장래에 ICNIRP의 가이드라인 재검토가 있을 것으로 사료되지만 정상자계, 변동자계, 전계, 전자파 어느 것이든 현행 가이드라인을 크게 개정할 정도의 새로운 과학지식은 얻어지지 않을 것으로 사료된다.

(b) 전기전자학회(電氣電子學會 (IEEE)) 미국전기전자학회(IEEE)는 내부에 International Committee Electromagnetic Safety(ICES)라는 조직을 만들어 인체의 전자계에 대한 노출 허용에 관한 독자적인 규격으로서 2002년 0~3kHz 노출 허용에 관한 규격 개정(C95.6-2002 IEEE standard)[27]을, 또 2006년에는 3kHz~300GHz 노출 허용에 관한 규격 개정(C95.1-2005 IEEE standard)[28]을 하였다.

ICES는 오픈 디스커션을 기본으로 하고 있으며 위원에도 전문가에 다양한 이해당사자를 참여시킴과 동시에 내용의 판단도 위원의 다수결을 기본으로 하는 등 규격 제정 과정에 투명성을 중시하였고 그 점을 전문가만으로 구성되어 있는 ICNIRP과의 차이점으로 강조하고 있다. 단 실제로는 이런 규격으로 노출 제한의 대상으로 삼는 생물영향은 ICNIRP과 마찬가지로 발암 등 장기적으로 만성적인 노출과 관련 있는 것이 아니고, 단기적 노출에 의한 급성

영향이며 기본제한으로 하는 물리량도 마찬가지이다.

따라서 시작부터 ICNIRP와의 협조를 고려한 논의가 행해지고 있었지만 최종적으로는 독자적인 카테고리 분류인(ICNIRP에서는 Public(일반 대중) 및 Occupational(직업)) 두 종류의 카테고리 및 명칭을 채택하고 있다. 하지만 거의 이것에 대응하는 것으로 IEEE에서는 일반대중을 general public (C95.6) 또는 Action level(C95.1), 직업을 Controlled environment (C95.6) 또는 Upper tier(C95.1)로 하였다. 또한 허용치를 채택하여 ICNIRP와는 부분적으로 다른 규격으로 되어 있다. 더욱이 이런 규격은 5년마다 계속적인 재검토가 이루어지고 있다.

이런 두 종류의 가이드라인의 사소한 차이에 관해 여기서는 언급하지 않지만 참고로 그림 6·1에 ICNIRP와 IEEE 가이드라인을 병기한다. 현재 상황에서는 대개 IEEE 규격보다도 ICNIRP 가이드라인이 엄격한 제한치가 되었다. 앞으로 ICNIRP 가이드라인에 더하여 IEEE 규격도 인체보호 면에서 국제적으로 참조될 표준적인 가이드라인이 될 가능성도 있어 주시할 필요가 있을 것이다.

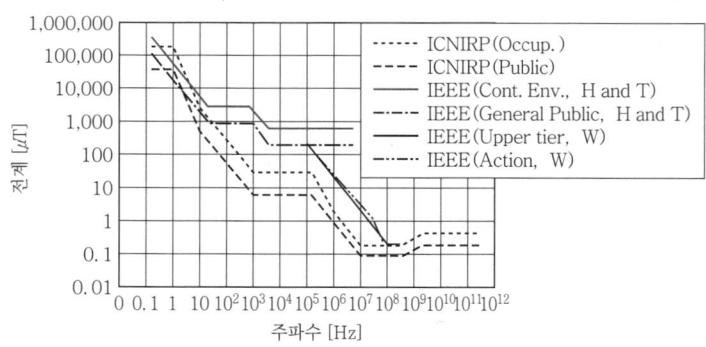

그림 6·1 변동자계 노출 제한에 관한 ICNIRP 및 IEEE 가이드라인

[3] EU 동향

EU에서의 시책에 관해서는 ICNIRP의 가이드라인이 큰 영향을 미치고 있다. ICNIRP가 1998년 변동하는 자계, 전계, 전자계에 관해서 노출 제한 가이드라인을 내놓은 것을 수용하여 EU 의회에서는 1999년 일반 대중에 대한 ICNIRP 가이드라인 준수에 관한 이사회 권고[29]를 하였다. 이 권고는 이탈리아, 스위스 등의 법 규제의 한 가지 요인이 되었다고 사료되며 또 법규제에는 이르지 못했지만 EU의 모든 나라는 기본적으로 ICNIRP 가이드라인에 준거하게 되었다.

더욱이 2004년에는 직업적인 물리 인자에 대한 노출로 건강의 위험 저감을 위한 시책의 일환으로 직장에서의 전자계 발생 상황 파악과 위험 평가 및 노출 저감에 관한 지령[8]이 EU 의회에서 승인되었다. 이 지령에 관해서는 EU 가맹 각국에서 구체적인 시책이 요구되고 있으며 EU 각국에서의 대응이 명확해질 것으로 예상되기 때문에 어떤 대응이 취해질 것인지 주시할 필요가 있다.

한편 일본에서는 극저주파역 자계에 관한 법 규제는 없으며, 9kHz 이상의 전자계에 관해서는 전파로서 거의 ICNIRP와 동일하게 전파방호지침[30]이 책정되어 있다.

이와 같은 나라·자치단체 수준에서의 규제 외에 노동환경에서의 노출 허용량을 정하는 각국의 학술 단체에서는 전자계 노출 허용량을 정하고 있는 경우가 있다. 일본의 경우, 일본산업위생학회가 표 6·2 및 6·3에 제시하는 노출 허용량을 제안하고 있지만 산업현장에서 어디까지가 실효적인 의미를 갖고 있는지는 불투명하다[31].

표 6·2 저주파자계(주파수 : 0~100kHz)

주파수[f]	자속 밀도[mT]
0 Hz	200mT (Head, trunk, mean exposure for 8hr) 2T (Head, trunk, maximum exposure density)
0.25~1.0Hz	50/f
1.0~25Hz	50/f
25~500Hz	50/f
500~814Hz	0.1
0.814~60kHz	0.1
60~100kHz	6/f

표 6·3 고주파 전자계(주파수 : 0.1MHz~300GHz)

주파수[f]	자속 밀도[μT]
0.1~3.0MHz	6/f
3.0~30MHz	6/f
30~400MHz	0.2
400~2,000MHz	0.01$f^{0.5}$
2~300GHz	0.447

6.3.3 일본에서의 대응

일본에서는 앞서 언급한 대로 9kHz 이상의, 흔히 말하는 전파에 관해서 전파방호 지침이 책정되어 있지만 9kHz 이하의 전계에 관해서는 이것과 동등한 것은 책정되어 있지 않다(전계에 관해서는 전기설비기술기준에 의해 3kV/m 규제가 있음).

그러나 사회적인 염려를 수용하는 형태로 저주파부터 고주파에 이르기까지 정부 각 부처마다 업무 분야에 관해 관할 연구소 등이 안전성에 관한 조사·연구를 하고 있다. 또 일부 부처에서는 법 규제의 존재를 논의하는 워킹그룹도 활동하고 있다.

한편 기초연구 면에서는 특히 앞으로 수년간 지금까지 안전성에 관한 지식이 거의 없는 중간 주파수대의 자계 노출에 관해서 안전성 평가가 추진될 것으로 예상된다.

이 외에도 각 산업계 사단법인에 의한 조사연구, 연구위탁 등에 의해 영향 평가 등에 더하여 자계, 전계, 전자계의 의료 응용 등에 대한 연구활동은 공과대학과 의과대학의 경계 영역 연구로 적극적으로 행해지고 있다.

[1] 철도 분야에서의 전자계 안전성 평가의 필요성

앞서 전자계의 개인 노출 모니터링 결과가 학회 등에서 보고되어 있는 점을 언급했는데 이런 보고는 어느 것이나 아침 및 저녁 시간대 노출량이 높아 통근·통학 시에 이용하는 교통기관(거의 모두가 철도)이라는 결과에서 일치하고 있다. 이것은 사회생활 가운데 전자환경으로서 철도가 발생원으로 인식되고 있으며 사회적 관심이 더 높아질 가능성도 시사한다고 생각된다.

이런 상황을 근거로 현재 또는 미래의 수송 시스템 기술개발이나 운용, 정책 검토를 할 때, 동시에 해당 시스템에서 발생할 전자계에 관해서 건강영향을 염두에 둔 안전성을 평가하는 일은 필수불가결하다고 생각된다.

그 평가 결과 위험이 없는 것이라면 불필요한 가격 증가를 피하게 되고, 위험이 있더라도 대단히 작다면, 그 크기를 적절히 평가하여 일반시민에 대해서 리스크 커뮤니케이션을 하는 것이 좋다. 지금까지의 연구로 예상하는 것은 어렵지만 만일 커다란 위험이 있다고 한다면, 그것을 인정하고 필요한 시스템의 개선·개량을 하기 위한 지침을 주는 것이라고 생각한다. 수송 시스템은 사업 주체와 수익자인 일반시민 상호 간의 신뢰·이해 하에 개발을 추진해야 하고 이와 같은 평가가 없는 경우, 앞으로 전자환경의 건강영향에 대한 일반시민의 관심 고조가 수송 시스템의 건전한 발전의 장애가 될 우려도 있다.

이것을 지지하도록 최근 WHO가 예방 차원의 시책, 더 나아가 시책에 대한 제3자 또는 이해당사자의 적극적인 관여에 의한 합의 형성 모델에 대해 언급하고 있다.

[2] 생체영향평가 – 철도총연에서의 대응 –

철도총연(鐵道總硏)에서는 1970년대에 초전도식 부상식 철도의 개발이 시작되었다(당시는 국철철도기술연구소). 철도총연에서의 전자계 생체영향에 관한 연구는 이 부상식 철도 개발 개시와 거의 동시에 시작되었다(당시는 국철(國鐵)노동과학연구소). 시작 당시 토끼나 쥐의 생리적인 영향(통증에 대한 반응이나 교미 행동에 대한 영향)을 검토하고 있었지만, 1990년대 접어든 후, 발암성을 평가해야 할 새로운 실험계를 도입하여 지금까지 정상강자계(定常强磁界), 변동자계, 철도 분야의 실제 환경을 고려한 복합자계에서의 생체영향을 평가하였다.

그 결과 어느 자계에 관해서나 과학적으로 엄밀하게는 발암성에 관련되는 생물 영향이 약간 있었다는 것이 제시되었지만 이 영향은 자외선이나 디젤 배기가스·담배에 포함된 화학 발암물질과 비교하면 극히 작다는 것도 동시에 밝혀졌다[32]. 현재는 생물이 갖고 있는 것보다 고차원적인 기능에 대한 영향 평가나 실제 환경에 가까운 전자환경에 대한 기초적인 영향평가를 계속하여 생물학적인 데이터를 축적하고 있다. 그 일부는 2001년 발행된 IARC 전자계 발암성에 관한 모노그래프에서, 또 2006년 봄에 발행된 WHO의 정상자계에 관한 EHC 232에서도 참조 문헌 일부로 게재되어 있다.

또 이런 기초적인 데이터 축적에 더하여

① 철도에서 발생하고 있는 복잡한 전자계의 파악, 특징의 추출

② 철도에 특징적이고 복합적인 전자환경에서의 생물영향 평가 시험

③ 복합적인 전자계 평가에 적합한 생물평가 수법의 구축

④ 적절한 노출 지표를 이용한 환경에서의 인체 노출량 평가 및 생물 영향 평가 시험에서의 노출량 평가 수법의 구축을 추진하여, 차내 전자환경 모델화나 계산 모델을 이용한 인체 노출량 평가에도 대처하고 있다. 이런 연구에 의해 전자환경 측정으로 실제 인체 노출량 및 생물영향 정도를 정밀하게 예측하여 기존의 가이드라인과 통합하여 철도분야의 복잡한 전자환경의 안전성을 더 적절히 평가하는 것을 목표로 하고 있다.

앞으로 국제 규제의 동향을 주시하면서, 철도분야에서 필요로 하는 안전성 평가 수법의 개발과 기초적인 데이터 축적을 꾀하여 쾌적한 철도와 안전성의 담보에 이바지하는 기술을 심화시켜 나갈 예정이다.

🚃 6.3.4 미래에 대비하여

여기서는 전자환경 생체영향평가 동향에 관해서 주요한 부분을 간략히 언급하였다. EU에서의 직업적인 전자계 노출에 의한 리스크 저감에 관한 지령에 대응한 움직임이 활발해질 것으로 예상되는 한편, WHO의 고조파 전자계에 관해 EHC가 발간되어 ICNIRP의 가이드라인 재검토도 추진될 것으로 사료된다. EU에서의 대처가 즉시 일본이나 아시아, 다른 지역으로 파급되는 것은 생각하기 어렵지만 우리들은 이런 동향을 계속 주시하면서 앞으로 전자계 노출에 관해 가이드라인 개정 시에 참조될 데이터 축적을 추진함과 동시에 일본 철도 분야 전자환경의 현재 상황을 적절히 평가해 가기를 바라고 있다.

생체매입기기의 EMC

앞에서는 직접적인 전자계의 작용에 관해서 언급했지만 생체에 관련된 전자기기나 자성체(磁性體)를 이용한 기기에 대하여 영향이나 장애를 일으키지 않는 것도 중요하다. 특히 현 시점에서 자계에 대하여 감수성이 높은 장치로서는 생체매입형(生體埋込型) 페이스메이커(pacemaker)를 예로 들 수 있다[10]. 페이스메이커는 일본에서만도 장착자가 25만 명을 초과하여 500명에 1명 이상의 확률로 장착하고 있는 셈이다.

현행 EU 및 국제규격에 대한 페이스메이커 측의 이뮤니티 규격(EN 50061 (1995) 등)은 다음과 같다. (직류 1mT 이하의 자계에 대하여 오동작이 없어야 함, 또 10mT 이하의 자계에 대해서는 그 자계에 노출된 후, 자계를 제거한 후에는 정상적인 동작으로 신속히 복귀해야 한다(후유증이 남지 않아야 함)).

이상의 것을 감안하면 직류자계에 있어서 1mT 이하로 하는 것이 철도 측의 하나의 목표가 되는 것이라고 생각해본다.

UIC에 있어서 2004년 2월 파리에서 철도 EMC에 관한 국제 워크숍이 열렸다[40]. 참가자(단체)는 각 철도사업자, 메이커, 대학, 공중위생 연구기관 등이다. 주요 주제는 전항에서 예로 든 생체방호지침에 대한 철도관계자의 대응에 관해서다. 이하에 몇 가지 강연 제목과 그 개요를 소개한다. 또 관련하여 「Elektrische Bahnen」 등 유럽의 주요 철도잡지 몇 가지를 조사하였으므로 그것도 적절히 참조한다.

[1] Result of UIC overview study and future tasks
UIC 대응 기본 자세 소개와 개괄을 하였다.

[2] Measuring Magnetic Field in EMU(Bombardier사)
이 회사의 납입차량이 계약조항(모든 주파수에서 $100\mu T$ 이하)을 충족시키는 것을 현지 차량에 의한 측정으로 확인한 결과를 보고하고 스웨덴-덴마크 간을 운행하는 차량으로 운전석 27점, 전동차 내 60점에서 측정하고 ICNIRP 가이드라인도 포함하여 기준을 클리어(clear)한 것을 언급한다.

[3] Electric Field around Railway Lines(스위스 국철)
스위스에서는 ICNIRP 가이드라인을 지키고 installation limit로서 24시간 평균치로 $1\mu T$가 공공시설·학교 등의 근처에서 의무화되어 있다는 점과 철도연선에 대한 전차선 전류치도 포함한 대규모 자계 측정을 실시한 결과를 소개하고 있다[17]. 철도연선 자계 저감책(Earth wire 설치)의 효과를 검토하기 위하여 철도연선의 자계 해석 전용 소프트웨어도 개발하고 있다. 그 밖에

드라이버 노출 전자계를 파악하기 위해 운전석의 전자계 환경을 대규모로 측정[18]하여(그림 6·2 참조), 그것에 근거해 1919년부터 2002년까지 드라이버 전자계 노출량을 산출[16]하여 앞으로의 역학적 평가를 위한 기초 데이터 작성을 하고 있다.

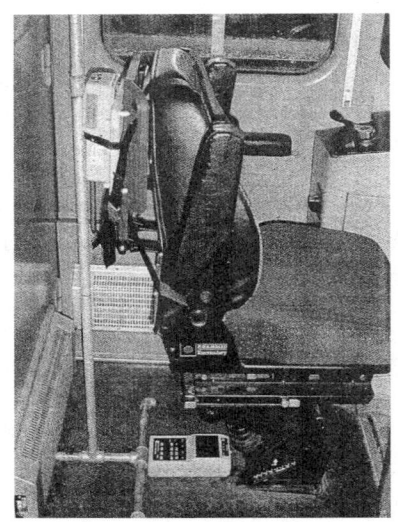

그림 6·2 스위스 국철의 운전석 자계 측정 풍경

[4] EMF attenuation experiences in an EMU project (Bombardier사)

차체의 스테인리스화와 기준 강화(1mT에서 0.1mT로) 등 차내 자계환경으로서는 불리한 상황 변화가 있었지만 기준의 1/3의 30μT 이하를 달성한 사례의 소개, 기준 달성을 위해 주 자계 원인 변압기를 방향성 전자강판에 의해 실드하거나 케이블 배선의 변경이 필요했던 점이 소개되어 있다.

[5] Measurement Inside Train(이탈리아 국철)[3]

5Hz~10kHz 주파수 범위에서 ICNIRP 가이드라인 평가법에 충실하게 자계 레벨을 평가한 결과 보고이다. 바닥 위 0.1m, 0.9m, 1.5m(운전석) 또는 바닥 위 0.1m, 0.6m, 1.1m(객실)의 각 위치점에서 최악의 자계환경을 가정한 다양한 주행 조건에서 측정했지만 ICNIRP 가이드라인 값을 여유있게 충족시키고 있었던 점을 보고하고 있다. 그림 6·3은 시간 추이와 더불어 측정 자계 주파수 스펙트럼이 어떻게 변화하는가를 제시한 것이지만 이 보고서에는 여러 주파수의 자계가 혼재해 있어도 종합적으로 전자계를 평가할 수 있는 'ICNIRP INDEX'라는 하나의 척도를 산출하고 있다. 최종적으로는 이 값이 1보다 작다는 점에서 차내 자계가 ICNIRP 가이드라인에 적합하다는 것을 증명하고 있다. 다음 식에서 BL, i는 각 주파수의 가이드라인의 값, B_i는 그 주파수에서의 측정치이다. 이처럼 ICNIRP INDEX는 중점을 둔 각 주파수의 자계 측정치 합계로 나타난다.

$$I_{(ICNIRP)} = \frac{\sum_{(i=1, \cdots N)} B_i}{BL, i}$$

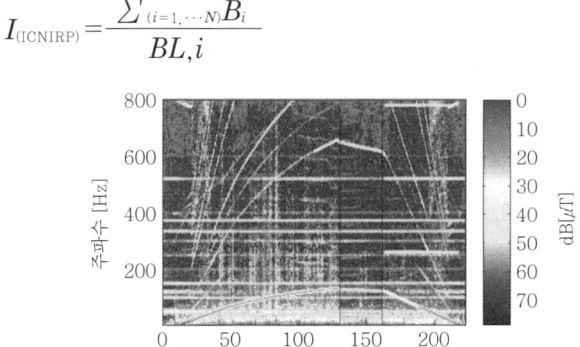

그림 6·3 이탈리아 국철 객실 내 자계 평가 결과 일례[40]

참고 문헌(13)처럼 EU의 모든 나라에서는 ICNIRP 가이드라인이 표준화되어 있다. 철도사업자나 차량메이커 측도 ICNIRP 가이드라인에 적합하다는 것을 실제로 측정한 결과 등을 제시함으로써 적극적으로 어필하려고 한다.

한편, 철도차량 내에서의 구체적인 측정 방법(평가 방법)에 관해서는 현재

규격이 없기 때문에 몇 가지 측정이 시험삼아 행해지고 있는 단계이다. UIC 에서는 앞으로 차내·철도연선·건물 내의 표준적인 측정 방법을 제안하여 간 다는 것이다. UIC의 이 제안이 앞으로 IEC의 TC106에서 논의될 '철도에 대 한 전자계 측정법'[39]으로 다루어질 가능성이 높다고 생각된다[34]. 그림 6·4에 는 SNCF(프랑스 국철)가 철도 EMC 관련 데이터 파악을 위해 TGV 차내에 서 시험해 본 측정 중 그 일례를 제시한다[41](상단 : 집전전류, 하단: 차내 자 계).

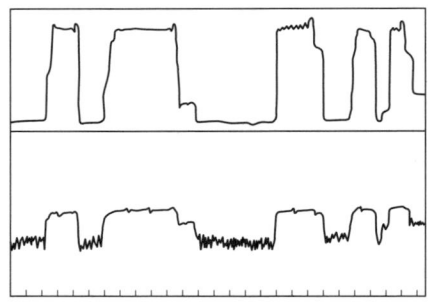

그림 6·4 SNCF 측정 예(TGV 차내[41]

또 UIC는 'Environmental Guideline for the Procurement of the new Rolling Stock(2003/7)'에 있어서 철도 차량 조달에 관계되는 가이드 라인을 제시하고 있다. 그 중에서 ICNIRP 가이드라인과 페이스메이커에 대 한 전자계의 간섭에 대하여 주의를 환기시키고 있다.

더욱이 스위스에서는 2000년부터 대단히 엄격한 자계 가이드라인이 정해 졌는데[36] 그 이유로서 '현 시점에서는 전자계 장래에 미치는 영향을 예측할 수 없기 때문'이라는 것을 예로 들고 있다. 한편, 이와 같은 예방 원칙에 근거 한 시책에 대해서는 '과학적으로 합리적이 아니다' 라는 비판적인 의견도 많 다. 또한 스웨덴도 법적인 구속력은 없지만 실질적으로 예방 원칙을 채택하 고 있는 나라 중 하나로 알려져 있다.

다른 한편으로 유럽철도규격 EN 50121로 눈을 돌리면 시초에 철도연선

자계도 규제 대상에 포함시키고 있었음에 따라 참고 문헌(1)에서는 교류급전 구간을 대상으로 한 자계 평가를 하고 있지만 2000년 정식 발효 시에 자계에 관해서는 변전소 주변만 규제 대상으로 하였기 때문에 그림 6·5에 제시한 것처럼 변전소 신설이나 개량에 한정하여 여러 가지 자계 평가를 하게끔 되었다[2]. 그러나 조금 전에 언급한 것처럼 스위스에만 예방 원칙에 근거하여 더욱 엄격한 일본 규제가 있기 때문에 철도연선 자계 환경에 관해서도 독자적인 평가를 계속하고 있다[17], [19].

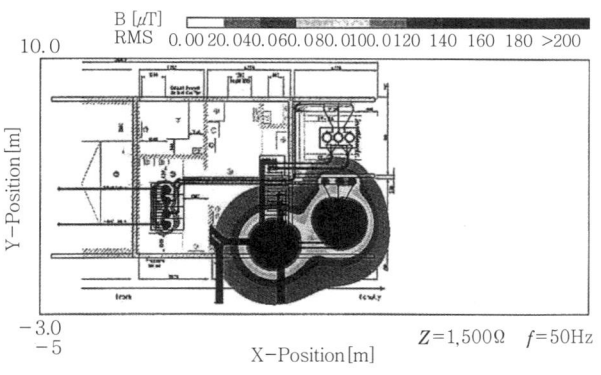

그림 6·5 아일랜드 변전소 자계 검토 예(50Hz)[2]

더욱이 지난 번에 불행하게도 사고가 발생했지만 독일이 개발한 자기부상 시스템인 트랜스 래피드(Trans Rapid)에 관해서는 엠스랜드 실험선 (Emsland test track)에서 미국운수성에 의해 행해진 차량 내외에서 직류로 3kHz까지의 상세한 전자계 측정을 한 결과가 공표되었다[5]. 그 중에서 트랜스 래피드 전자계 환경은 특이한 것이 아니라 기존 전기철도(고속철도 및 통근철도)와 동등하든가 그 이하라고 결론짓고 있다. 또 최근 유럽규격으로 철도 분야의 전자계 측정법 표준화를 의도한 규격 prEN 50500 제정이 추진되고 있다. 철도 저주파 전자계에 한정하여 유럽 동향을 중심으로 소개를 하였다. 그 목적이나 대상이 다방면에 걸쳐 모두 소개할 수 없는 부분도 많았기 때문에 자세한 점은 다음의 문헌을 참고하기 바란다.

≪참고 문헌≫

(1) W. Braun 他：Elektrische und magnetische Felder in der Bahnstromver-sorgung, Elektrische Bahnen, 96, 7, pp.222 ～ 230.

(2) T. Becker：DART upgrade Dublin, Elektrische Bahnen, 104, 5, pp.228 ～ 236 (2006).

(3) Bellan, et al.：Time-Domain Measurement and Spectral Analysis of Nonstationary Low-Frequency Magnetic-Field Emissions on Board of Rolling Stock, IEEE trans. on EMC., 46, 1, pp.12 ～ 23 (2004).

(4) 段畑和哉, 西田輝幸：鉄道車両の EMC 対策 輸出車両, 電気学会交通・電気鉄道研資, TER-06-38, pp.53 ～ 56 (2006).

(5) DOT：Electromagnetic Field Characteristics of the Transrapid TR08 Maglev System, DOT-VNTSC -FRA-02-11, U.S. Depart. of Transportation, FRA, Office of Railroad Development, Washingtonm DC 20590 (2002).

(6) EN50061：European Standard, Cardiac Pacemakers Part1, Specification for Implantable Cardiac Pacemakers, Supplement 1, Electromagnetic Compatibility, Cenelec, Brussels (1995).

(7) EN50121：European Standard, Railway Applications - Electromagnetic Compatibility, Cenelec (2000).

(8) DIRECTIVE 2004/40/EC OF THE EUROPEAN PARLIAMENT AND OF THE COUNCIL of 29 April 2004 on the minimum health and safety requirements regarding the exposure of workers to the risks arising from physical agents (electromagnetic field) , Official Journal of the European Union L 159 of 30 April 2004.

(9) A. Gruber, W. Hadrian ：Magnetfeldberechnung und Monitorbeein-flussung im Bahnbereich, , Elektrische Bahnen, 96, 10, pp.315 ～ 319 (1998).

(10) 藤本裕：植込型医療機器の電磁干渉, 電子情報通信学会誌, 88, 2, pp.80 ～ 84 (2005).

(11) ICNIRP International Commission on Non-Ionizing Radiation Protection：Guidelines for Limiting Exposure to Time-varying Electric, Magnetic and Electromagnetic Fields, Health Physics, 74, pp. 494 ～ 522 (1998).

(12) IEC61786 ：Measurement of Low-Frequency Magnetic and Electric Fields with Regard to Exposure of Human Beings - Special Requirements for Instruments and Guidance for Measurements, IEC, Switzerland (1998).

(13) 池畑政輝：電磁環境の生体への影響評価の動向, 平成 18 年度電気学会全国大会シンポジウム (2007).

(14) 川崎邦弘：鉄道の EMC 規格 IEC62236 について，平成 18 年度電気学会全国大会シンポジウム（2007）.

(15) D. Levermann-Vollmer ： Das Mehrspannungs system bei der Deutschen Bahn, ETR（Eisenbahn Technische Rundschau）, Juli/August 2004, pp.475 ~ 479（2004）.

(16) P. Locher, et al.：Magnetfeldexposition der SBB-Trieb-fahrzeugfuhrer von 1919 bis 2002, Elektrische Bahnen, 104, 8-9, pp.388 ~ 398（2006）.

(17) M. Lortscher, M. Aeberhard, M. Oehry ： Messung und Modellierung von Magnetfeldern um 16,7-Hz-Oberleitungsanlagen, Elektrische Bahnen, 100, 7, pp.267 ~ 280（2002）.

(18) M. Lortscher, E. Lortscher ： Niederfrequente elektromagnetische Felder in Fuhrerstanden von Triebfahrzeugen der SBB, Elektrische Bahnen, 102, 8,9, pp.354 ~ 368（2004）.

(19) M. Lortscher, P. Hayoz 他： EG-Prufverfahren nach TSI Energie und weitere Sicherheitsnachweise auf der Neubaustrecke（NBS）Mattstetten - Rothrist der SBB, Elektrische Bahnen, 102, 12, pp.532 ~ 546（2004）.

(20) 水間毅：鉄道における電磁障害と基準，鉄道車両と技術，3-8, 25, pp. 4 ~ 9（1997）.

(21) WHO World Health Organization: The International EMF Project, http://www.who.int/peh-emf/project/en/

(22) WHO World Health Organization: Environmental Health Criteria 232 STATIC FIELDS, WHO Press（2006）.

(23) WHO World Health Organization: Environmental Health Criteria 238 Extremely Low Frequency Fields, WHO Press（2007）.

(24) 水間毅・山口知宏・吉永純：鉄道からの磁界測定法に関する研究，電気学会研究会資料 EMC-06-12, pp.1 ~ 4（2006）.

(25) IARC International Agency for Research on Cancer: Non-Ionizing Radiation, Part1, Static and Extremely Low-frequency（ELF）Electric and Magnetic Fields, IARC monographs on the evaluation of carcinogenic risks to humans, 80, IARC Press（2002）.

(26) ICNIRP International Commission on Non-Ionizing Radiation Protection: Guidelines on Limits of Exposure to Static Magnetic Fields. Health Physics, 66, pp.100 ~ 106（1994）.

(27) C95.6-2002 IEEE Standard for Safety Levels with Respect to Human Exposure to Electromagnetic Fields, 0 ~ 3 kHz, IEEE（2002）.

337

(28) C95.1-2005 IEEE Standard for Safety Levels with Respect to Human Exposure to Radio Frequency Electromagnetic Fields, 3 kHz to 300 GHz, IEEE (2006).

(29) Council Recommendation of The European Parliament on the limitation of exposure of the general public to electromagnetic fields (0 Hz to 300 GHz) (1999/519/EC), Official Journal of the European Communities L 199/59-70 (1999).

(30) 電気通信技術審議会：平 2 諮問第 38 号，電波利用における人体の防護指針.

(31) The Japan Society for Occupational Health, Recommendation of Occupational Exposure Limits (2006-2007), J. Occup. Health, 48. pp.290 ~ 306 (2006).

(32) M. Ikehata, T. Koana, Y. Suzuki, H. Shimizu and M. Nakagawa, Mutagenicity and co-mutagenicity of static magnetic fields detected by bacterial mutation assay, Mutat. Res., 427, pp.147 ~ 156 (1999).

(33) 水間毅：新しい交通システムからの電磁界評価法について，電気学会 EMC 研資，EMC-01-3, pp.11 ~ 16 (2001).

(34) 水間毅：TC106 の活動と鉄道，平成 18 年度電気学会全国大会シンポジウム (2007).

(35) 日本電子工業振興協会：工業用計算機設置環境基準，JEIDA-29 (1990).

(36) NISV：Verordnung uber den Schutz vor nichtionisierender Strahlung (NISV) vom 23. Dezember 1999 (Stand am 1. Februar 2000), SR 814.710.

(37) C. Rausch : Systemtechnik der Magnetschnellbahn Transrapid, ZEV rail Glasers Annalen - Sonderheft Transrapid, Oktober 2003, pp.18 ~ 32 (2003).

(38) 笹川卓：鉄道における低周波電磁界環境に対するガイドラインと取り組み，鉄道総研報告，Vol. 20, No. 8, pp. 37 ~ 40 (2006).

(39) 富田誠悦他：生体影響のための電磁場計測 (TC106) の経緯，電気学会 EMC 研資, EMC-02-5, pp.25 ~ 28 (2002).

(40) UIC work shop : Exploring Electromagnetic Fields, Paris, 28th January (2004).

(41) A. Jeunesse：Compatibilite electromagnetique dans le domaine ferroviaire, SNCF (2004).

7장

국제규격 등의 상황

국제규격을 제정하는 체제와 9kHz 이상의 방사전자계에 관한 IEC 62236 내용 및 유럽에서의 규격 동향을 소개한다.

CHAPTER 7·1 EMC 국제규격 제정 체제

7.1.1 심의기관

규격에는 국제규격, 지역규격, 국내규격이 있다(그림 7·1). 철도에 한정하지 않고 전기·전자기기에 관한 국제규격은 IEC(국제전기표준회의)에서 심의되었고 EMC에 관해서도 규격을 발행하고 있다. 또한 ISO는 전기전자기기이외에 관한 국제규격의 제정기관이다.

주요 규격 관련 심의기관의 명칭을 다음과 같이 제시한다.

[1] IEC

International Electrotechnical Commission(국제전기표준회의)의 약칭이다. 전기 및 전자공학기술 분야에 관한 국제규격심의·제정기관이다. 국제무역의 원활과 촉진을 위한 규격제정이 목적으로 되어 있다. 비정부 간 기관

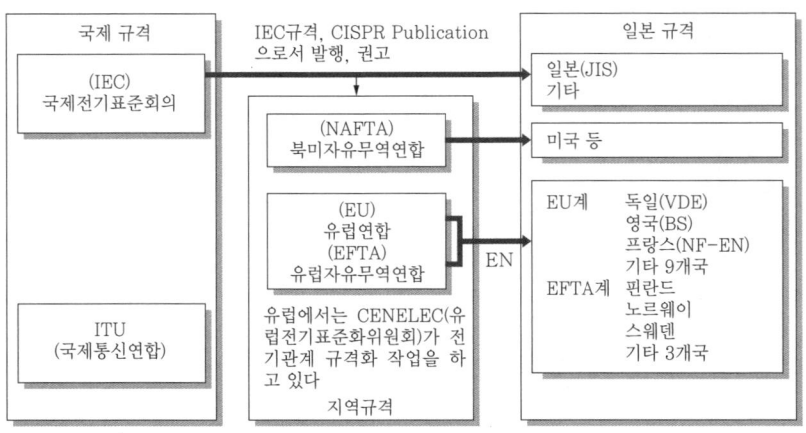

그림 7·1 국제규격·지역규격·국내규격

[2] ISO

International Organization for Standardization(국제표준화기구)의
약칭이다. 전기 및 전자공학기술 이외의 각종 산업 분야에 관한 국제규격의
심의·제정기관이다. IEC와 마찬가지로 국제무역의 원활화와 촉진을 위한 규
격 제정이 목적이다. 비정부 간 기관

[3] ITU

International Telecommunication Union(국제통신연합)의 약칭이다.
ISO나 IEC와는 성격이 다르며 국제적 전기통신망의 확립과 운영의 정비를
주목적으로 하는 정부 간 국제기관이다. 전기통신 및 무선통신 분야에 관한
국제규격의 표준화는 그 사업의 일환으로 실시되고 있다.

[4] CENELEC

European Committee for Electrotechnical Standardization(유럽전
기표준화위원회)의 프랑스어 명칭의 약칭이며 유럽 지역에서의 전기에 관한
표준규격의 심의·제정기관이다(CEN의 전기 부문). CEN이나 CENELEC가
제정·발행한 규격은 EN(Euro Norms, 유럽규격)이라고 불린다.

🚂 7.1.2 IEC의 EMC 국제규격 심의 체제

IEC에서는 모든 제품마다 규격(product standard, 제품규격)을 작성하
여 그 제품 분야를 담당하는 전문위원회(Technical Committee : TC)가 실
질적인 문안 작성과 심의를 하고 있다. 그러나 EMC에 관해서는 다양한 분야
에 공통되는 과제가 많으므로 EMC 전반을 다루는 TC77, 무선통신·방송에
대한 전파 장애 문제를 전문적으로 다루는 CISPR(국제무선장애특별위원
회), 인체 영향에 관한 측정법을 심의하는 TC106 등이 설립되어 있다.

각 TC나 CISPR 활동은 표준관리평의회(SMB, 구(舊)기술관리위원회 CA)에 의해 관리되고 있다. 또 TC에 대한 기술적인 지도와 EMC 심의에 관한 문제가 발생했을 경우, TC 간 조정을 위한 조직으로 전자양립성 자문위원회(ACEC)가 설립되어 있다.

앞서 언급했듯이 EMC에 관해서는 공통 과제가 많으므로 IEC에서는 기본규격(basic standard, 각 분야의 공통 측정법과 측정기 기본사양에 관한 규격)과 범용규격(generic standard, 제품규격이 없는 시스템·기기에 적용되는 범용적인 규격)을 발행하고 있다. IEC 61000 시리즈라고 불리는 규격군은 이런 기본규격과 범용규격이 통합 정리된 것으로 TC77과 CISPR이 중심이 되어 작성된 것이다. 또 CISPR가 발행한 규격은 CISPR 문서라고 불리며 IEC 규격과 동등하게 다루어진다.

7.1.3 심의 수순 개요

규격을 제정하려는 경우 먼저 작업 제안(NP)을 하도록 되어 있다. 이 작업 제안이 국제투표(IEC 가맹국이 1국(國) 1표(票)로 투표한다)로 가결되면, 심의가 개시되고 위원회 원안(CD)이 작성된다. 위원회 원안을 토대로 심의가 진행되며 국제규격의 원안이 통합적으로 정리되는 단계에 오면, 위원회 투표 원안(CDV)이 작성되어 국제투표에 부쳐진다. 기술적인 논의는 이 위원회 투표 원안 작성까지이며 통상적으로 위원회 투표 원안 이후는 기술적인 내용의 대폭적인 변경은 하지 않는다. 위원회 투표 원안이 투표로 가결된 경우 최종 국제규격 원안(FDIS)이 작성되어 최후의 국제투표로 가결된 후, 국제규격(IS)으로 발행된다(그림 7·2). CDV나 FDIS가 투표로 부결된 경우 기술보고(TR)로 발행되는 경우가 있다(처음부터 기술 보고를 목표로 하는 경우도 있다).

또한 국제규격 제정 작업을 신속화하기 위해 퍼스트 트랙 절차(신속법(迅速法)절차)라고 불리는 절차가 국제협정에 의해 인정받고 있다. 이것은 기존 지역규격이나 일본규격을 국제규격 위원회 투표 원안으로서 채택하여 심의 기간을 단축하기 위한 절차이다. 현재 유럽의 전기전자 분야에서의 규격 제

(주) 국제투표 가결 조건 : 2/3 이상의 찬성 또는 1/4 미만의 반대

그림 7·2 국제규격 심의 절차

정 움직임은 대단히 신속하며 유럽통합에 따라 발효된 EU 지령하에 많은 유럽규격(EN)이 제정되어 있다. 이 때문에 유럽규격이 퍼스트 트랙 절차에 의해 국제규격 위원회 투표 원안으로 제안되어 그대로 국제규격으로 성립되는 사례가 증가하고 있다.

한편, 일본에서는 WTO/TBT 협정에 따라 일본규격이 국제규격으로 가기 위한 정합이 추진되고 있다. 앞서 언급한 퍼스트 트랙 절차에 의한 지역규격의 국제규격화와 일본규격의 국제규격으로의 정합이라는 두 가지 흐름에 의해 EN(유럽의 지역규격)→IEC(국제규격)→JIS(일본규격)이라는 구도가 생겨났다. EN은 유럽 지역 규격이기 때문에 그 심의과정에 일본이 개입하여 일본의 의견을 반영시키는 것은 공식적으로는 불가능하다. 따라서 퍼스트 트랙 절차에 의해 국제규격화가 제안된 경우, 일본으로서 의견을 말할 수 있는 것은 위원회 투표 원안에 대한 투표 이후가 되므로 국제규격에 기술적인 의견을 반영시키는 것은 곤란한 작업이다.

7·2 9kHz 이상의 방사 전자계에 관한 동향

🚃 7.2.1 철도용 EMC 국제규격 IEC 62236의 개요

IEC 62236의 타이틀은 「Railway Applications-Electromagnetic compatibility」이며 표 7·1에 제시한 것처럼 6개 파트로 구성되어 있다. 현재의 최신판은 2003년 4월 발행된 제1판(Ed.1)이다.

IEC 62236은 파트에 따라 다른 목적·성격을 갖고 있으며, 다음과 같이 크게 두 개로 나눌 수 있다.

① 철도 시스템과 주변환경과의 EMC에 관한 파트

② 철도 시스템 내에서 사용되는 전기·전자기기끼리의 EMC에 관한 파트

①은 철도 시스템이나 차량 시스템에 의한 외부환경에서의 방사에 관한 파트이며 IEC 62236-2 및 -3-1이 해당된다. 이 두 개의 파트에는 각각 철도 시스템·차량 시스템이 철도연선에서의 방사에 관한 한도치와 측정 평가 방법이 기술되어 있다. 이에 대하여 ②는 철도환경에서 사용되는 기기에서 발생하는 이미션(불필요한 전자파 복사(輻射)) 및 이뮤니티(방해에 대한 내성)에 관한 파트이며 IEC 62236-3-1의 일부 -3-2, -3-4, -3-5가 해당된다.

IEC 62236 타이틀은 EMC로 되어 있지만 철도에 대한 EMC 문제를 완전히 망라한 것은 아니다. 대상 주파수 범위는 DC~400GHz로 하고 있지만 시험 방법이나 한도치가 정의되어 있는 것은 2GHz까지(방사는 9kHz부터 1GHz까지)이다.

기기단품 및 시스템 전체에서 발생하는 이미션에 관해서는 9kHz 이상의 전파 잡음만 대상으로 하고 있다. 또 철도환경에서 사용되는 기기의 이뮤니티에 관해서는 전계, 자계, 전파 잡음, 서지, 정전기 등에 대한 한도치가 설정되어 있다. 통신유도에 관한 기술도 일부 있지만 규격(normative)이 아니라

표 7·1 IEC 62236의 구성

규격 번호	대상	주 목적
IEC 62236-1	총칙	규격 목적, EMC 관리의 사고 방식 등의 기술
IEC 62236-2	철도 시스템 전체에서 외계로 방사	① 철도 시스템과 외계와의 EMC
IEC 62236-3-1	철도 차량 전체에서 발생하는 방사	
IEC 62236-3-2	차상기기(통신기기 포함)의 EMC	② 철도 시스템 내에서의 EMC
IEC 62236-4	지상통신기기의 EMC	
IEC 62236-5	급전설비에서 사용되는 기기의 EMC	

정보(informative)로서의 취급이다. 또 인체영향이나 안전성에 대한 영향에 관해서도 이 규격의 대상 외다. 더욱이 EMC를 실현하기 위한 가이드나 EMC 관리 수법·체제 등에 관해서도 언급되어 있지 않다.

7.2.2 IEC 62236의 심의 경위

IEC 62236 Ed.1은 IEC 철도용 전기기기·시스템에 관한 전문위원회인 TC9가 유럽 철도용 EMC 규격 초판(EN 50121 Ed.1 : 2000년 발행)을 토대로 앞서 언급한 퍼스트 트랙 절차에 의해 국제규격화가 제안된 규격이다. IEC 62236 Ed.1의 위원회 투표 원안(CDV)은 EN 50121 Ed.1 그 자체이며 유럽 이외의 지역 철도 시스템을 고려한 내용은 아니기 때문에 일본은 대량의 수정 의견을 내놓고 반대표를 던졌지만 유럽 각국 다수의 찬성에 의해 국제규격화가 가결되었다.

그러나 이와 같은 규격 심의 진행 방법에 대해, 앞서 나온 ACEC(전자양립성자문위원회)와 CISPR(국제무선장애특별위원회)에서 규격 심의 수집 방법과 내용에 대한 의견이 제시되었다. 그 결과 TC9와 CISPR의 합동 WG가 설치되어 위원회 투표 원안 가결 후의 단계에서 한도치 변경과 측정 평가 방법의 추가 삭제 같은 대폭적인 내용의 변경이 있었다. 이때 일본에서의 측정평가 기술 등 일본의 많은 의견이 반영되었다.

🚃 7.2.3 유럽의 동향

유럽에서도 PWM 인버터와 PWM 컨버터(정류기)를 사용한 차량이 증가함에 따라 그때까지의 위상제어정류기를 사용한 차량이나 정류자 전동기를 사용한 차량에서는 경험한 적이 없는 현상이 발생하기 시작했다. 이것을 계기로 문제를 해결하기 위한 다양한 프로젝트가 EU의 예산을 받아 발족하였고 그런 프로젝트 성과가 EN 규격에 반영되어 있다. 그 결과 기술기반이 강화되었을 뿐만 아니라 기술 공유화도 확장되고 있다.

IEC 62236의 토대가 된 유럽규격 EN 50121은 1994년 경부터 작성되어 수 차례 많은 내용 변경을 거친 후, 2000년 4월 발행된 유럽용 지역규격이다. EN 50121이 국제규격에 앞서 제정된 배경에는 유럽통합에 따른 유럽내의 철도망 상호운용 문제에 있다. 지금까지 유럽 내 각국마다 제각각이었던 철도관계 규격을 통일함으로써, 철도 시스템에서 사용되는 기기나 차량 성능을 일정한 레벨로 일치시킬 수 있었다.

EMC 규격도 타국의 철도용 전기기기나 철도 차량이 자국 내에서 운용되어도 서로 전자장애가 생기지 않도록 하기 위해 제정된 것이다. 또 잘 알려진 사실처럼 유럽에서는 EU령에 근거한 EMC법이 제정되어 있으며, 소정의 EMC 규격에 적합하다는 것이 증명된 제품만 시장에 출하할 수 있다. 해당 제품에 EMC 규격이 존재하지 않는 경우, 일반규격이라고 불리는 규격이 적용될 가능성이 있었다. 당연히 일반규격은 철도환경을 고려하여 설정되어 있지 않기 때문에 전력변환기나 변전설비에서 사용되는 기기 등, 일부 철도관련 기기에 있어서는 필요 이상으로 엄격한 한도치가 적용되어버릴 우려가 있다. 유럽 철도계는 빠른 시일 내에 철도전용 EMC 규격을 제정할 필요성에 쫓기고 있다고 할 수 있다.

IEC 62236 Ed.1의 발행 이후에도 유럽에서는 EMC에 관한 다양한 프로젝트가 실시되고 있다. 기존의 EN 개정이나 새로운 EN 준비가 진척되고 있으며 앞으로도 EN이 퍼스트 트랙 절차에 의해 국제 규격화될 것이다.

실제로 IEC 62236 Ed.1이 발행되기 직전 2002년 12월부터 EN 50121 Ed.1 개정 작업이 시작되어, IEC 62236 Ed.1에 대한 정합화와 트램에 대한 한도치 추가 등을 포함시킨 EN 50121 Ed.2가 발행되었다. 앞으로도 유럽의 동향에는 충분히 유의할 필요가 있을 것이다.

7.2.4 미래의 동향

IEC 62236 개정 작업이 TC9에서 추진된다. 이 개정 작업도 유럽 지역규격 최신판 EN 50121 Ed.2(2006년 6월 발행)를 위원회 투표 원안으로 한 퍼스트 트랙 절차에 의해 심의가 시작되었다.

7.2.3항에서 언급한 배경 하에서 비교적 단기간에 작성된 EN 50121의 Ed.1은 첫 철도용 EMC 규격으로 유용하기는 하지만, 최저의 내용만 포함하고 있어 다른 규격과 정합되어 있지 않은 점과 모순점도 적지 않았다. 더욱이 EN 50121 Ed.1과 동일한 내용을 목표로 하고 있던 IEC 62236 Ed.1이 최종적으로 EN 50121 Ed.1과 다른 내용이 되었기 때문에 유럽으로서는 EN 50121을 IEC 62236에 정합시킬 필요성도 있었다. 이 때문에 유럽에서는 IEC 62236 Ed.1의 발행 직전 연도부터 EN 50121 개정 작업을 시작하고 있었다.

IEC 62236 Ed.2의 위원회 투표 원안 단계에서의 주 개정사항(이런 것들은 EN 50121 Ed.2의 개정사항이기도 하다)은 다음과 같다.

[1] IEC 62236-2, -3-1 등 시스템에 관한 규격
① 9~150kHz의 한도치 취급 변경
②시내에서 운용되는 노면전차에 대한 한도치 변경(정지 시험용은 Ed.1보다 낮은 값을 신규로 설정)

[2] IEC 62236-3-2, -4, -5 등 철도용 기기에 관한 규격
① 대상 주파수 영역 확대와 한도치 변경(휴대전화 전파와 전원 주파수 자계에 대한 내성 등)

② 시험을 더욱 쉽게 하기 위한 시험 조건 변경

③ 용어나 표현, 인용 규격 개정, 다른 규격과의 정합

이런 유럽의 제안에 대해 일본에서는 퍼스트 트랙 수속에 의한 규격 심의 문제점을 지적한 다음, 기술적인 수정 의견을 첨부하여 IEC 62236-2, -3-1, -3-2의 개정안에는 반대, IEC 62236-1, -4, -5의 개정안에는 찬성 투표를 하였다. IEC/TC9에서의 논의 결과, 9~150kHz의 한도치 취급이나 용어, 표현 등 일본의 수정 의견 일부가 채택되었다. 개정판 IEC 62236 Ed.2는 2008년 중에 발행하도록 되어 있었다.

차량과 신호의 양립성에 관한 규격이 2007년 9월 IEC/TC9에서 발행되었다. 이 규격은 IEC 62427이라고 불리는 규격으로 차량과 열차검지 시스템(구체적으로는 궤도회로와 차량검지가 대상임)의 양립성을 확인하기 위한 절차를 정하고 있다. IEC 62427은, 2003년 발행된 유럽규격 EN 50238을 토대로 2005년 퍼스트 트랙 절차로 국제규격안으로 제안된 규격이다. 더욱이 이 규격 심의할 즈음에는 일본이 많은 코멘트를 제출하여, TC9에서는 처음으로 일본이 프로젝트 리더를 확보하여 심의 주도권을 확보하는 등 크게 공헌하였다.

그 결과 차량 인수 등의 절차를 '각국 실정에 따른다(national practice)'로 명기하는 등, 일본이 제안한 많은 부분이 국제규격에 반영되었다. IEC 62427의 의의는 전력공급설비, 신호설비가 차량과의 인터페이스를 포함한 사양을 명시하고 차량 설계 단계부터 양립성 확보 검토를 할 수 있다는 것을 목표로 한 점에 있다. 이 규격이 실효를 거두면 새로운 차량 도입 시 유도장애 시험 등 양립성 확인·확보에 관계되는 노력이 대폭 경감될 것으로 기대된다.

≪참고 문헌≫

(1) IEC ： IEC 62236 Railway Application - Electromagnetic Compatibility, IEC (2003).

(2) 岡本和比古： EMC 規格の体系と鉄道，平成 19 年電気学会全国大会シンポジウム S18-1，電気学会 (2007).

(3) 川﨑邦弘：鉄道用 EMC 国際規格 IEC 62236 の概要と課題，平成 19 年電気学会全国大会シンポジウム S18-2，電気学会 (2007).

(4) 川﨑邦弘：鉄道向け EMC 国際規格 IEC 6223，月刊 EMC，No.186，No.188，No.189，ミマツコーポレーション (2003 ～ 2004).

(5) 渡邉朝紀，川﨑邦弘：電力供給設備の EMC 関係国際規格，平成 19 年電気学会産業応用部門大会シンポジウム S9-6，電気学会 (2007).

우리나라 전기철도 역사에서 1898년 12월 서대문~청량리 간에 궤도를 부설하고 영업을 개시한 이후로 1974년 서울지하철 1호선 개통을 시작하여 2004년 고속철도 도입과 운영으로 도시철도 확대를 하였다. 그것과 더불어 매년 새로운 형식의 철도가 개통과 계획을 하고 있으며 2014년부터는 새로운 고속철도시스템을 운영하려고 진행하고 있다. 이처럼 전기, 차량, 운전, 신호, 전자, 통신, 제어, 토목 등 여러 관련분야 요소의 기술발전과 더불어 눈부신 전기철도 기술발전이 거듭되고 있으며 선진국들의 고속철도기술 경쟁은 첨단 기술 기반에 따라 국가경쟁력 척도로 자리매김 되고 있다.

첨단기술의 일상생활 전반에 사용으로 전자기양립성(EMC : Electro Magnetic Compatibility)의 문제점에 대한 관심과 우려는 한층 높아지고 있다. 특히, 시대적 및 친환경적 어젠다(Agenda)인 그린 대중교통수단으로서의 전기철도시스템 그리고 전기철도시스템을 구성하는 모든 시스템에서 전자기 현상에 대한 체계적인 취급은 매우 중요하다. 그러나 현실적으로 특히 국내 전기철도분야의 EMC 기술은 그 중요성에 비해 그리 활발하지 못한 상황으로 본인은 판단하고 있다. 그만큼 전문가가 요구되고 있다는 의견이다. 그리고 고속화 기술이 발전할수록 EMC의 중요성은 배가될 것이며 철도시스템의 수출에도 중요한 변수로 될 것이다. 따라서 이 분야의 기술적인 축적을 위하여 다양하고 적극적이며 체계적인 논의가 관계자들 간에 이제는 더 미룰 수 없는, 전문성을 높이는 노력이 필요하다고 생각하고 있다. 국내 운영되고 있는 전기철도시스템에서의 EMC에 관한 자료수집과 분석을 비롯하여 다양한 각 분야의 축적된 EMC 정보의 상호공유로 한층 기술적 도약의 기회가 되길 기대한다. 아울러 조직적인 국제규격 활동으로 표준화에도 관심을 갖고 이 분야의 전문가 양성도 병행되길 기대해본다.

1985년도 현대중공업(주)(舊 현대중전기(주) 마북리기술연구소) 연구원으로 근무하며 추진제어 장치들과 전동차용 모니터링시스템 개발 당시, 여러 시험 장비와 설비들 중 EMI/EMC를 다룬 적이 있었는데 매뉴얼을 보며 이해하려 던 기억이 새롭다. 2008년도 처음 일본에서 이 책이 발간되었을 때, 개인적으로 많은 관심을 갖고 있었던 터에 성안당 출판사의 제언에 감수와 번역을 동시 진행하며 개인적으로 여러 면에서 즐거움은 무척 컸었다. 제목과 목차를 보면 알 수 있듯이 철도와 관련해서 전반적으로 EMC를 다루고 있다. 체계적이고 정리가 잘 되어 있음을 알 수 있다.

끝으로 일부 작업상 오류들에 대해 너그러운 이해를 구한다. 철도의 다양한 전문분야상(上)에서 관계되는 EMC 전반을 다루다 보니 동일 용어와 기능에 대한 분야별 용어 표기의 차이와 국내에 아직 사용되지 않는 부품이나 시설 등의 표기에 대한 정확한 표기의 어려움, 외국 첨단 기술도입에 따른 불명확한 표기의 혼용 그리고 용어에 맞는 국내 표현이 없는 부분도 있었다. 정확한 감·역(監·譯)의 어려움이 있었다. 최대한 사전에 추천한 표준 표현을 쓰려고 노력을 했으나 본인의 미숙함으로 원래 의도와는 달리 표현이 될 수도 있을 것으로 사료된다. 재차 너그러운 이해를 부탁드리며 철도와 EMC의 내용이 관련된 다양한 분야, 학교와 기업에 전달되어 국내 철도기술 발전에 미약하나마 보탬이 될 수 있기를 바란다. 그리고 이 책이 나오기까지 적극 협력해 주신 성안당 관계자 모든 분들께 진심으로 감사드린다.

2013. 4.
연구실과 집을 오가며 즐거운 시간을 보낸
監修·譯者 강승욱

電気学会・電気鉄道の電磁環境に関する協同研究委員会

執筆者一覧

(五十音順)

池畑　政輝　（鉄道総合技術研究所）［6 章］

伊藤　大介　（三菱電機株式会社）［2.3 節］

兎束　哲夫　（鉄道総合技術研究所）［3 章，5 章］

大澤　千春　（富士電機システムズ株式会社）［2.6 節］

小川　知行　（早稲田大学）［2.2 節］

奥谷　民雄　（鉄道建設・運輸施設整備支援機構）［4 章］

川﨑　邦弘　（鉄道総合技術研究所）［5 章，7 章］

古賀　　猛　（株式会社東芝）［2.2 節］

佐川　　哲　（株式会社日立製作所）［2.2 節］

笹川　　卓　（鉄道総合技術研究所）［6 章］

佐野　　実　（株式会社京三製作所）［4 章］

田代　維史　（株式会社日立製作所）［4 章］

西田　輝幸　（近畿車輛株式会社）［2.4 節］

蓮村　　茂　（日立金属株式会社）［2.3 節］

廿日出　悟　（鉄道総合技術研究所）［2.1 節，2.6 節］

平山　真明　（川崎重工業株式会社）［2.4 節］

古谷　勇真　（鉄道総合技術研究所）［2.1 節，2.6 節，2.7 節］

桝井　　健　（三菱電機株式会社）［3 章，5 章］

道場　俊文　（日本車輌製造株式会社）［2.3 節］

保川　　忍　（東洋電機製造株式会社）［2.7 節］

陽田　芳博　（大同信号株式会社）［4 章］

力丸　桂二　（株式会社トアック）［2.6 節］

和田　貴志　（日本信号株式会社）［4 章］

渡辺　郁夫　（鉄道総合技術研究所）［4 章］

渡邉　朝紀　（鉄道総合技術研究所）［1 章，2.5 節］

찾아보기

철도와 EMC

2013. 4. 25 초판 1쇄 인쇄
2013. 5. 6 초판 1쇄 발행

저자 ｜ 전기학회·전기철도의 전자환경에 관한 협동연구회
감역자 ｜ 강승욱
펴낸이 ｜ 이종춘
펴낸곳 ｜ BM 성안당
주소 ｜ 413-120 경기도 파주시 문발로 112
전화 ｜ (031) 955-0511
팩스 ｜ (031) 955-0510
등록 ｜ 1973.2.1 제13-12호
출판사 홈페이지 ｜ www.cyber.co.kr

ISBN ｜ 978-89-315-7626-9 (13560)
정가 ｜ 25,000원